"十三五"普通高等教育本科系列教材

ArcGIS 地理信息系统 实验教程

主　编　毕天平

副主编　程　明

参　编　项英辉　常春光　班福忱　李海英

　　　　王　玥　任家强　韩　凤　田　珅

　　　　季晓光　刘君懿　郭喜军

主　审　杨丽丽

中国电力出版社

CHINA ELECTRIC POWER PRESS

内 容 提 要

本书为"十三五"普通高等教育本科系列教材。全书分为十章，主要内容包括数据编辑操作、构建地理数据库、地图配图处理、信息标注、优化显示、ArcGIS空间分析、ArcGIS网络分析、三维可视化、三维应用、ArcGIS地理处理。本书从分步操作的角度，重点介绍了ArcGIS地理信息系统的各种功能及其操作步骤。本书使用的教程数据和讲义课件将以电子版的形式提供，请关注出版社网站或联系出版社。

本书可作为普通高等院校地理信息系统、测量、土地资源管理、城市管理、城市规划、交通工程、计算机技术等专业教材，也可供相关人员学习参考。

图书在版编目（CIP）数据

ArcGIS地理信息系统实验教程/毕天平主编. —北京：中国电力出版社，2017.2（2022.1重印）
"十三五"普通高等教育本科规划教材
ISBN 978 - 7 - 5198 - 0059 - 8

Ⅰ. ①A… Ⅱ. ①毕… Ⅲ. ①地理信息系统-应用软件-高等学校-教材 Ⅳ. ①P208

中国版本图书馆 CIP 数据核字（2016）第 322077 号

中国电力出版社出版、发行

（北京市东城区北京站西街 19 号　100005　http：//www. cepp. sgcc. com. cn）
北京天泽润科贸有限公司印刷
各地新华书店经售

*

2017 年 2 月第一版　2022 年 1 月北京第二次印刷
787 毫米×1092 毫米　16 开本　17.25 印张　425 千字
定价 40.00 元

前　　言

　　地理信息系统（GIS）是近年来随着地理学、地图学和计算机科学的不断发展而形成的一门新的交叉学科。它是在计算机辅助地图制图的基础上，借助信息技术对地理空间的信息进行管理和应用的一门学科。地理信息系统学科的发展非常迅猛，目前已经应用到国土资源管理、交通工程、土木工程、森林科学、海洋科学、国防军事等诸多领域。我国许多大学、科研机构和应用部门，正在从事 GIS 方面的教学、研究和应用开发工作，使 GIS 成为现代地学发展的强有力的技术工具和定量化的重要途径之一。作为一门新兴的高技术，地理信息系统已引起我国科技界，特别是地理学界的广泛重视。ArcGIS 是美国 ESRI 公司研发的世界领先的 GIS 产品家族，它整合了数据库、软件工程、人工智能、网络技术、云计算等主流的 IT 技术，宗旨在为用户提供一套完整的、开放的企业级 GIS 解决方案。ArcGIS 也是世界范围内 GIS 教学和科研人员常用的实践工具软件。

　　为了适应建设科技创新型国家和高等学校对地理信息系统教学的需要，满足在校大学生和教学科研人员的学习要求，特组织编写本书。本书从分步操作的角度，重点介绍了 ArcGIS 地理信息系统的各种功能及其操作步骤。本书内容丰富、图文并茂，尤其注重对实践知识的运用和指导，为读者快速学习 ArcGIS 地理信息系统提供了全方位的帮助，使读者在了解并掌握 ArcGIS 地理信息系统的基本理论知识和使用方法的同时，结合实例能比较全面地了解科研和学习过程中的需求。

　　按照由易到难、循序渐进的讲解方式，全书共十章。第一章主要讲述了 GIS 中常见的空间数据编辑操作，包括利用 ArcGIS 创建和编辑要素、要素注记，如何使用拓扑；第二章主要讲述了 ArcGIS Desktop 如何构建地理数据库，详细介绍了如何在 ArcCatalog 中进行数据组织，如何将外部数据导入地理数据库，并在地理数据库中创建数据层、子类型、属性域、对象关系、几何网络和拓扑；第三章主要讲述了地图配图处理的相关内容，包括地图配图数据前期处理准备工作，如何使用图层组来规划配图数据，图层风格基本设置等内容；第四章主要讲述了地图应用中重要的信息标注，包括属性信息标注、Maplex 与信息标注等相关内容；第五章主要讲述了常用的地理信息的优化处理方法，包括点抽稀、道路显示优化和制图表达；第六章主要讲述了 ArcGIS 空间分析，重点介绍了表面分析和水文分析的案例；第七章主要讲述了 ArcGIS 网络分析，包括创建网络数据集，使用网络数据集查找最佳路径等内容；第八章主要讲述了 ArcGIS 中的三维可视化技术，如何创建三维可视化场景，以及三维性能优化；第九章主要讲述了三维应用，重点介绍了 ArcGlobe 下的三维应用功能；第十章主要讲述了 ArcGIS 地理处理，介绍了工具及工具箱的使用技巧，以及 ArcGIS 中模型构建器（Model Builder）的使用技巧和实际案例。

　　本书在编写过程中参考了国内外一些已出版和发表了的著作和文献，以及相关专家学者的论述和建议，吸取和采纳了一些经典的和最新的实践案例成果，也吸纳了辽宁省第二批转型发展试点专业的建设成果。本书使用的教程数据和讲义课件将以电子版的形式提供，请关注出版社网站或联系出版社。毕天平、项英辉、常春光、班福忱、李海英、王玥、任家强、韩凤、田珅、杨雪梅、高东燕、王沛文等来自沈阳建筑大学的教师和研究生，以及程明、季晓光、刘君懿、郭喜军等来自 ESRI（中国）信息技术有限公司沈阳分公司的技术人员参与了本书的编写和校对工作，沈阳理工大学副教授杨丽丽老师审阅了全书，并提出了宝贵的意见和建议，在此一并表示衷心的感谢！

鉴于地理信息系统涉及的知识面非常广泛，限于作者水平，书中如有不妥之处，恳请广大读者批评指正。

编　者

2016 年 12 月

目　　录

第一章　数据编辑操作

第一节　创建要素入门

一、创建新点

在本练习中，将使用航空摄影来创建新点要素。创建要素之后，还需要为点添加属性值。您将用到"编辑器"工具条、"创建要素"窗口和"属性"窗口，它们是进行编辑时 ArcMap 用户界面的主要元素。

要进行本练习，首先需要将地图缩放至感兴趣区域。可以将地图上频繁使用的位置以空间书签（类似于 Web 浏览器中的书签）的形式进行保存，以便快速访问这些位置。这里已创建了包含将要使用的地图范围的书签。

> **注 意**
>
> 本练习需要处于活动状态的 Internet 连接，因为过程中会用到通过 Web 提供的影像。如果不具备 Internet 连接，或者影像加载速度慢，仍然可以使用随教程数据一起安装的图像执行本教程。此时需要打开内容列表中的 **DOQQ 影像（本地）**图层，然后可以关闭**世界影像**（Web）图层。

1. 先决条件

启动 ArcMap。

2. 步骤

（1）单击标准工具条上的**打开按钮**。

（2）导航到安装了教程数据的编辑目录下的 Exercise1. mxd 地图文档。

（3）单击地图，然后单击**打开**。

（4）如果系统提示启用硬件加速以提高性能，则单击**是**。

（5）单击**书签**菜单，然后单击 Visitor Center 缩放至锡安国家公园南门处游客服务中心管理站附近的区域。

（6）单击**标准**工具条上的**编辑器工具条按钮**。

（7）单击**编辑器**工具条上的**编辑器**菜单，然后单击**开始编辑**。

（8）在**创建要素**窗口中，单击 Ranger Station 点要素模板。这样便设置了编辑环境，就可以在管理站图层中创建新点要素。

（9）单击**创建要素**窗口中的**点工具**。

（10）使用航空影像，单击地图以直接在显示画面中心的游客服务中心建筑物上放置一个点。由于要创建点，因此单击地图一次便可添加要素。但是，如果要绘制线或面，则需要多次单击才能在折点之间创建线段，如图 1-1 所示。

符号中心包含一个青色（浅亮蓝色）实心圆。默认情况下，编辑过程中创建新要素之后，它们会立即处于选中状态。这样便可以很容易地识别出新要素，并为其添加属性值。

（11）单击**编辑器**工具条上的**属性**按钮▤。进行编辑时，使用"属性"窗口可以快速更新一个或多个所选要素的属性值。窗口顶部分等级显示图层的名称，名称下面是该图层的各个要素的标识符。窗口底部显示要素的字段（表中的一列）名称和属性值（表中的一行）。

（12）在方框中单击以修改**位置**属性值，该属性值当前为〈空〉。

（13）输入游客服务中心，然后按 Enter 键。此操作将存储该要素的属性值。注意：窗口顶部有关要素的条目不再是普通数字，而是由更具描述性的"游客服务中心"取代，如图 1-2 所示。

图 1-1

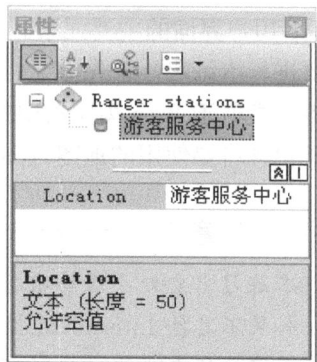

图 1-2

（14）关闭**属性**窗口。

至此，我们已经完成了第一个练习并创建了一个新点要素。在接下来的练习中，我们将学习如何创建新线和新面。

二、数字化线及捕捉

在第一个练习中，我们通过航空摄影对一个点进行了数字化。在本练习中，我们将对影像进行映绘，以创建表示道路的新线。

由于已经创建了一部分道路，因此应使用捕捉来帮助确保将新道路要素连接到现有道路。开启捕捉后，指针靠近边、折点和其他几何元素时便会跳转或捕捉到这些元素。这样，便可以很容易地根据其他要素的位置定位要素。使用捕捉时所需的所有设置均位于"捕捉"工具条中。

（一）设置捕捉选项

1. 先决条件

Exercise1.mxd 已打开，并且已处于编辑会话中。

2. 步骤

（1）导航到**数字化道路**书签。该范围恰好是在上一练习中创建的点要素以南的区域。

（2）将**捕捉**工具条添加到 ArcMap 中。可通过单击"自定义"菜单，指向"工具条"，然后单击列表中的工具条名称来添加工具条。也可以通过单击"编辑器"菜单，指向"捕捉"，然后单击"捕捉工具条"来添加"捕捉"工具条。

（3）在捕捉工具条中，单击捕捉菜单，并确认已选中**使用捕捉**。如果该选项已处于选中状态，则不需再次单击，以免关闭捕捉。如果未选中**使用捕捉**，则需单击该选项以启用捕捉。

（4）查看**捕捉**工具条并确认**端点**⊞、**折点**□和**边**◿捕捉类型处于激活状态。如果已启用，这些按钮将高亮显示；如果未启用，则单击各个按钮以启用这些代理。

（5）单击**捕捉**菜单，然后单击**选项**。可以通过此对话框指定 ArcMap 中的捕捉设置。

（6）确保捕捉容差至少为 10 个像素。捕捉容差即一段距离，指针或要素将在此距离范围内被捕捉到另一个位置。如果作为捕捉目标点的元素（如折点或边）位于设定的距离范围内，则指针将自动捕捉到该位置。

（7）选中**显示提示**、**图层名称**、**捕捉类型**和**背景**的复选框。很可能只需选中**背景**，因为其他选项在默认情况下应处于开启状态。捕捉提示为一小段弹出文本，用于指明要捕捉到哪个图层，以及使用何种捕捉类型（边、端点、折点等）。处理图像时显示背景有助于查看"捕捉提示"，如图 1-3 所示。

（8）另外，可以更改捕捉符号使用的颜色，还可以设置"捕捉提示"显示选项，如提示的字号或字体。

（9）单击**确定**关闭**捕捉选项**对话框。

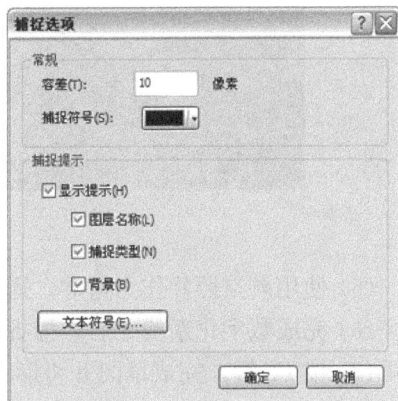

（二）数字化线

步骤：

（1）在**创建要素**窗口中，单击**地方干道线模板**（位于"道路"分组下）。这样便创建了此要素模板，并将其保存在教程地图文档中。窗口底部的可用构造工具列表更改为用于创建线的工具。由于**线工具** ╱ 是此模板的默认工具，因此被自动激活。

（2）将指针悬停在地图显示画面西部现有线的端点上方，但不要单击。注意：指针图标将变为方形捕捉符号，且会弹出包含图层名称（道路）和正在使用的捕捉类型（端点）的捕捉提示。如有需要，可近一步缩放或平移。

（3）单击一次，如图 1-4 所示。

图 1-3

图 1-4

（4）通过定义要素的形状可数字化或草绘一条新线或一个新面。此时会看到对该要素使用实际符号系统的预览，其中的折点已被符号化为绿色和红色方框。进行数字化处理时，"要素构造"工具条会显示在指针附近。它是一个小型半透明工具条，可用于快速访问编辑时最常用的一些工具和命令。如果发现该工具条恰好处于要添加折点的位置，可按 Tab 键对其重新定位。在后面的练习中，将会更多地用到"要素构造"工具条，如图 1-5 所示。

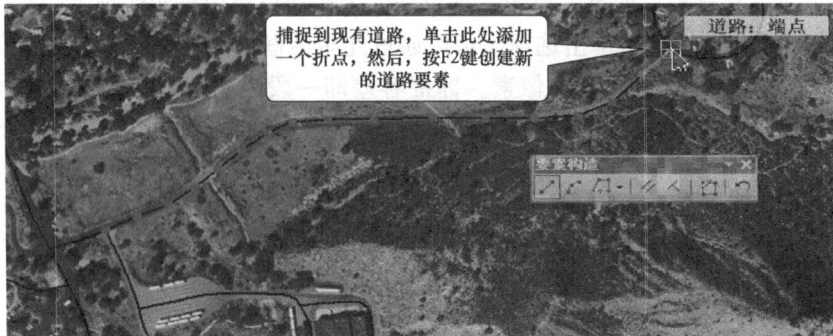

图 1-5

（5）使用航空照片作为指导，通过单击地图上要添加折点的各个位置来数字化新线。

（6）完成数字化新线之后，捕捉到现有要素的端点并进行单击，以在该位置放置折点。

（7）按 F2 键，完成草图并将形状变为地理数据库中的实际要素。此时可以采用以下多种方式中的一种来完成草图：按 F2 键、鼠标双击、使用右键单击快捷菜单弹出"要素构造"工具条。

在本练习中，我们学习了如何设置捕捉以并使用捕捉帮助您数字化一条连接到现有道路的新道路。

三、创建新要素模板

在前面的练习中，使用的是已经创建好的要素模板。下面将通过向导创建表示私有土地所有权的面图层的模板。

1. 先决条件

Exercise1. mxd 已打开，并且已处于编辑会话中。

2. 步骤

（1）单击**创建要素**窗口中的**组织模板** 。

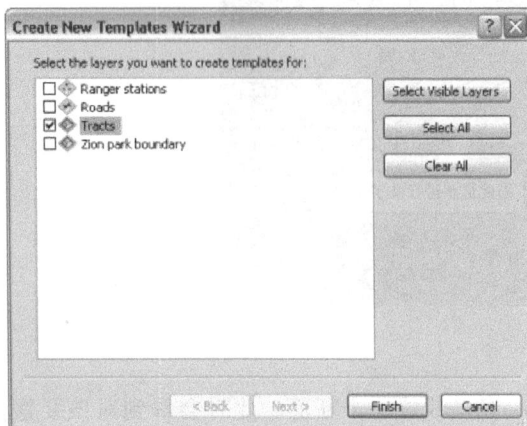

图 1-6

（2）单击**组织要素模板**对话框左侧的**区域**。如果此图层具有现有模板，则这些模板会在右侧列出。

（3）单击**新建模板**。创建新模板向导随即打开。第一页显示当前正在编辑的地图的所有图层的列表。

（4）因为启动向导时选择了"区域"面图层，所以应该只有此图层处于选中状态，否则应选中该图层并取消选中其他图层，如图 1-6 所示。

（5）单击**完成**。按类别符号化图层时，可以单击"下一个"并选择要为哪种类别创建要素模板。由于"区域"图层将被符号化为一个符号，因此向导只需一步便可完成。

（6）"区域"的模板将出现在**组织要素模板**对话框中。单击**区域**模板并单击**属性**，如图 1-7 所示。

通过**模板属性**对话框可以查看和更改模板设置。例如，可以重命名模板、提供描述、设置默认构造工具，以及指定应分配给使用此模板创建的新要素的属性值。

（7）在**描述**方框中，输入"Private lands in Zion"。在"创建要素"窗口中，将指针悬停在模板上方时将显示该描述，如图 1-8 所示。

图 1-7

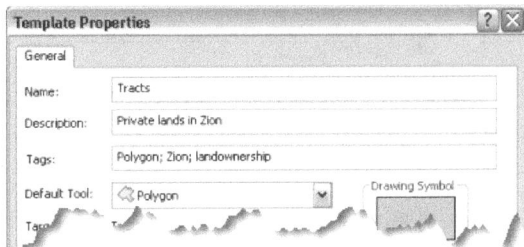

图 1-8

另外，也可以使用标记来进行标识，帮助以后搜索模板。将会自动添加表示图层类型的标记 Polygon。

（8）在**标记**框中的"Polygon"后方紧贴该字段进行单击，输入分号（；），然后添加一个空格，接着输入"Zion"。再输入一个分号，然后添加一个空格并输入"landownership"。

输入标记后，**标记**框应如下所示：Polygon；Zion；landownership。

（9）默认工具应为"面"。如果不是，单击**默认工具**下拉箭头，然后单击**面**。这样可确保每次选择"区域"模板时都激活"面"工具。

（10）单击格网中的**所有权**字段。有关字段的系统信息在对话框底部列出。

（11）单击右侧的值<空>清除文本，然后输入"Private"，这将分配属性值"Private"。此操作将"Private"设置为使用此模板创建的所有新要素中该字段的默认属性值，如图 1-9 所示。

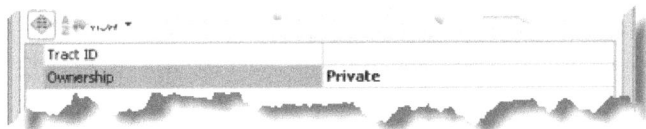

图 1-9

（12）单击**确定**。

（13）关闭**组织要素模板**对话框。注意，新模板将在"创建要素"窗口中列出。将指针悬停在模板上方时，将会显示之前输入的描述文本，如图 1-10 所示。

同时，还可以在"创建要素"窗口中双击模板来访问其属性。默认情况下，会按图层名称对模板进行分组和排序。如果要以不同的方式对模板进行分组，或通过过滤隐藏某些模板，可通过"创建要素"窗口顶部的"排列"菜单实现。

现在即可使用在此要素模板中指定的属性创建要素。

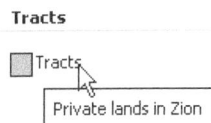

图 1-10

四、创建新的面要素

在熟悉了要素编辑和创建的基本概念及用户界面元素的基础上，便可学习高级的要素创建方法。届时将使用几种不同的方法来构造面区域边界，包括捕捉、输入测量值以及绘制矩形。此外，还将使用键盘快捷键和右键单击菜单的方式来提高创建要素时的效率。

在 20 世纪早期，当锡安国家公园变成保护区时，许多业主所拥有的土地变成了公园。虽然锡安国家公园的土地所有权现在大部分都属于美国联邦政府，但公园内的某些区域仍归私人所有。在本练习中，将创建一些表示私有要素的边界线。

> **注意**
>
> 本练习中涉及的数值、形状、测量值和属性仅用于演示目的，并不表示实际的属性记录。

（一）利用不同的构造方法创建面

1. 先决条件

Exercise1. mxd 已打开，并且已处于编辑会话中。

选择一个模板便可针对该模板中的设置对编辑环境进行设置。此操作可对存储新要素的目标图层进行设置，激活"创建要素"窗口底部的要素构造工具，以及做好为新要素指定默认属性的准备。由于设置图层模板使得"面"工具成为默认的要素构造工具，因此"面"工具将变为活动状态。

默认情况下，"线"工具和"面"工具可在单击的折点之间创建直线段。使用这些工具还可以另外定义要素的形状，例如，创建曲线或追踪现有要素。这些工具也称为构造方法，它们位于"编辑器"工具条中。

2. 步骤

（1）禁用内容列表中的**世界影像（Web）**图层。

（2）缩放至**区域**书签。

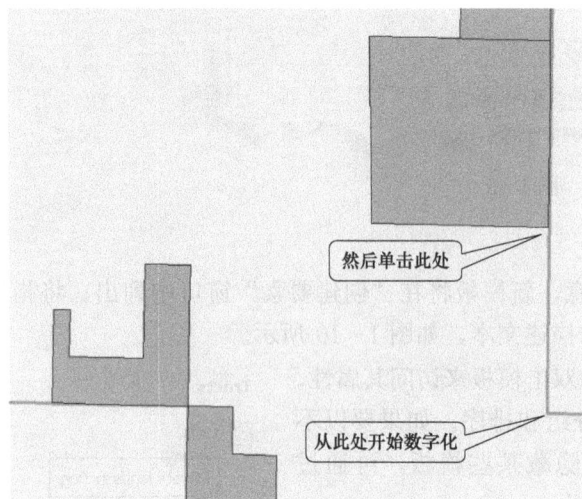

然后单击此处

从此处开始数字化

图 1-11

（3）在**创建要素**窗口中，单击**区域**模板。这会激活**面**构造工具，可以使用"模板属性"将此工具设置为默认工具。由于这些区域与公园边界和相邻区域共享一条边，因此可以借助这些区域来构造面的形状。

（4）在**编辑器**工具条上单击**直线段**构造方法。使用"直线段"构造方法时，每次单击都会放置一个折点，而折点之间的线段是直线。

（5）捕捉到公园边界面和区域线要素的交叉点，然后单击该点，如图 1-11所示。

（6）向上（或向北）移动指针，

捕捉到该区域与公园边界的拐角处，然后再次单击。至此已创建了两个折点，连接这两个折点的是一条直线，可用来定义本区域的东侧边界。

（7）在**要素构造**微型工具条的选项板中单击中点（在放置了面的第一个折点后，该工具条就会出现在屏幕上，并显示在指针附近）。活动的线段构造方法将从"直线段"更改为"中点"，"中点"会在所单击的两个位置中间创建一个折点。此时将使用"中点"在现有区域的两个拐角之间创建一个折点，如图1-12所示。

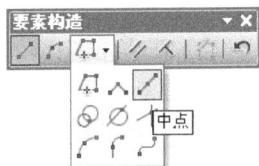

在"编辑器"工具条中也能找到"要素构造"工具条上的线段构造方法按钮，但通过"要素构造"工具条访问这些按钮往往更容易，因为后者离指针更近。如果在"要素构造"工具条上单击某种线段构造方法，则此方法将在"编辑器"工具条上变为活动状态；反之亦然。在最常见的线段构造方法中，"直线段"和"端点弧段"

图1-12

这两种方法可以直接在工具条中找到，而其他方法则位于这些按钮右侧的一个选项板上。

（8）向右移动指针，然后单击区域东侧的拐角（添加的前一个折点）。移动指针时，注意中间带小方块的黑线。该方块指示要添加新折点的位置。

（9）向左移动指针，然后单击现有区域西侧的拐角。新折点将添加在单击第二个点时方块所在的位置，如图1-13所示。

（10）在**要素构造**微型工具条上单击**直线段**构造方法。活动的构造方法将重新更改回"直线段"，而不再是"中点"。

（11）要输入拐角的最终测量值，则需要输入具体的坐标。

（12）按F6键。这是"绝对X、Y"对应的键盘快捷键，用于输入下一个折点精确的X、Y坐标。默认情况下，输入的值采用地图单位，对于本地图来说，单位为m。如果要以十进制度或其他形式输入值，则可单击箭头来切换输入框，如图1-14所示。

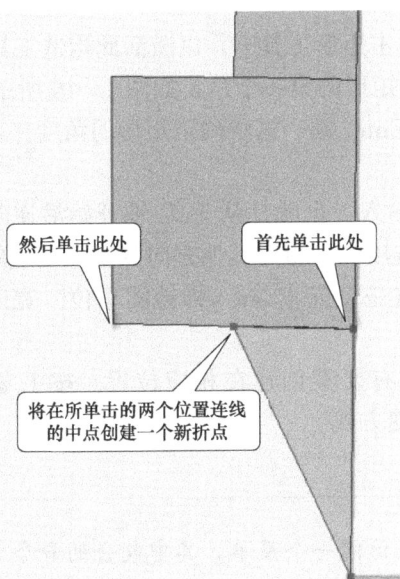

图1-13

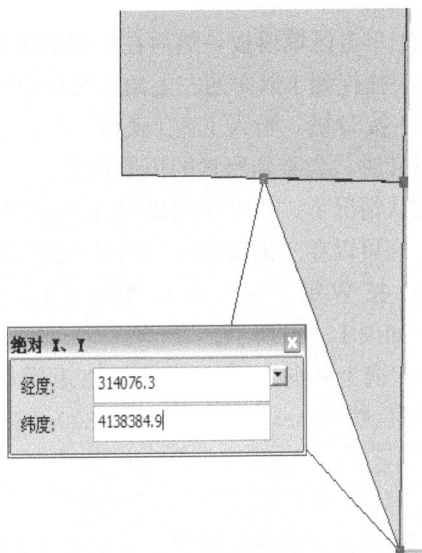

图1-14

　　（13）在 X 框中输入 314076.3，在 Y 框中输入 4138384.9，然后按 Enter 键。将自动在此位置创建新的折点。

　　（14）在**要素构造**微型工具条上单击**完成草图**▨，此时便创建了第一个面地块要素。此外，还可以使用 F2 键、双击地图或右键单击等方式来完成草图。

　　（15）在**基础工具**工具条上单击**识别**工具❶。

　　（16）单击新要素，并注意"所有权"字段的属性值是否为"私有"，该值是在模板属性中设置的默认值。如果识别了其他图层，则单击**识别范围**箭头，再单击**区域**图层，然后尝试再次单击该要素。

　　（17）关闭**识别**窗口。

　　（二）创建直角面

　　有时，需要创建直角面。除了通过依次单击各个折点来创建直角面外，还可以使用"矩形"构造工具。使用"矩形"构造工具时，第一次单击会创建第一个折点，第二次单击便可确定矩形的"角度"，最后一次单击便可添加其余的拐角折点。此外，"矩形"构造工具还允许输入折点的 X、Y 坐标以及边的方向和长度。

　　步骤：

　　（1）在**基础工具**工具条上单击**平移**工具✋，然后将地图略微向西平移，以使 J 形面在显示画面上居中。

　　（2）单击**区域**模板，然后在**创建要素**窗口中单击**矩形**工具▭，以激活此构造工具。

　　（3）捕捉到 J 形面的左上角，然后单击以设置矩形的第一个角，如图 1-15 所示。

　　（4）按 D 键，输入 179（表示 179°），然后按 Enter 键。这将确定矩形的角度。在地图上移动指针时，会看到要素的矩形预览。

　　默认情况下，角度采用极坐标且以度为单位输入，也就是从正 X 轴开始沿逆时针方向测量。您可以在"编辑选项"对话框的"单位"选项卡中指定其他方向测量系统或单位。

　　（5）按 W 键，输入 400，然后按 Enter 键。这是设置 400m（即地图单位）宽度的快捷方式，如图 1-16 所示。

　　（6）向上并向左移动指针，使矩形相对于现有要素创建在相应位置。按 L 键，输入800，然后按 Enter 键。这是设置 800m 长度的快捷方式。

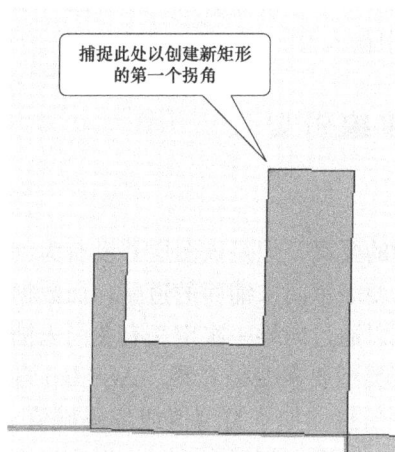
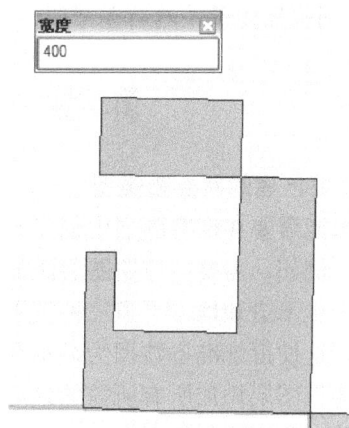

图 1-15　　　　　　　　　　　图 1-16

（三）创建相邻面

现在，您需要再创建一个面来填充以上两个面之间的空隙。您可以捕捉到每个折点，但使用"自动完成面"工具会使操作更简单，该工具使用现有面的几何来创建互不重叠或没有间隙的新的相邻面。

步骤：

（1）单击**区域模板**，然后在**创建要素**窗口中单击**自动完成面**工具 来激活此构造工具。

（2）捕捉到刚创建的矩形的左下角，然后单击。

（3）向南移动，捕捉到原有的 J 形面的拐角，然后单击来添加一个折点，如图 1-17 所示。

（4）在**要素构造**微型工具条上单击**完成草图** 。使用"自动完成面"工具时，ArcMap 会自动使用图层上周围几个面的形状来创建新面的几何，如图 1-18 所示。

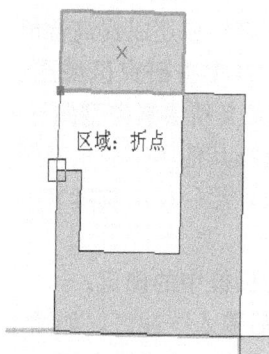
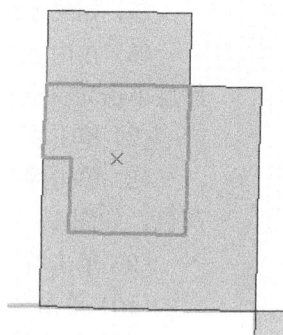

图 1-17　　　　　　　　　　　图 1-18

（5）单击**编辑器**工具条上的**编辑器**菜单，然后单击**停止编辑**。

（6）单击**是**保存编辑内容。

（7）教程使用完成后关闭 ArcMap。不需要保存地图文档。

新要素创建完成，其默认属性值（私有）为模板中所指定的值。如果需要添加其他信息（如 ID 号），则选择要素，然后在"属性"窗口中输入值。

第二节　创建和编辑要素

一、定义要创建的新要素类型

有时，可能需要在现有图层中创建某种类型的要素，但是该图层并没有为创建那些要素而进行设置。例如，需要向道路图层添加要素以便表示尚未铺面的道路，而数据中当前仅包含高速公路、主干道和地方干道三种类别。您可以通过向导一次定义有关尚未铺面道路类别的所有信息，这使得您准备数据为显示和存储新类型要素变得容易。ArcMap 自动为新类别添加符号，为该图层添加所有所需的地理数据库信息（如子类型值或编码域值），并添加创建未铺面道路时要用到的要素模板。通过该向导，就不必打开多个对话框自行设置数据而中断当前操作。

公园包含若干个自然、文化或具有重大历史意义的区域，这些区域仅用于研究和教育目的，而不对公共娱乐开放。在本练习中，将定义一个新要素类别，用来表示公园内仅供研究使用的区域周围的缓冲区。这个新类别可以显示允许游览但建议不要游览的区域。

"研究"区域图层用唯一值进行符号化，因此"定义新要素类型"向导允许定义符号并创建包含新缓冲区类别的默认属性的要素模板。在后面的练习中，将使用现有要素在其周围创建新缓冲区。

步骤：

（1）单击**标准**工具条上的**打开按钮**。

（2）在安装教程数据的 Editing 目录中，导航至 **Exercise2. mxd** 地图文档（默认位置是 C：\ ArcGIS \ ArcTutor）。

（3）单击地图，然后单击**打开按钮**。

（4）如果此地图文档在上一练习中已经打开并且当前仍处于打开状态，系统会提示将其关闭，此时可照提示执行而不保存更改。

图 1-19

（5）如果系统提示启用硬件加速以提高性能，则单击**是**。

（6）在内容列表中，右键单击**研究区域**图层，指向**编辑要素**，然后单击**定义新要素类型**。**定义新要素类型**向导将会启动。

（7）单击**更改符号**，选择其他用于表示新缓冲区的符号。

（8）单击**颜色**下拉箭头，然后单击**灰度 30%** 将填充颜色更改为灰色，如图 1-19 所示。

（9）单击**符号选择器**对话框中的**确定**。

（10）单击**名称**框，然后输入缓冲区，如图 1-20 所示。

（11）单击**描述**框，然后输入锡安研究区域周围的缓冲区。

（12）单击**下一步**。向导中的下一个面板会显示图层中的现有类别。

（13）对于**值和标注**，则输入缓冲区。它们应根据向导的前一个面板中设置的名称自动进行填充。标注用于显示内容列表和图例中的符号类别，如图 1-21 所示。

图 1 - 20

图 1 - 21

（14）单击**下一步**。向导的下一个面板允许为使用新缓冲区要素模板创建的新要素设置默认属性值。我们应该对这个面板很熟悉，因为在为土地所有权区域设置默认属性值的练习中用到了这个面板。

（15）注意：缓冲区已被设置为**名称**字段的默认属性值。此外，还可以为**注释**字段设置默认值，但由于任何注释都是特定于所创建的各个要素，而不是通用的默认值，因此要将其留空，如图 1 - 22 所示。

（16）单击**完成**。

（17）将显示一条消息，指示新要素类型已添加成功。单击**否**，而不再添加新类型。新符号将显示在内容列表的图层条目中，此外，新要素模板也已创建完成。

图 1-22

（18）单击**编辑器**工具条上的**编辑器**菜单，然后单击**开始编辑**。

注 意

创建要素窗口会列出缓冲区的新要素模板。

由于已添加了新类型的要素模板，因此可以开始创建要素。

二、根据现有要素创建要素

现有一个显示公园中某个仅供研究位置的面要素，并且要使用该面要素来创建另一个用来表示其周围缓冲区的要素。我们将选择仅供研究的原始面，并使用"编辑"菜单→"缓冲"命令来创建新要素。

单击"缓冲"命令时，会打开一个用于指定要素模板和缓冲距离的对话框。与其他测量值类似，在编辑缓冲距离时，以地图单位进行指定，但也可通过在输入值时指定距离单位的缩写来以其他单位赋值。

1. 先决条件

Exercise2. mxd 已打开，并且已处于编辑会话中。

根据现有要素自动创建新要素的编辑命令（如缓冲）要求选择要在创建新要素时使用的要素模板。与在"创建要素"窗口中单击要素模板类似，在这些对话框中选择模板将会定义存储要素的图层以及新要素的默认属性。缓冲要素既可创建为线，也可创建为面，因此可能会同时列出线模板和面模板，但不会列出适合其他任何要素类型的模板。

2. 步骤

（1）导航至**仅供研究的区域**书签。地图会缩放至公园的 Goose Creek 区域。这些面表示仅供研究的区域。

（2）禁用内容列表中的**河流**图层。这将便于查看和选择正确的要素。

（3）单击**编辑器**工具条上的**编辑工具**。

（4）选择最南边的**研究区域**面，如图 1-23 所示。

（5）单击**编辑器**菜单，然后单击**缓冲**。

（6）在**缓冲**对话框中，单击**模板**按钮。

（7）在窗口中单击**缓冲区**面模板。"选择要素模板"窗口将仅显示作为特定命令有效输出类型的模板，而不是"创建要素"窗口中列出的所有模板。对于"缓冲"，将列出面模板和线模板（如果可用），因为这两种几何类型都能存储新缓冲要素。另一方面，如果使用的命令可以创建线要素（例如"平行复制"），则将仅列出适合此命令的线要素模板。如果需要根据名称查找模板，则可在〈搜索〉框中输入名称。

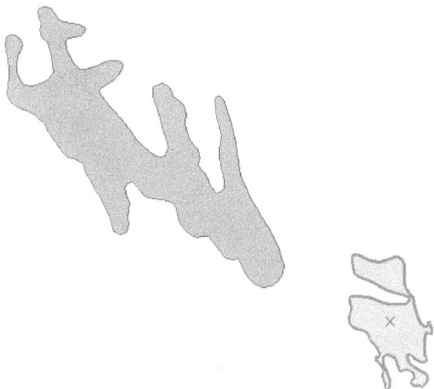

（8）在**选择要素模板**窗口中单击**确定**。

图 1-23

（9）在**缓冲**对话框中的**距离**文本框中输入 300。

这表示将在距离所选面的边界 300m（地图单位）的范围内创建缓冲区，如图 1-24 所示。

（10）单击**确定**，如图 1-25 所示。

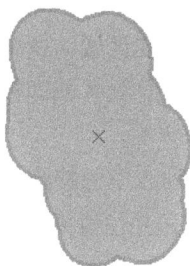

图 1-24　　　　　　　　　　图 1-25

（11）距边界 300m 的新面缓冲要素使用"缓冲区"要素模板的属性创建而成。该新要素是在现有要素的上方选择和绘制的。

在本练习中，我们使用了编辑命令"缓冲"来根据现有要素生成要素，并选择了要在创建新要素时使用的要素模板。

三、编辑面要素

在上一个练习中，"缓冲"命令创建了一个要素，其范围是原始要素的范围加上缓冲距离。由于此要素仅应为缓冲，因此，需要将内部原始要素的形状从当前缓冲要素中移除。可以使用"编辑器"菜单中的"裁剪"命令在面要素中剪出一个洞。此外还要使用"剪切面"工具沿叠置的线要素分割面。

（一）在面中剪出洞

1. 先决条件

Exercise2.mxd 已打开，并且已处于编辑会话中。

在现有要素的上方绘制新要素。要使用"裁剪"，需要选择位于下方的现有要素。"编辑"工具具有特殊的功能，可帮助您从叠置要素中选择正确的要素。

2. 步骤

（1）单击**编辑器**工具条上的**编辑**工具▶。

（2）单击缓冲要素的中心。由于单击的位置有多个可选要素，因此将显示选择卡。单击图标右侧的箭头以查看要素列表并从中进行选择。要素按照其显示表达式（在"图层属性"→"显示"选项卡上设置）在选择卡中列出，如图1-26所示。

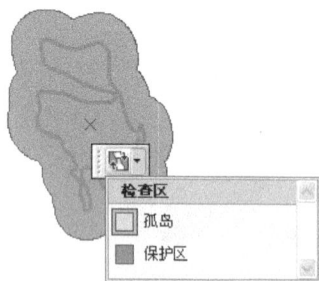

图1-26

（3）将鼠标指针停留在列表中某要素上方，使其在地图上闪烁。单击Isolated Mesa Tops要素将其选中。将使用此要素在"缓冲"区的面中剪出一个洞。

（4）可通过以下方式检查所选要素是否正确：单击内容列表中的**按选择列出按钮**并查看**已选择**类别的Research areas图层中是否仅列出Isolated Mesa Tops。"编辑器"→"裁剪"命令仅裁剪位于所选要素缓冲距离范围内的面要素，在本例中即为"Isolated Mesa Tops"研究区域。

（5）单击**编辑器**菜单，然后单击**裁剪**。

（6）请确保缓冲距离为0。这样，便可以沿所选要素的准确边界而不是在距边界一定距离处进行裁剪，如图1-27所示。

（7）单击**丢弃相交区域**。这将从裁剪要素中移除叠置区域。

（8）单击**确定**。叠置区域即被裁剪掉，此时，通过缓冲要素中的洞可看到原始研究区域要素，如图1-28所示。

（9）单击内容列表中的**按选择列出按钮**（如果尚未按这种方式列出图层），然后单击地图上的每个要素，并注意内容列表中所选要素列表的变化。选择图标右侧的1表明已选择一个要素，如图1-29所示。

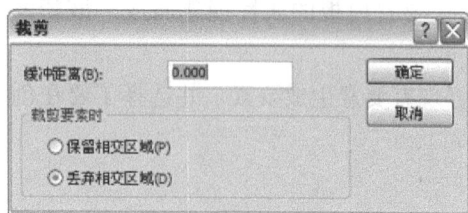

图1-27

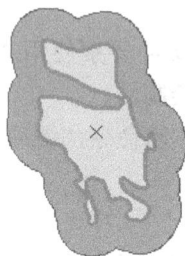

图1-28

图1-29

（10）由于缓冲要素中有个洞，其几何在ArcGIS中以多部分面的形式表示。多部分要素通常自身包含洞或者由引用同一组属性的多个物理部分组成。例如，构成夏威夷的各个岛屿通常以多部分面要素的形式表示。可以使用"编辑"工具双击要素并打开"编辑草图属性"窗口来查看要素各组成部分的列表。

（二）剪切面

对于相邻的研究区域，需要沿从二者中部穿过的河流将其分成两个面。可以使用"剪切面"工具对面进行分割。

使用"剪切面"工具时，则需要选择面，然后在要剪切面的位置数字化一条线。要更改用于剪切面的线的形状，单击"编辑器"工具条或"要素构造"微型工具条上的构造方法类型。可通过多种方法创建线段，例如使用直线、曲线或追踪其他要素形状。

如果沿简单线剪切面，可单击并使用“直线段”构造方法绘制线。然而，在这种情况下，用于剪切面的河流要素又长又弯，因此，相比之下，追踪边界来创建线要更容易些。

步骤：

(1) 单击**编辑器**工具条上的**编辑**工具。

(2) 单击 Goose Creek 研究区域，即以前所编辑面的西侧的蓝色面。可能需要放大或平移此要素，以便能够更加清晰地查看。

(3) 在内容列表中，单击 Streams 图层左侧的灰色图层图标使河流再次可见，以便沿河流进行追踪。执行此操作时，图层图标会显示为相应颜色，如图 1-30 所示。

(4) 单击**捕捉**工具条上的**捕捉**菜单，然后单击**交点捕捉**。这样，将能够捕捉到要素之间的交叉点，此功能有助于确保用于剪切面的线的起点和终点都位于面和线的边的交叉点上。

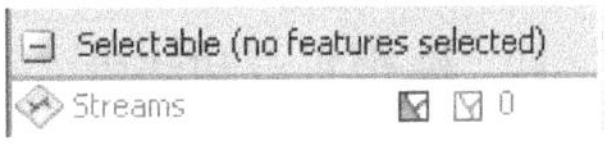

图 1-30

(5) 单击**编辑器**工具条中的**剪切面**工具。

(6) 单击**编辑器**工具条选项板上的**追踪**。

(7) 捕捉到缓冲面附近的面的边和河流线的交叉点，然后单击开始沿面追踪线。沿着河流线进行追踪，如图 1-31 所示。

(8) 沿着面追踪到线的尽头后，捕捉到位于面北侧边的面和线的交叉点，然后单击地图放置折点，如图 1-32 所示。

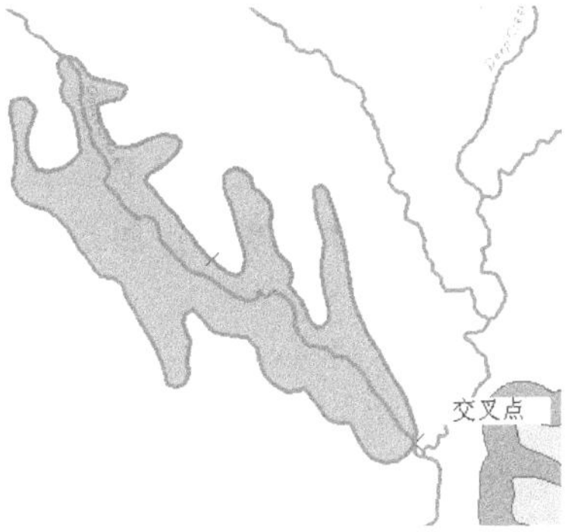

图 1-31

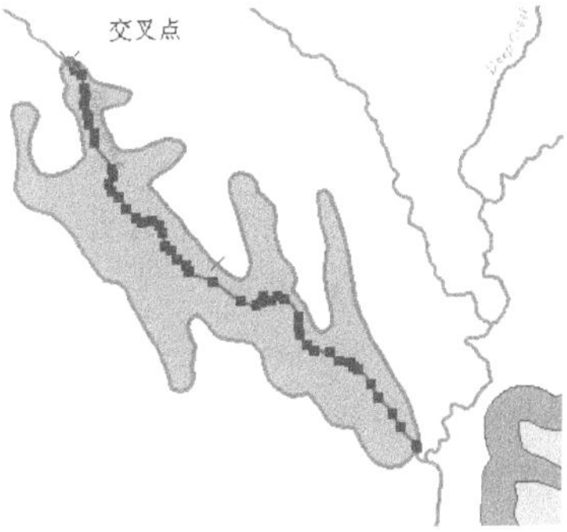

图 1-32

(9) 右键单击地图中的任意位置，然后单击**完成草图**。

(10) 至此已完成用来剪切面的草图。进行剪切和选择新要素时，面会在地图中闪烁。如果发生错误，要确保所选的要素正确无误，然后重新进行追踪并确保线完全位于面上。在开始和结束追踪时，进行适当放大可能有所帮助，如图 1-33 所示。

(11) 单击**编辑器**工具条上的**编辑**工具。

(12) 单击每个新要素并注意，此时已有两个面，如图 1-34 所示。

(13) 单击**编辑器**工具条上的**编辑器**菜单，然后单击**保存编辑**。

(14) 单击**编辑器**工具条上的**编辑器**菜单，然后单击**停止编辑**。

在本练习中，我们了解了如何通过追踪叠置线要素来裁剪和分割面。

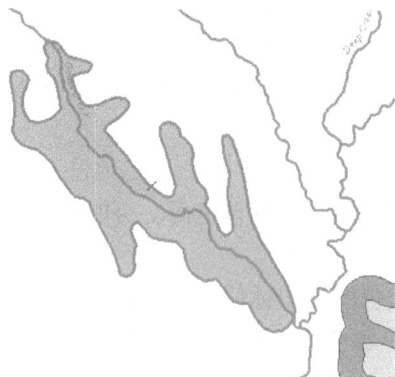

图 1-33

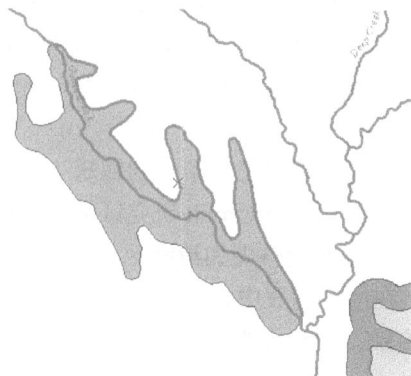

图 1-34

四、编辑折点和线段

在上一个练习中，我们编辑了整个要素。在本练习中，我们将对构成要素的折点和线段进行编辑。可以使用"编辑"工具双击要素，以对其形状进行编辑。执行此操作时，"编辑"工具指针会由黑色箭头变为白色箭头，指示可以直接选择折点和修改线段。

利用"编辑折点"工具条可以快速访问编辑折点时最常用的一些命令。只要"编辑"工具或"拓扑编辑"工具处于激活状态并且正在编辑要素或拓扑边的折点，"编辑折点"工具条就会显示在屏幕上。此工具条在首次显示时是浮动的，但以后可以停靠在某个位置。

> **注意**
>
> 本练习需要处于活动状态的 Internet 连接，因为过程中会用到通过 Web 提供的影像。如果不具备 Internet 连接，或者影像加载速度慢，仍然可以使用随教程数据一起安装的图像执行本教程。您需要打开内容列表中的 **DOQQ 影像（本地）**图层，然后可以关闭**世界影像（Web）**图层。

（一）编辑折点和线段

拖动折点和句柄来编辑一条线的形状，该条线在起于公路、止于河流附近的小路起点上的数字化效果不够理想。

步骤：

（1）确保已停止上一个练习的编辑。

（2）在内容列表中，单击**按绘制顺序列出**按钮 。

（3）右键单击**编辑要素**数据框名称，然后单击**激活**使其成为活动数据框。

（4）单击**编辑器**工具条上的**编辑器**菜单，然后单击**开始编辑**。

（5）关闭**创建要素**窗口。本练习中不需要使用该窗口。

（6）导航至**踪迹**书签。

（7）单击**编辑器**工具条上的**编辑**工具 。

（8）选择与道路连接的踪迹线（虚线），然后单击**编辑器**工具条上的**编辑折点**按钮 。查看要素的草图几何时，会显示**编辑折点**工具条，可以使用该工具条快速访问编辑要素折点和线段时使用的命令，如图 1-35 所示。

（9）与航空摄影进行比较时应注意，若线本应弯曲却显示为直的，而且还有一些其他折点，则可以轻松地将直线段改成圆弧或贝塞尔曲线；反之亦然，并可删除其他折点。贝塞尔曲线是平滑的，而且在两个端点上都有句柄，可通过移动句柄来更改曲线的方向和陡度。可使用贝塞尔曲线草图构造方法对线进行数字化来创建贝塞尔曲线，也可使用某些编辑命令（例如"高级编辑"工具条上的"平滑"）来创建贝塞尔曲线。

（10）将鼠标指针移到距离道路最近的线段的中间，此时指针会发生变化以指示您正在处理线段。单击右键并指向**更改线段**，然后单击**圆弧**。

（11）线段会变为弧。单击并拖动弧，然后将其放置在航空摄影中的踪迹上。如果难以将曲线放置在理想位置，则可以按住空格键临时关闭捕捉，如图 1-36 所示。

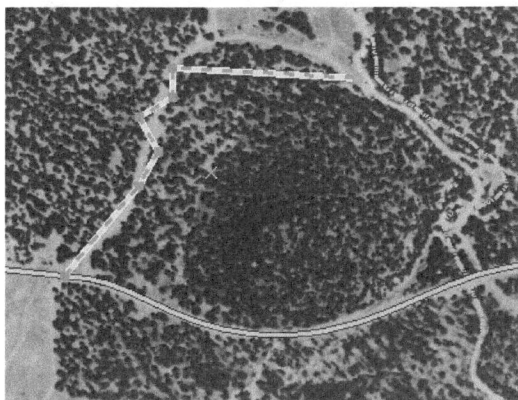

图 1-35

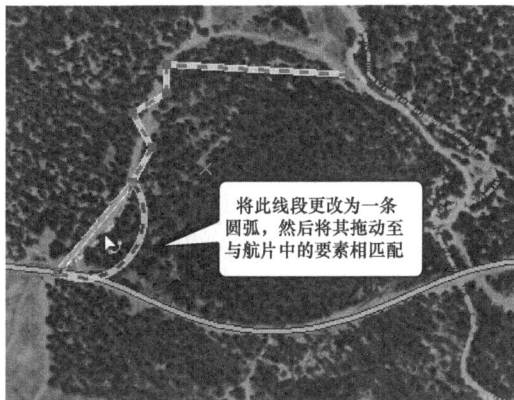

图 1-36

（12）单击远离要素的地图以更新其形状，然后双击要素，此操作与使用"编辑折点"相同，可以实现相同的目的。

（13）单击**编辑折点**工具条上的**删除折点**工具 。"删除折点"工具的外观与白色的"编辑"工具相似，只是旁边有一个减号"－"。

（14）在三个折点（其中，前一个线段和水平线段构成 Z 形）周围拖出一个框。这将删除这些折点，因为它们所处的位置不正确且保持该区域内线的形状并不需要它们，如图 1-37 所示。

（15）单击**编辑折点**工具条上的**修改草图折点**工具 （白色的"编辑"工具）。这样，便可以继续处理线段和折点。

（16）右键单击最北部的线段，指向**更改线段**，然后单击**贝塞尔**。此时将会添加一组新的贝塞尔曲线句柄，线段也会变成 S 形曲线。此时可以看到折点和句柄的位置，其显示为蓝色。将鼠标指针停留在绿色折点上，然后停留在蓝色句柄上。停留的点的类型不同，指针图标也会不同。

（17）拖动句柄以修整曲线，使其与航空摄影相匹配，如图 1-38 所示。

（18）单击地图以更新对形状所做的更改。如果需要进一步优化线的形状，可使用"编辑"工具再次双击，然后修改线段。如果要插入或删除一个折点，则使用**编辑折点**工具条上的工具，如图 1-39 所示。

（19）单击**编辑器**工具条上的**编辑器**菜单，然后单击**保存编辑**。

图 1 - 37

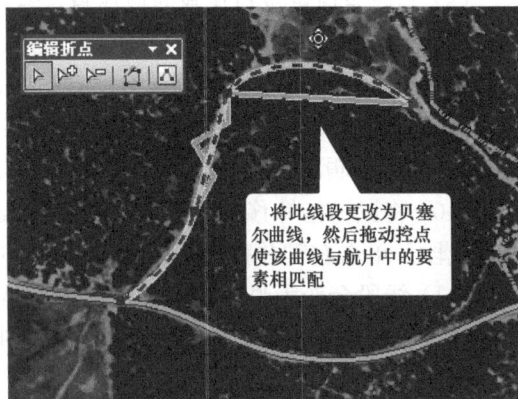

图 1 - 38

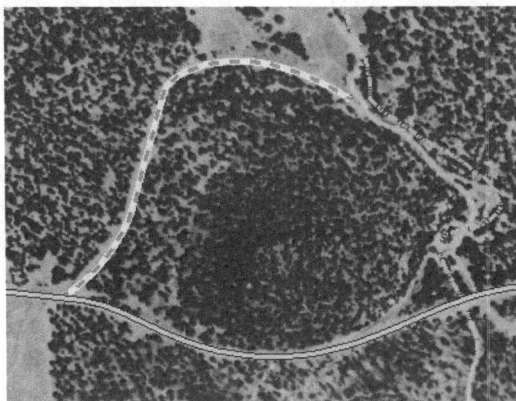

图 1 - 39

（20）单击**编辑器**工具条上的**编辑器**菜单，然后单击**停止编辑**。

（21）教程使用完成后关闭 ArcMap。不需要保存地图文档。

第三节　创建和编辑注记

一、将标注转换为注记

注记是一种用于存储放置到地图上的文本的方法。每条文本通过注记存储自身的位置、文本字符串以及显示属性。在地图中放置文本的另一个主要方法是基于一个或多个要素属性的动态标注。如果每条文本的确切位置十分重要，则应将文本作为地理数据库的注记进行存储。注记为调整文本外观和文本放置提供了灵活性，因为可以选择单条文本进行编辑。可以转换标注来创建新的注记要素。

在本练习中，将把标注转换成地理数据库注记，从而对文本要素进行编辑。

（一）准备要转换的标注

本练习使用的地图包含锡安国家公园的公路和水体要素。地图图层拥有动态标注，但有些地图要素由于空间限制无法进行标注。将标注转换为注记时，您可以手动定位每条文本。

步骤：

（1）单击**标准**工具条上的**打开按钮**。

（2）在安装教程数据的"编辑"目录中，导航至 Exercise3. mxd 地图文档（默认位置是 C：\ ArcGIS \ ArcTutor）。

（3）单击地图，然后单击**打开**。

（4）如果此地图文档在上一练习中已经打开并且当前仍处于打开状态，系统会提示将其关闭，此时可照提示执行而不保存更改。

每个要素图层都拥有动态标注且 Streams 图层拥有基于图层符号系统的标注分类。在给定的图层中，使用标注分类可为不同类型的要素创建不同标注。例如，为间歇性河流指定的标注可小于为常流河指定的标注。

（5）单击**自定义**并指向**工具条**，然后单击**标注**。

（6）要查看哪些标注未放置，可查看未放置的标注。单击**查看未放置的标注按钮**。

无法被放置的标注显示为红色。通过调整标注的大小、更改要素和标注权重或放大地图将有可能放置这些标注。但本练习的目标是将标注转换为注记并放置或删除未放置的注记，如图 1-40 所示。

（7）再次单击**查看未放置的标注按钮**隐藏未放置的标注。

图 1-40

注记要素的位置和大小固定不变，因此当放大地图时，它们会相应地放大。标注会根据其图层的标注属性进行动态绘制。如果地图没有参考比例，则无论地图比例如何，标注都会按指定的字体大小进行绘制。为使标注的工作方式与注记更为类似，可以为地图设置参考比例。绘制标注时，标注的指定字体大小将依据参考比例进行缩放。将标注转换为注记时，应指定参考比例。如果不指定，则当前的地图比例将用作注记的参考比例。

（8）在**标准**工具条上的**地图比例**框中输入 170 000，然后按 Enter 键。

（9）在内容列表中单击**按绘制顺序列出按钮**（如果当前未通过此种方式对图层进行排序），然后右键单击**图层**（数据框的名称），指向**参考比例**，然后单击**设置参考比例**。

此时如果进行放大或缩小，标注也会相应地变大或变小。现在即可将这些标注转换为注记。

（二）将标注转换为注记

注记可以存储在地图文档中或地理数据库的要素类中。本练习的目标是将这些标注转换为存储在地理数据库中的注记。可以通过"将标注转换为注记"对话框指定要基于标注创建的注记的类型、要创建注记的要素以及注记的存储位置。

步骤：

（1）在内容列表中右键单击**图层**，然后单击**将标注转换为注记**。

ArcView 用户可以查看关联要素注记，但无法创建此类注记，也无法编辑包含此类注记的数据集。如果拥有 ArcView 级别许可，则复选框的"要素已链接"列不可用。在本练习中，将创建标准注记要素。如果拥有 ArcView 级别许可，则跳过下一步。

（2）取消选中**要素已链接**列对应的复选框，如图 1 - 41 所示。

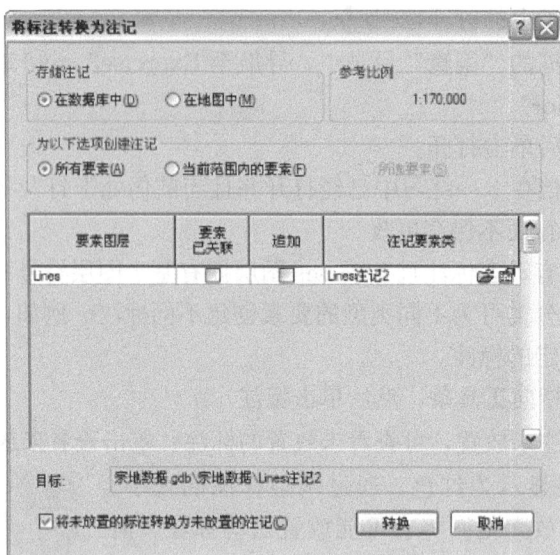

图 1 - 41

（3）取消选中**要素已链接**复选框后，注记要素类名称的旁边会显示小文件夹图标和浏览按钮。关联要素注记必须与其所关联的要素类一同存储在地理数据库中。标准注记要素类可以存储在其他地理数据库中；取消选中复选框后，可为注记指定新的位置。默认情况下，标准注记要素类与其源要素类存储在同一数据集中。如果地图中的某要素图层基于 shapefile 或 coverage 要素类，则浏览按钮将可见并且需要浏览到用于存储新注记要素类的地理数据库。

（4）确保已选中**将未放置的标注转换为未放置的注记**。这样，就可以手动为无法标注的要素放置注记。

（5）单击**转换**。标注即被转换为注记。该过程不会超过 1min，当然，具体速度取决于计算机。注记要素类在创建后，即被添加到 ArcMap 中。

每个图层的标注分类都作为单独的注记类存储在一个注记要素类中。例如，河流的两个标注分类变成两个注记类，分别是在 StreamsAnno 注记要素类中的间歇性河流和常流河。这些注记类可以独立地开启和关闭，并且它们拥有各自的可见比例范围。

以上操作已将标注转换为注记要素。下一步，将它们放置到地图上并编辑其位置。

二、编辑注记要素

由于标注已创建完毕，现在将启动编辑会话并将未放置的注记要素添加到地图。通过"未放置的注记"窗口可在表中查看未放置的注记要素，此表可显示地图上注记要素类中所有未放置的注记。可以过滤此表以显示特定注记类的注记，并可选择是显示整个数据范围内的注记还是显示当前可见范围内的数据。通过单击"文本"或"类别"列标题，可以根据未放置注记的文本内容或注记类按字母顺序对表进行排序。

（一）放置未放置的注记要素

1. 先决条件

Exercise3. mxd 已打开。

2. 步骤

（1）单击**编辑器**工具条上的**编辑器**菜单，然后单击**开始编辑**。

（2）单击**编辑器**工具条上的**编辑器**菜单，指向**编辑窗口**，然后单击**未放置的注记**。

（3）在**未放置的注记**窗口上，选中**绘制**复选框以在地图上显示未放置的注记要素。

（4）单击**立即搜索**。表中会列出许多注记要素。如果滚动此表，可以看到所表示的若干注记类中存在未放置的注记要素。同时还会在地图上看到一些用红色标出的新注记要素。之所以看到这些未放置的注记要素，是因为已选中"绘制"复选框。

（5）单击**编辑器**工具条上的**编辑注记**工具▶A。

（6）单击地图，按住 Z 键，然后在公园东侧一组未放置的注记要素周围单击并拖出一个选框。Z 键是放大操作的键盘快捷键。要平移至此区域，可按 C 键，还可以导航至 Zion Canyon 书签，如图 1-42 所示。

（7）Hillshade 背景图层设有可见比例范围，当放大比例超过 1∶85 000 时，此图层将不再显示。建议未注记要素类也设置一个可见比例范围，因为它们在可确保外观清晰可辨的比例范围内最为有用。当无法读取注记要素时，不必耗费时间或网络与数据库资源来绘制注记要素（尤其对于多用户地理数据库而言）。可以在 ArcMap 中为图层设置可见比例范围，也可以更改注记要素类自身的属性。第二种方法的优势在于，当注记要素类被添加到地图时，将始终在其可见比例范围内进行绘制。

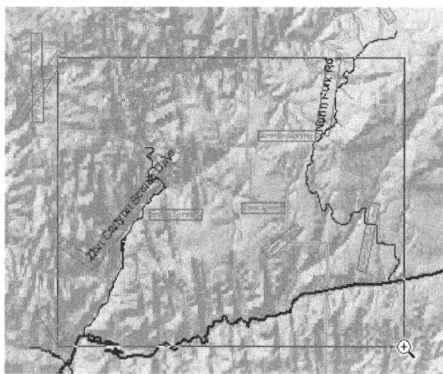

图 1-42

（8）至此，已放大到公园东侧的一组未放置的注记，现在即可以开始放置未放置的注记要素。单击**立即搜索**。

（9）右键单击**文本**列中的 Birch Creek 并单击**放置注记**。Birch Creek 注记要素即被放置。此注记为选中状态，所以其轮廓显示为蓝色而非红色。

（二）使注记跟随要素边的方向

注记要素呈竖直形状且位置与某段河流要素平行，而其他河流注记要素相应地变弯曲以跟随河流的走向，因此需要将这个新放置的注记要素设置为跟随河流。可以使注记要素跟随线要素或跟随面要素的边界。可通过"跟随要素选项"对话框指定注记在跟随要素时的表现。

步骤：

（1）使用**编辑注记**工具右键单击 Birch Creek 注记要素，指向**跟随**，然后单击**跟随要素选项**。

（2）在**生成注记**区域，单击**弯曲**，如图 1-43 所示。

（3）在**约束放置**区域，单击**光标单**侧打开按钮以对注记的放置进行约束。

（4）在**相对于要素的偏移**文本框中输入 100。注记将偏离河流 100m。

（5）单击**确定**。

（6）将指针移动到 Birch Creek 注记要素正南面的河流要素上方，右键单击，然后单击**跟随此要素**。河流要素将闪烁，并且注记要素会相应弯曲以跟随河流。选中的注记要素会跟

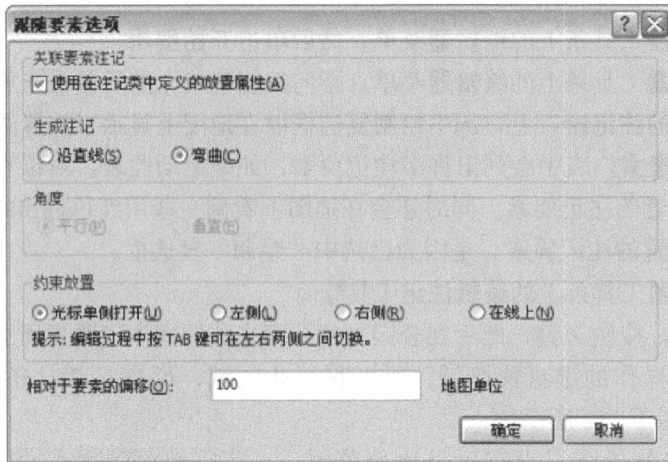

图 1 - 43

随您使用"编辑注记"工具右键单击，并设置跟随选项的任何线要素。

（7）将指针放置在 Birch Creek 注记要素的中部，指针即会变成四箭头的"移动注记"指针，如图 1 - 44 所示。

（8）沿河流要素拖动 Birch Creek 注记要素。如果需要翻转注记的读取方向，在拖动注记的同时按 L 键。

（三）堆叠和旋转注记

您已放置一个注记要素并通过"编辑注记"工具将其设置为跟随另一个要素。您还可以通过"编辑注记"工具对注记要素进行其他编辑。您已放置"StreamsAnno"要素类中的注记要素，接下来将放置附近的其他注记要素。

步骤：

（1）在**未放置的注记**窗口上，单击 Grotto Springs，然后右键单击并选择**平移至注记**。

（2）按空格键（放置所选注记要素的键盘快捷键）。Grotto Springs 注记要素即已放置，如图 1 - 45 所示。

（3）在地图上右键单击要素并单击**堆叠**。Grotto Springs 注记要素即在文本的空格处进行分割，并且 Grotto 一词被放置在 Springs 之上。

（4）将指针移动到 Grotto Springs 注记要素的中部，指针将变为四箭头的**移动注记**指针。单击 Grotto Springs 注记要素的中部，并将其向西南方向拖动使其位于泉水要素之间，如图 1 - 46所示。

图 1 - 44

图 1 - 45

图 1 - 46

（5）在**未放置的注记**窗口上，单击 Zion Canyon Scenic Drive 并按 P 键（平移所选注记要素的键盘快捷键）。

（6）右键单击 Zion Canyon Scenic Drive 并单击**放置注记**。

（7）右键单击地图上的 Zion Canyon Scenic Drive 注记要素并单击**堆叠**。

（8）使用四箭头"移动注记"指针单击 Zion Canyon Scenic Drive 注记要素的中部并将其向西南方向拖动，直到注记要素的南端靠近向东延伸的分叉路 Highway 9 与主干道的交叉点，如图 1 - 47 所示。

（9）将指针移动到 Zion Canyon Scenic Drive 注记要素东北角的蓝色楔形旋转控点上，直到指针变为"旋转"指针。单击此角并按逆时针方向进行拖动，直到注记要素与道路的总体趋势相吻合，如图 1 - 48 所示。

 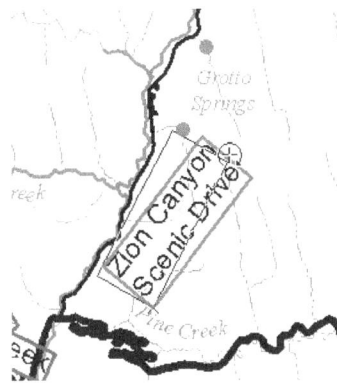

图 1 - 47　　　　　　　　　　　　　图 1 - 48

（10）如果需要，可以继续放置和编辑注记要素。完成操作时，关闭**未放置的注记**窗口。

（11）要继续下一个练习，请单击练习 3c：创建新注记要素。

已使用"编辑注记"工具对注记要素进行放置、移动、堆叠和旋转。接下来，将创建新注记要素并对其进行编辑。

三、创建新注记要素

完成到目前为止的练习后，已了解了如何创建要素模板以及设置其属性。通过对图像进行数字化处理、捕捉到现有要素、输入精确测量值以及使用各种构造工具和编辑命令，便创建了点、线和面要素。在本练习中，将学习如何在地图上创建与编辑注记，此工作流程与创建其他类型的要素十分相似。有几种不同的工具可用于将注记添加到地图；您将使用其中的两种工具："笔直"与"跟随要素"。

（一）创建笔直注记

1. 先决条件

Exercise3. mxd 已打开，并且已处于编辑会话中。

将使用"笔直"注记构造工具，该工具允许放置带有笔直基线但可能旋转了某个角度的注记，还允许将某些文本添加到地图中以识别公园中的峡谷。

2. 步骤

（1）在**创建要素**窗口中，单击 CanyonsAnno 图层中的**峡谷**注记要素模板。激活某个注记模板后，将弹出**注记构造**窗口，此时可以输入文本并更改要创建的要素的格式。

图 1-49

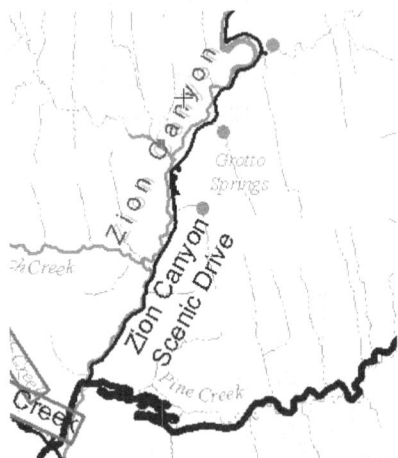

图 1-50

（2）单击**创建要素**窗口的**笔直**构造工具 。

（3）在**注记构造**窗口中，输入"Zion Canyon"。在进行输入时，指针上的文本也会随之更改，如图 1-49 所示。

（4）在 Grotto Springs 附近的道路左边单击地图。单击的位置就是新要素的中心点，如图 1-50 所示。

（5）逆时针旋转注记草图以创建与道路、河流以及峡谷对齐的注记。

（6）单击以放置注记。

（7）按 E 键，直到激活**编辑注记**工具。E 键用于在构造工具、"编辑"工具和"编辑注记"工具之间进行切换。

（8）将指针放置在 Zion Canyon 注记要素边上的红色三角形上。指针将变为双箭头的"调整注记大小"指针，从而允许您交互调整大小以使要素更适合。

（9）向注记要素的中部拖动调整大小控制滑块。要素将在拖动的同时进行收缩，如图 1-51 所示。

（10）如果需要重新定位注记要素，可以对其进行拖动，如图 1-52 所示。

图 1-51

图 1-52

（二）创建跟随线边的注记

接下来要创建的注记样式是跟随要素注记，此注记用于跟随线或面边的形状或者与线或面边的形状相匹配。将使用"跟随要素"构造工具来创建跟随道路形状的注记，并使用道路属性作为注记的文本。

步骤：

（1）在**创建要素**窗口中，单击 RoadsAnno 图层中的**默认**注记要素模板。

（2）单击**创建要素**窗口中的**跟随要素**构造工具 。

（3）在**注记构造**窗口中，单击**跟随要素选项**以设置与注记在沿河流拖动时的放置方式相关的选项。从构造跟随要素注记开始就应该对这些选项进行设置。如果不这样，请使注记弯曲并限制其放置在光标一侧且偏离要素 100m。完成操作后，单击**确定**，如图 1-53 所示。

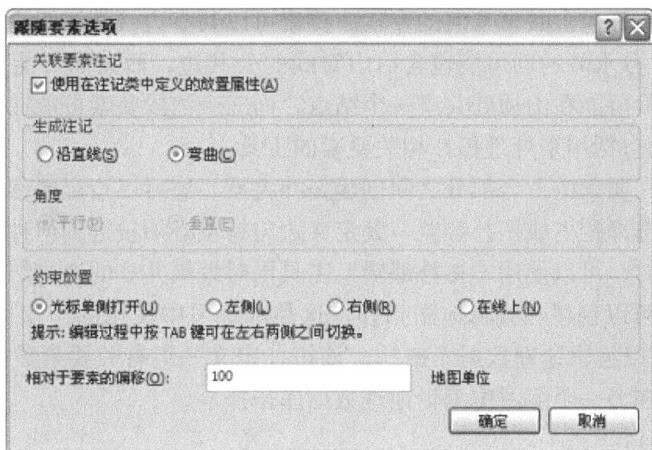

图 1-53

（4）单击**注记构造**窗口中的**查找文本**。**查找文本**允许您单击要素并使用另一个要素的属性来填充注记字符串。

（5）将指针移动到与 Zion Canyon Scenic Drive 相交后向东延伸的道路要素上方，并捕捉和单击该道路。**Highway 9** 应显示在**注记构造**窗口的**文本框**中以及工具的指针上。如果出现 Zion National Park 或 Clear Creek，则单击**查找文本**，并将指针移动到道路要素上方，然后重试。

（6）单击道路要素，它将高亮显示，然后沿线拖动 Highway 9 注记要素。如果需要翻转读取方向，可按 L 键，如图 1-54 所示。

（7）单击以放置注记。您可以继续放置未放置的注记、编辑注记、创建新注记要素，以及删除不需要的注记直到地图满足您的需要。此注记存储在地理数据库注记要素类中，其中的每个注记要素类都可以在其他地图中重复使用。编辑完注记后，停止编辑并对其进行保存。

（8）单击**编辑器**工具条上的**编辑器**菜单，然后单击**停止编辑**。

图 1-54

（9）单击是保存编辑内容。

（10）教程使用完成后关闭 ArcMap。不需要保存地图文档。

在本练习中，您创建了新注记要素，编辑了它们的大小与位置，使用另一个要素的属性为新注记要素设置了文本字符串，并且沿线放置了注记要素。

第四节　编辑共享要素与拓扑

一、使用地图拓扑编辑共享要素

许多矢量数据集都包含共享几何的要素。要素可以共享边（例如线段）或结点（即线段末端的点）。例如，分水岭的面可能包含沿山脊线的公共边，而湖面可能与土地覆被面共享岸线边。三个分水岭可能在山顶处共享一个结点，而三个河段要素可能在交汇处共享一个结点。"拓扑"工具条包括用来处理拓扑相关要素的工具。

地图拓扑用于在要素的重合部分之间创建拓扑关系。您可以指定要参与地图拓扑的要素类。同样，也可以选择距离或拓扑容差，其定义边与折点必须接近到何种程度才能被视为重合。创建地图拓扑时，可以使用"拓扑编辑"工具同时编辑共享的边与结点。

ArcView 用户可以创建和编辑地图拓扑，这是本练习中使用的类型。ArcEditor 与 ArcInfo 用户同样也可以编辑地理数据库拓扑，该拓扑定义一组有关要素数据集中要素类之间关系的规则。您将在另一个练习中编辑地理数据库拓扑。

（一）创建地图拓扑

1. 先决条件

启动了 ArcMap，并显示了**编辑器**、**捕捉**和**拓扑**工具条。

在本练习中，您将通过创建地图拓扑来更新两个要素类中的多个分水岭要素。

2. 步骤

（1）单击**标准**工具条上的**打开按钮** 。

（2）在安装教程数据的 \ Editing \ Topology 目录下，导航至 **MapTopology. mxd** 地图文档（默认位置是 C：\ ArcGIS \ ArcTutor）。

（3）单击地图，然后单击**打开**。

（4）如果此地图文档在上一练习中已经打开并且当前仍处于打开状态，系统会提示您将其关闭，此时可照提示执行而不保存更改。

地图打开为以下视图，如图 1 - 55 所示。

此地图包含两个要素类。Hydro _ region 包含代表美国西南部三大水文区域的面要素。注意：Great Basin 区域分水岭已从教程数据集中删除。Hydro _ units 包含代表这些区域内较小分水岭的面要素。您可以在 Hydro _ units 要素类中看到这些要素，因为 Hydro _ region 要素为部分透明。

区域数据已通过融合较小的水文单元取得，所以 Hydro _ region 中的要素边界已与较小分水岭的边界重合。在本练习中，您将创建一个地图拓扑，用来编辑构成共享边的折点并移动一个定义多个要素的交集的结点。

（5）单击**编辑器**工具条上的**编辑器**菜单，然后单击**开始编辑**。

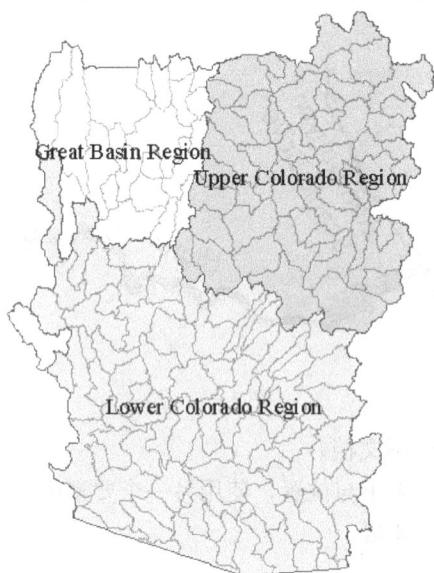

图 1 - 55

（6）关闭**创建要素**窗口。本练习中不需要使用该窗口。在创建地图拓扑之前，放大到要编辑的区域。通过放大到某个区域，可以减少在构建拓扑缓存时地图拓扑所分析的要素数量。

（7）单击**书签**，然后单击**3 区域分割**。地图即会缩放到加为书签的区域。现在便可看到较小分水岭的标注。

（8）单击**拓扑**工具条上的**地图拓扑按钮**。随后将出现**地图拓扑**对话框。可以选择要参与拓扑的要素类，并选择一个拓扑容差。拓扑容差定义要素部分必须接近到何种程度才能被认为重合。

（9）单击**全选**。您希望地图上两个要素类中的所有要素均参与地图拓扑。默认拓扑容差是可能的最小拓扑容差，以坐标系单位给出。在本例中，数据集采用通用横轴墨卡托坐标系，并且以 m 为单位。接受默认拓扑容差即可。

（10）单击**确定**。

（二）查找共享要素

现在，您要开始编辑地图拓扑，先使用"拓扑编辑"工具选择一条边并确定哪些要素共享此边。可以使用"显示共享要素"对话框来调查哪些要素共享给定的拓扑边或结点，并控制对给定拓扑元素所做的编辑是否由特定要素共享。

步骤：

（1）单击**拓扑**工具条上的**拓扑编辑**工具。

（2）单击 East Fork Sevier. Utah. 面（# 16030002）与 Kanab. Arizona, Utah. 面（# 15010003）共享的边。该边将被选中并且会改变颜色。较大的区域面也共享此边。为了检验这一点，需要使用"显示共享要素"命令。

（3）单击**拓扑**工具条上的**显示共享要素**。此对话框中列出了地图拓扑中两个要素类的名称 Hydro_region 与 Hydro_units，它们均带有复选标记。复选标记表明两个要素类中的要素共享选中的拓扑元素；此外，这些复选标记还会受到对共享边所做编辑的影响。接下来，您将看到哪些要素共享此边，如图 1-56 所示。

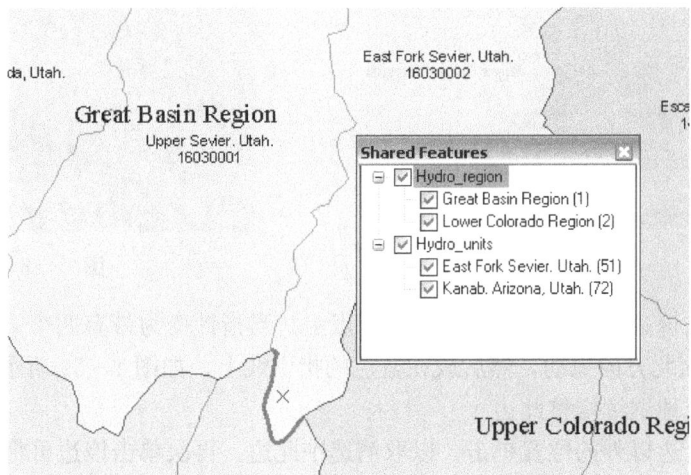

图 1-56

（4）双击 **Hydro_ units**。加号将变为减号，**Hydro_ units** 下将展开另外两个分支。每个分支分别代表一个共享此边的水文单元要素。

（5）单击 **EastFork Sevier. Utah. (51)**。Hydro_ units 要素类中的要素编号 51（水文单元 East Fork Sevier）将在地图上闪烁。

（6）双击 **Hydro_ region**，然后单击 **Great Basin Region (1)**。Hydro_ region 要素类中的要素编号 1（Great Basin 区域）将在地图上闪烁。

（7）关闭**共享要素**对话框。

（三）在地图拓扑中编辑共享边

由于您已看到了需要更新的要素共享此边，因此您将更新分水岭的边界，以便更好地适应地形。

步骤：

（1）在 ArcMap 的内容列表中，单击 Hillshaded_ terrain. sid 打开图像，如图 1 - 57 所示。

（2）图中的小区域是从美国地质勘探局发布的国家高程数据集晕渲地貌图像服务中提取的山体阴影地形。您将使用此图像以及其中添加的指引线来更新分水岭数据。

（3）按住 Z 键。指针变为"放大"工具。

（4）按住 Z 键的同时，在所选边周围拖出一个选框。现有的分水岭数据来自美国地质勘探局与美国环境保护局发布的以中等分辨率显示的"国家水文数据集"。此数据在 1：100 000 的比例下进行编译。"国家高程数据集"山体阴影来自比例为 1：24 000 的数字高程模型数据。您将使用更高分辨率的山体阴影数据来改善分水岭边界。

双击此边。现在，您可以看到用来定义此边形状的折点（绿色），如图 1 - 58 所示。

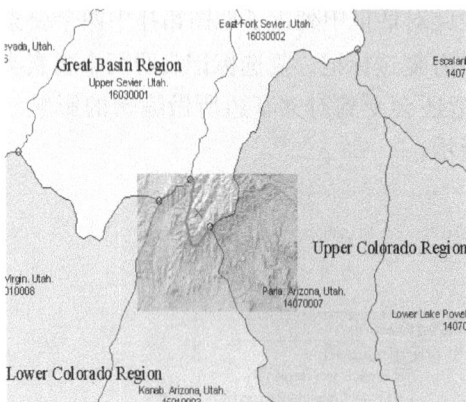

图 1 - 57

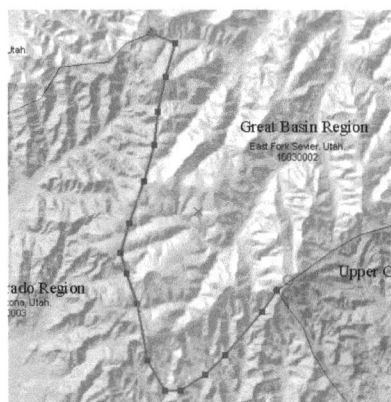

图 1 - 58

（6）将指针从该边的东端移动到第二个折点上。当指针变为带有四个箭头的框时，单击该折点，将其向西北方向拖动，然后放在蓝色的指引线上，如图 1 - 59 所示。

（7）逐个折点地继续修整此边。

（8）在地图上边以外的位置单击，以取消选中此边。再次单击该边可将其重新选中。

（四）在地图拓扑中修整共享边

现在，将使用编辑草图来修整共享边。需要使用"修整边"工具并捕捉到分水岭边，具体步骤如下：

（1）确保边捕捉已启用。如果未启用，则请在**捕捉**工具条上单击**边捕捉**口。

（2）在**拓扑**工具条上，单击**整形边**工具。

（3）将指针移动到边上所选拓扑边和蓝色指引线开始分叉的位置处，如图 1 - 60 所示。

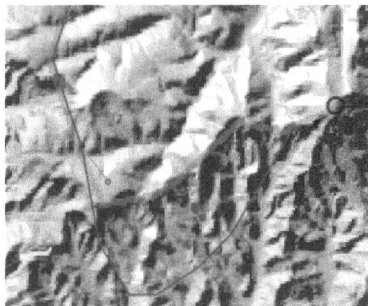

图 1 - 59   图 1 - 60

（4）单击边，开始编辑草图。

（5）沿指引线继续添加折点。如果难以将修整线放置在蓝色线的所需位置处，可以按住空格键暂时关闭捕捉功能。

（6）确保添加到草图的最后一个折点捕捉到所移动的折点附近的边。

（7）右键单击地图中的任意位置，然后单击**完成草图**。完成草图后，边的外观将如图 1 - 61 所示。

（五）在地图拓扑中移动共享结点

由于调整了分水岭边界共享的边，因而需要解决现有数据中存在的另一个问题。该边东端的结点是 Great Basin、Upper Colorado 与 Lower Colorado 区域分水岭相交的点。要将此共享结点移动指定的米数。

步骤：

（1）单击**拓扑**工具条上的**拓扑编辑**工具。

（2）在地图上边以外的位置单击，以取消选中此边。

（3）按住 N 键，这样便会将可选的拓扑元素临时限制为结点。

（4）按住 N 键的同时，在结点周围拖出一个选框，如图 1 - 62 所示。

图 1 - 61   图 1 - 62

（5）结点将被选中。现在，将此结点移动到正确的位置。

（6）右键单击，然后单击**移动**。将此结点在 X 方向（东）和 Y 方向（北）上分别移动 460m 和 410m。

（7）在 X 框与 Y 框中分别输入 460 与 410，然后按 Enter 键。

结点将移动到新位置，地图拓扑中共享此结点的所有要素均将被更新。您也可以像移动拓扑边的折点一样，通过拖动结点来对其进行移动，如图 1-63 所示。

图 1-63

（8）单击**编辑器**工具条上的**编辑器**菜单，然后单击**停止编辑**。

（9）单击**是**保存编辑内容。

（10）教程使用完成后关闭 ArcMap。不需要保存地图文档。

在本练习中，您学习了如何创建地图拓扑以及如何使用"拓扑编辑"工具来编辑共享边和结点的多个要素。地图拓扑让您能够保留要素之间的公共边界，并且还允许您同时编辑两个不同要素类中的四个乃至六个要素。通过"拓扑编辑"工具与拓扑编辑任务，同样也可以在地理数据库拓扑中编辑边和结点。

二、使用地理数据库拓扑修复线错误

此主题仅适用于 ArcEditor 和 ArcInfo。地理数据库拓扑是一组用于定义一个或多个要素类中的要素共享几何方式的规则。地理数据库拓扑是在目录窗口或 ArcCatalog 中创建的，可以像任何其他数据一样作为图层添加到 ArcMap 中。对要素类执行了编辑操作后，需要验证地理数据库拓扑以查看所做的编辑是否违反拓扑规则。创建、编辑或验证地理数据库拓扑时需要 ArcEditor 或 ArcInfo 级别许可。

在本练习中，您将创建一个简单的地理数据库拓扑规则，以协助您在已从 CAD 导入的地块线数据中查找数字化错误，然后再使用拓扑和编辑工具修复这些错误。

（一）创建地理数据库拓扑

1. 先决条件

启动 ArcMap 并显示**编辑器**和**拓扑**工具条。

2. 步骤

（1）单击**标准**工具条上的**打开按钮**📂。

（2）在教程数据安装位置处的 \ Editing \ Topology 目录下，导航到 **GeodatabaseTopology. mxd** 地图文档（默认位置是 C：\ ArcGIS \ ArcTutor）。

（3）单击地图，然后单击**打开**。

（4）如果此地图文档在上一练习中已经打开并且当前仍处于打开状态，系统会提示您将其关闭，此时可照提示执行而不保存更改。此地图包含两个图层，一个用于宗地地块线，另一个则用于显示正在研究的区域。您需要创建一个地理数据库拓扑，以便能够查找和修复地块线数据中的任何空间错误。

（5）如果尚未打开**目录窗口**，单击**标准**工具条上的**目录窗口**按钮以显示该窗口。目录窗口可用于管理数据集，并且可将拓扑添加至该窗口中。通过单击右上角的"固定"按钮，可将该窗口停靠到 ArcMap 用户界面中。

（6）必要时可展开 Home‑Editing \ Topology 文件夹，以显示随教程数据安装的 Topology 文件夹中的内容，如图 1‑64 所示。

（7）根据需要展开 Topology 地理数据库，然后单击 StudyArea 要素数据集。现在，将创建一个地理数据库拓扑，以协助查找地块线数据中的错误。该拓扑非常简单，只涉及一个要素类和一个拓扑规则。

（8）右键单击 StudyArea 数据集，指向**新建**，然后单击**拓扑**。

（9）在简介上，单击**下一步**。在向导的下一个面板中，可以设置拓扑容差。拓扑容差是要素各部分之间彼此相隔的最小距离。位于拓扑容差范围内的要素的折点和边将被

图 1‑64

捕捉在一起。默认情况下，向导会依据数据集的空间参考的精度给出最小拓扑容差。数据集的精度可定义每个线性测量单位对应的系统单位数，并控制数据集中存储的坐标的精确程度。

（10）接受默认名称和拓扑容差，然后单击**下一步**。

（11）现在，可以选择要在拓扑中包括的数据集的要素类。选中 LotLines，然后单击下一步。如果一个拓扑中有多个要素类，可赋予它们不同的等级。当要素的折点或边位于彼此的拓扑容差范围内时，要素类等级会控制将哪一项移动到另一项的位置处。等级较低的要素类将被捕捉到等级较高的要素类上。最高等级为 1，最低等级为 50。对于处于拓扑容差范围内的等级相同的部分要素，将从几何上对其进行平均处理。

（12）接受默认等级，然后单击**下一步**。构建拓扑时，可选择能够控制要素间允许的空间关系的规则。

（13）单击**添加规则**。

（14）单击**规则**箭头，然后单击**不能有悬挂点**，如图 1‑65 所示。

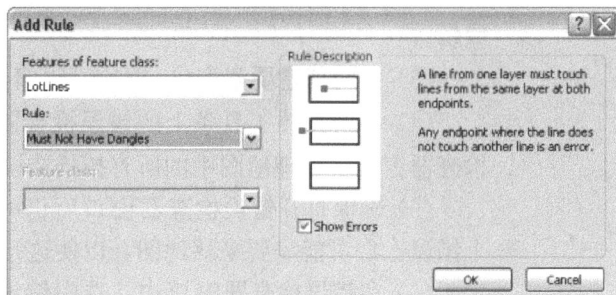

图 1‑65

（15）悬挂点是要素类中未捕捉到其他线的线端点。您将需要在 LotLines 要素类中查找悬挂点，因为它们表示导入的 CAD 线作业未被正确连接的位置。

（16）单击**确定**。

（17）该规则即会被添加到拓扑规则列表中，单击**下一步**。

（18）查看摘要，然后单击**完成**。此时将出现一条消息，告知您系统正在构建拓扑，然后询问您是否要立即验证拓扑。验证时发现图层中存在错误。

（19）单击**是**。此时将出现一条消息，告知您系统正在验证拓扑，并且新拓扑会显示在 StudyArea 数据集中。

（二）将拓扑添加至地图

现在，您将使用拓扑在地块线数据中查找悬挂点错误。将来，您可能需要用这些线构建面地块要素。因此，必须先清理该数据，因为如果用于分隔两个地块的线没有将其完全分离，则会导致只创建出一个地块面。

步骤：

（1）根据需要在**目录**窗口中展开 StudyArea 要素数据集，然后单击 StudyArea_ Topology 并将其拖放至地图中。

（2）当系统询问您是否要添加参与拓扑的所有图层时，单击否，因为这些图层已经位于地图中。

（3）关闭**目录**窗口。

拓扑图层中会显示所有拓扑错误。注意：在 ArcMap 内容列表中，拓扑图层可显示区域、线和点错误。由于此拓扑只具有一个要素类和一条规则，因此所有拓扑错误都与该规则相关。该拓扑规则规定地块线不得含有悬挂点。悬挂点的错误几何是一个点，位于线要素的悬挂端。地图上所有红色的错误要素均为悬挂点。

（三）查找拓扑错误

使此数据变得非常有用的下一个步骤是识别所存在的拓扑错误。具有悬挂点的地块线（线的一端未连接到另一地块线），是您为了清理此数据（从而能够创建地块面）而需要查找的错误。有些悬挂点需要加以延伸以闭合面；还有一些悬挂点过伸了应捕捉到的线，因此需要加以修剪。现在，您将查找一些此类错误。

步骤：

（1）单击**书签**，然后单击**悬挂点错误**。地图即会缩放到加为书签的区域。此时，您会看到您将在本练习中修复的三个悬挂点错误，如图 1-66 所示。

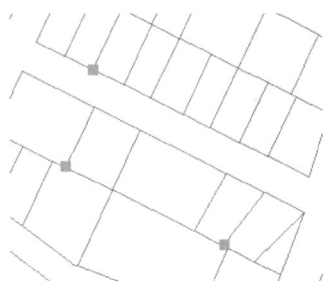

图 1-66

（2）单击**编辑器**工具条上的**编辑器**菜单，然后单击**开始编辑**。

（3）关闭**创建要素**窗口。本练习中不需要使用该窗口。

（4）单击**拓扑**工具条上的**错误检查器**。您可以在**错误检查器**窗口中管理地图中的所有拓扑错误并与之交互。

（5）确保打开**错误检查器**窗口后仍可在地图上看到这三个错误。您可能需要平移地图，以使这几个错误再次可见。

（6）在**错误检查器**窗口中，选中**错误**和**仅搜索可见范围**复选框。

（7）在**错误检查器**窗口中单击**立即搜索**。

（四）更正过伸错误

地图上的所有错误都违反了"不能有悬挂点"规则。然而，有多种不同的问题可引发此类错误。引发悬挂点错误的原因可能是线过长而超出了应接触的线，也可能是线过短而未能触及应接触的线。这两种问题分别称为过伸和未及。

当根据相邻地图图幅数字化要素时，也可能会出现悬挂点错误。有时您会需要将这些线捕捉到一起，以使其相互连接，从而形成一条连续的线。还有一种情况也可能会发生悬挂点错误，即在原始源数据上截断线时，地图图幅的边缘可能会存在悬挂点。

现在，将需要更正此地图中存在的错误之一。

步骤：

（1）在**错误检查器**窗口中，单击**要素 1**列，直至地图上最北部的要素闪烁并变成黑色（表明该要素已被选中）为止。

（2）放大悬挂点错误，直至能够看到发生错误的地块线超出另一地块线的位置，如图 1-67 所示。

（3）这是一个过伸错误，在导入自 CAD 程序的线作业中，或在不通过捕捉而进行数字化的线作业（目的是要控制线要素的连通性）中常会发现此种类型的错误。

（4）在**错误检查器**窗口中右键单击该错误，然后单击**修剪**。

（5）在**最大距离**文本框中输入 3，然后按 Enter 键，如图 1-68 所示。

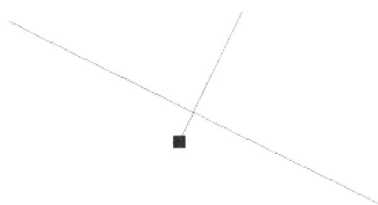

图 1-67

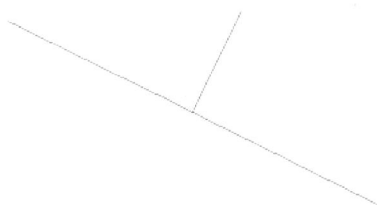

图 1-68

（6）悬挂线段被修剪回到线的交点处，并且错误消失。**错误检查器**快捷菜单提供了此错误的潜在修复列表。刚才是通过裁剪线要素修复了此错误。您还可以将错误标记为异常，或者捕捉线或延伸线直至线能够接触到另一要素。

（五）更正未及错误

步骤：

（1）单击**基础工具**工具条上的**返回到上一视图**按钮 ◄，直至能够看到此数据区域中的其余两个错误为止。现在，将更正另外一种类型的悬挂点错误，如图 1-69 所示。

（2）放大到其余两个错误的最西部，如图 1-70 所示。

（3）必要时再次进行放大，直至能够看到发生错误的地块线未能连接到另一地块线的位置。

这是一个未及错误，是另一种常会在导入自 CAD 程序的线作业中，或在不通过捕捉而进行数字化的线作业（目的是要控制线要素的连通性）中发现的错误。此线的末端短了逾 0.5m。您可通过以下方法修复此错误：延伸未及的线，直至与应捕捉

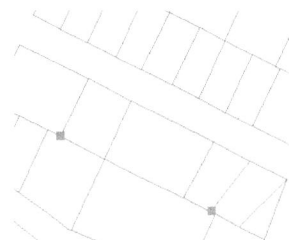

图 1-69

到的线相交为止。

（4）在**拓扑**工具条上单击**修复拓扑错误工具**。此工具可用于针对地图上的拓扑错误交互选择和应用预定义的修复。

（5）在错误周围拖出一个选框，如图 1-71 所示。

（6）右键单击地图，然后单击**延伸**。

（7）在**最大距离**文本框中输入 3，然后按 Enter 键，如图 1-72 所示。

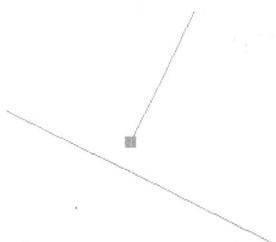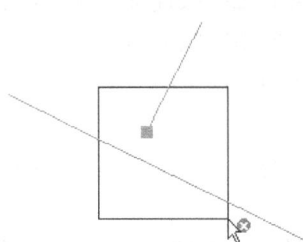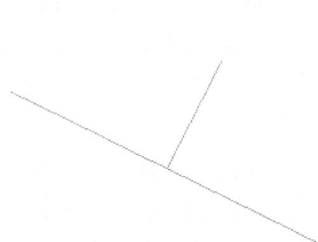

图 1-70   图 1-71   图 1-72

（8）前面已通过将具有悬挂点的线延伸至另一条线，更正了未及错误。如果与下一条线之间的距离大于所指定的 3m 的最大距离限制，则将不会将线延伸。

（六）更正重复数字化的线

在创建数据的过程中，某条给定的线或线的某部分有时会被数字化两次。CAD 绘图或在数字化平板电脑绘图上数字化的线可能会出现这种情况。

步骤：

（1）单击**基础工具**工具条上的**返回到上一视图**按钮，直至能够看到此数据区域中的其余一个错误为止，如图 1-73 所示。

（2）放大至其余错误。

（3）在**错误检查器**窗口中单击**立即搜索**。

（4）单击**要素** 1 列中的数值，如图 1-74 所示。

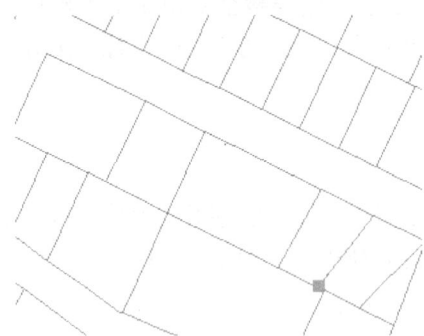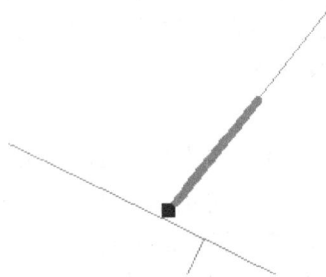

图 1-73   图 1-74

（5）带有悬挂点的线要素将闪烁。注意：整条地块线并未闪烁。

（6）放大至可以看到两条几近平行的地块线为止，其中一条线具有悬挂点，如图 1-75 所示。

（7）将通过删除多余的线来更正此错误。

（8）右键单击"要素 1"列中的数值，单击**选择要素**，然后按 Delete 键。这将删除多余的线。

（9）单击**基础工具**工具条上的**返回到上一视图**按钮 ，直至能够看到正在处理的区域为止，如图 1-76 所示。

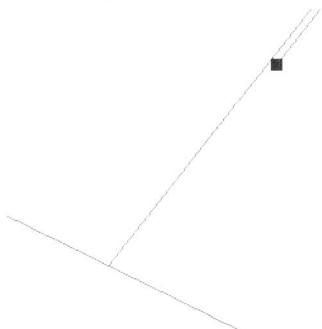
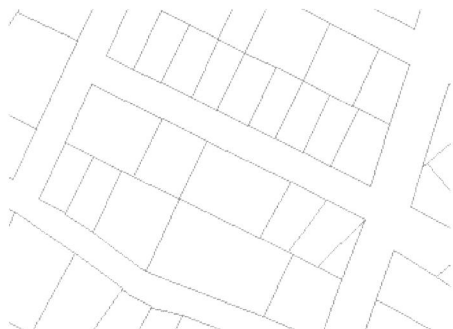

图 1-75　　　　　　　　　　　　　图 1-76

（七）查看刚刚编辑的区域

前面已经修复了因违反"不能有悬挂点"规则而引发的三个错误。在每种情况下，错误都是通过以下方法进行更正的：通过修剪、延伸或删除地块线要素，来编辑该要素的几何。

查看拓扑错误对于追踪存在数据问题的位置非常有用，但若要更正错误，则需更正数据（无法直接编辑拓扑错误要素图层）。

编辑拓扑中的要素时，拓扑会追踪已发生变更的位置。这些位置称为脏区，因为编辑内容可能已经违反拓扑规则，但是即便存在错误，在重新验证脏区之前，仍然无法发现这些错误。重新验证拓扑时，将仅检查脏区。

通过在拓扑图层中显示脏区可以看到已被编辑的区域。

步骤：

（1）右键单击内容列表中的拓扑，然后单击**属性**。

（2）单击**符号系统**选项卡。

（3）选中**脏区**。

（4）单击**确定**，如图 1-77 所示。

（5）此时便可以在地图上看见脏区。脏区包含曾编辑过的要素。由于仅会针对脏区检查错误，因此脏区可以优化验证过程。可在需要时缩小地图，以便能够看到脏区框的整个范围。

（6）单击**拓扑**工具条上的**验证指定区域中的拓扑**按钮 。

（7）在北部脏区周围拖出一个选框，如图 1-78 所示。

（8）脏区将被移除，且未在验证区域发现任何错误。

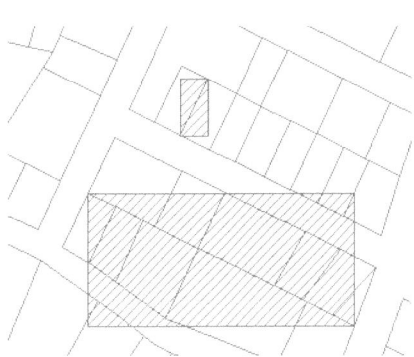

图 1-77

（9）单击**拓扑**工具条上的**验证当前范围中的拓扑按钮**，如图 1-79 所示。

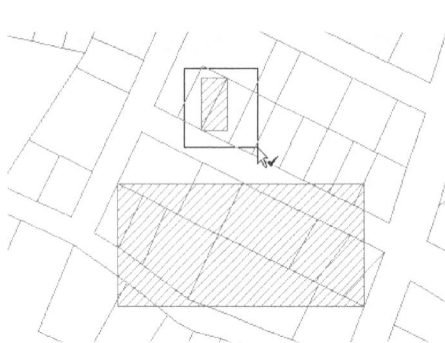

图 1-78

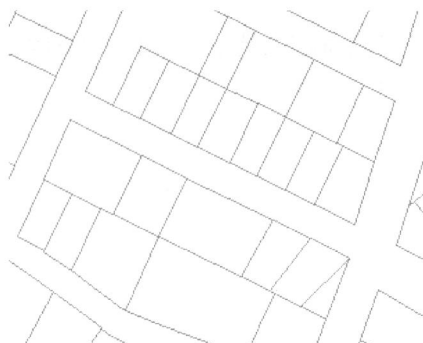

图 1-79

（10）曾编辑过的其他区域的拓扑将得到验证，并且脏区也会被移除。

（八）创建数据状态报表

接下来，将生成一个用于汇总数据中其余拓扑错误数的报表，步骤如下：

（1）右键单击内容列表中的拓扑，然后单击**属性**。

（2）单击**错误**选项卡。

（3）单击**生成汇总**。该汇总可显示拓扑错误和异常的数量，错误数可能不尽相同。您可以将此报表保存为文本文件以记录数据状态，但对于本练习，无需执行此操作，如图 1-80 所示。

规则	错误	异常
必须大于拓扑容差	0	0
不能有悬有挂点		
LotLines	147	0
总计	147	0

图 1-80

（4）单击"确定"按钮。

（九）同时修复多个错误

诸如重复数字化的线之类的许多错误需要通过删除、修改或移除个别要素来逐个进行修复。有些错误必须通过创建新要素进行修复。但是，有时单个要素类会包含多个易于修复的错误（如过伸错误和未及错误）。在这种情况下，可以使用"修复拓扑错误"工具同时选择多个错误，然后对所有错误应用相同的修复操作。也可以使用"错误检查器"窗口分别检查每一个错误。这是在开始将拓扑修复应用于多个错误前，做出的工作流程和质量保证决策。

另外，最好查看数据并评估这些修复是否适合。如果仅延伸位于另一条线 3m 以内的悬挂线，则不大可能导致数据出现问题，因为宗地和公用路线穿越用地要大于 3m。

下面将使用此方法同时清除多个错误。

步骤：

（1）单击**基础工具**工具条上的**全图按钮**。

（2）在**拓扑**工具条上单击**修复拓扑错误**工具。

（3）在地图上的所有错误周围拖出一个选框。这将选择所有错误。现在，您将修复未及错误。

（4）右键单击地图，然后单击**延伸**。

（5）修复其他未及错误时所设置的最大距离仍然适用，因此可直接按 Enter 键。将检查所有具有悬挂点的要素，以查看 3m 内是否存在可将其延伸至的要素，这个过程可能需要几秒钟的时间。

未及错误将被修复，且地图上会出现很多脏区。各脏区标记了延伸错误修复工具所编辑的要素的边界框。

（6）在**错误检查器**窗口中单击**立即搜索**（如果已关闭"错误检查器"窗口，可以从"拓扑"工具条中重新打开它）。

显示下拉菜单的右侧将显示拓扑错误数。注意：很多错误尚未得到修复。如果愿意，可以裁剪其余错误并继续修复拓扑错误以清理此数据。

（7）单击**编辑器**工具条上的**编辑器**菜单，然后单击**停止编辑**。

（8）单击**是**保存编辑内容。

（9）教程使用完成后关闭 ArcMap。不需要保存地图文档。

在本练习中，创建一个具有简单规则的地理数据库拓扑，以帮助用户清理数据。将学会如何使用"错误检查器"查找特定类型的错误，以及如何使用某些编辑工具修复数据中的错误。

第五节 使用空间校正

一、变换数据

空间校正变换用于将图层的坐标从一个位置转换到另一位置。此过程涉及基于用户定义的位移连接来缩放、平移和旋转要素。变换过程是针对某一要素类内的所有要素统一执行的，通常用于将以数字化仪单位创建的数据转换成地图上所表示的实际单位。

本练习将展示如何基于自己创建的位移连接来应用变换。这一变换涉及对包含宗地和建筑物要素的两个要素类进行移动、缩放和旋转，以使其与另外一组宗地和建筑物要素类对齐。在准备将已数字化或已导入到临时要素类中的数据复制粘贴到自己的数据库中时，您可能需要使用此方法对这些数据进行校正。您还将了解如何指定要校正的要素、预览校正和查看连接表。

空间校正以位移连接为基础。位移连接是表示校正的源位置和目标位置的特殊图形元素。

（一）设置数据和变换选项

1. 先决条件

启动 ArcMap 并显示**编辑器**、**捕捉**和**空间校正**工具条。

2. 步骤

（1）单击**标准**工具条上的**打开按钮**📂。

（2）在教程数据安装位置处的 \ Editing \ SpatialAdjustment 目录下，导航到 **Transform. mxd** 地图文档（默认位置是 C: \ ArcGIS \ ArcTutor）。

（3）单击地图，然后单击**打开**。

（4）如果此地图文档在上一练习中已经打开并且当前仍处于打开状态，系统会提示您将其关闭，此时可照提示执行而不保存更改。

（5）单击**编辑器**工具条上的**编辑器**菜单，然后单击**开始编辑**。

（6）关闭**创建要素**窗口。本练习中不需要使用该窗口。开始添加连接前，应先设置捕捉环境，以便将添加的各个连接捕捉到要素折点。

（7）确保折点捕捉已启用。如果未启用，则请在**捕捉**工具条上单击**折点捕捉**□。

（二）应用变换

空间校正可用于校正图层中的所选要素集或所有要素。此设置由"选择要校正的输入"对话框提供。默认为校正所选要素集。

步骤：

（1）您需要选择是校正所选要素集还是图层中的所有要素。单击**空间校正**工具条上的**空间校正菜单**，然后单击**设置校正数据**。

（2）单击**以下图层中的所有要素**。

（3）取消选中 SimpleBuildings 和 SimpleParcels 图层，保留 NewBuildings 和 NewParcels 图层处于选中状态，然后单击**确定**，如图 1-81 所示。

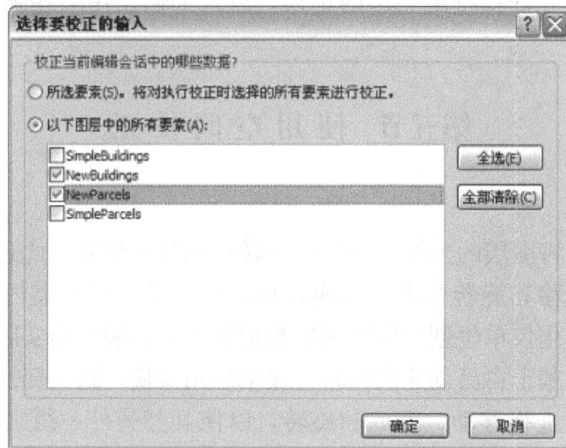

图 1-81

（4）现在您已确定要校正的要素，接下来将选择校正方法。单击**空间校正**菜单，指向**校正方法**，然后单击**变换-相似**以选择该校正方法。

（三）添加位移连接

位移连接定义校正的源坐标和目标坐标。位移连接可手动创建，也可从连接文件加载。在本练习中，您将创建自己的位移连接，连接起始于 NewParcels 图层的外拐角，终止于 SimpleParcels 图层中的相应位置。

步骤：

（1）单击**书签**，然后单击**变换**。

（2）单击**空间校正**工具条上的**新建位移连接工具** ⚡。

（3）捕捉到源图层中的"起点"以及目标图层中的"终点"，如图 1-82 所示。

（4）按图 1-83 所示方式继续创建其他连接。对于本练习而言，创建完成后，将总共拥有四个位移连接。

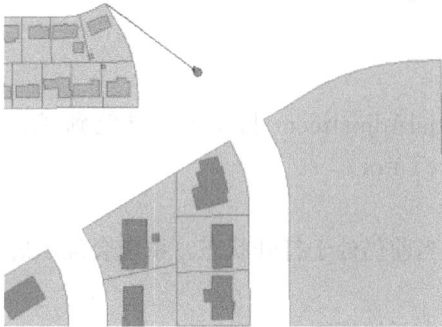

图 1-82

（四）校正数据

步骤：

（1）单击**空间校正**菜单，然后单击**校正预览**检查校正结果。预览使您可以在实际执行校正之前查看校正结果。如果校正结果不满足要求，您可以修改连接来提高校正精度。

（2）单击**空间校正**工具条上的**查看连接表**。连接表提供了有关连接坐标、连接 ID 和 RMS 误差的信息。

右键单击某一连接记录打开快捷菜单。通过该菜单上的命令，您可以编辑连接坐标，为连接添加闪烁效果，缩放和平移所选连接，以及删除连接。如果此校正的 RMS 误差超出可接受范围，您可以修改连接以提高精确度。预览窗口和连接表专用于协助您对校正进行调整。

空间校正过程的最后一步是执行校正。

（3）单击**空间校正**菜单，然后单击**校正**。校正后的数据如图 1 – 84 所示。

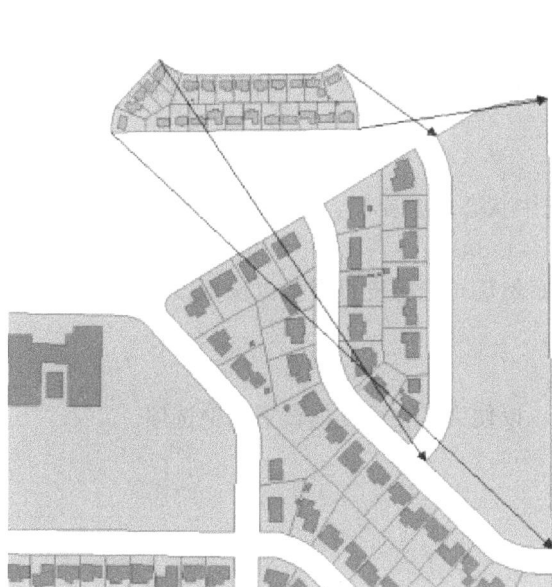

图 1 – 83

图 1 – 84

（4）单击**编辑器**工具条上的**编辑器**菜单，然后单击**停止编辑**。

（5）单击**是**保存编辑内容。

（6）教程使用完成后关闭 ArcMap。不需要保存地图文档。

在本练习中，您了解到如何设置要校正的数据、创建位移连接、预览校正以及校正数据。

二、对数据执行橡皮页变换

橡皮页变换常用于对两个或多个图层进行对齐。这一过程涉及采用可保留直线的分段变换来移动图层中的要素。

本练习将向您展示如何通过使用位移连接、多个位移连接和标识连接来对数据进行橡皮页变换。您将对一组新导入的街道要素进行橡皮页变换，以匹配现有街道要素类。

（一）设置数据和橡皮页变换选项

1. 先决条件

启动 ArcMap 并显示**编辑器**、**捕捉**和**空间校正**工具条。

2. 步骤

（1）单击**标准**工具条上的**打开按钮**。

（2）在教程数据安装位置处的 \ Editing \ SpatialAdjustment 目录下，导航到 **Rubber-sheet. mxd** 地图文档（默认位置是 C：\ ArcGIS \ ArcTutor）。

（3）单击地图，然后单击**打开**。

（4）如果此地图文档在上一练习中已经打开并且当前仍处于打开状态，系统会提示您将其关闭，此时可照提示执行而不保存更改。

（5）单击**编辑器**工具条上的**编辑器**菜单，然后单击**开始编辑**。

（6）关闭**创建要素**窗口。本练习中不需要使用该窗口。

开始创建连接前，应先设置捕捉环境，以便将添加的各个连接捕捉到要素折点或端点。

（7）确保折点捕捉已启用。如果未启用，则在**捕捉**工具条上单击**折点捕捉**□。

（8）您需要选择是校正所选要素集还是图层中的所有要素。单击**空间校正**工具条上的**空间校正菜单**，然后单击**设置校正数据**。

（9）单击**以下图层中的所有要素**。

（10）确保仅有 ImportStreets 图层处于选中状态。必要时，取消选中 ExistingStreets 图层。单击**确定**。

（11）单击**空间校正菜单**，指向**校正方法**，然后单击**橡皮页变换**以选择该校正方法。

（12）单击**空间校正菜单**，然后单击**选项**。

（13）单击**常规**选项卡。

（14）单击**橡皮页变换**将其作为校正方法，以便为橡皮页变换设置其他选项。

（15）单击**选项**。

（16）单击**自然邻域法**，然后单击**确定**。

（17）单击**确定**关闭**校正属性**对话框。

（二）添加位移连接

位移连接定义校正的源坐标和目标坐标。位移连接可手动创建，也可从连接文件加载。

图 1-85

在本练习中，您将在 ExistingStreets 与 ImportStreets 图层的几个关键交叉点处创建自己的位移连接。

步骤：

（1）单击**书签**，然后单击**导入街道**，将当前视图设置为本练习所涉及的区域，如图 1-85 所示。

（2）注意：刷新显示画面后，ImportStreets 图层并不与 ExistingStreets 图层对齐。必须使用橡皮页变换校正方法校正 ImportStreets 图层，以使其与 ExistingStreets 图层对齐。

（3）要更加清晰地查看校正区域，则缩放至专门创建的"交叉点"书签。单击**书签**，然后单击**交叉点**。

（4）单击**空间校正**工具条上的**新建位移连接**工具✕⁺。

（5）按图 1-86 所示方式将连接捕捉到 ImportStreets 图层中的源位置处。

（6）按图 1-87 所示方式将连接捕捉到 ExistingStreets 图层中的目标位置处。

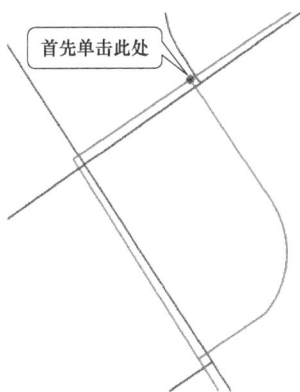 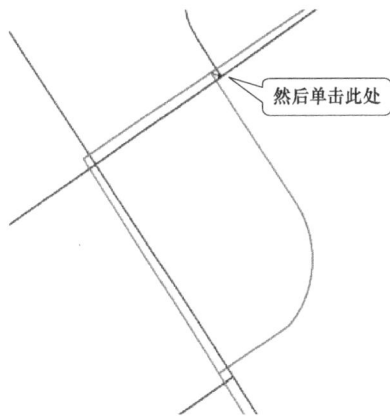

图 1-86　　　　　　　　　　　　　　　图 1-87

（7）按逆时针方向继续在图层周长线的交叉点处创建连接。查看"捕捉提示"，确保捕捉位置正确。您将总共创建六个位移连接，如图 1-88 所示。

（三）添加多个位移连接

步骤：

（1）要更加清晰地查看校正区域，则缩放至专门创建的"曲线要素"书签。单击**书签**，然后单击**曲线要素**。要保留弯曲的道路要素，可以在关键点处添加多个连接。

（2）单击**空间校正**工具条上的**多位移连接**工具◇。

使用"多位移连接"工具可通过一次操作创建多个位移连接。此工具可同时创建多个连接，因此有助于节省时间；对于弯曲要素，尤为适用。

（3）单击 ImportStreets 图层中弯曲的道路要素，如图 1-89 所示。

图 1-88　　　　　　　　　　　　　　　图 1-89

（4）单击 ExistingStreets 图层中弯曲的道路要素，如图 1-90 所示。

（5）系统将提示您输入要创建的连接的数量。接受默认值（10），然后按 Enter 键。此时地图中即会显示多个连接，如图 1-91 所示。

图 1-90

图 1-91

（6）为其他弯曲的要素创建多个连接，如图 1-92 所示。

（7）单击**空间校正**工具条上的**新建位移连接**工具 。

（8）添加最后的位移连接，如图 1-93 所示。

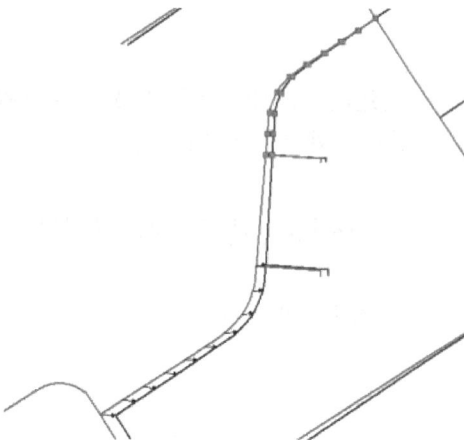

图 1-92

图 1-93

（四）添加标识连接

标识连接用于将要素固定在特定点处以防止该要素在校正期间发生移动。接下来您将在关键交叉点处添加标识连接，以确保要素位置保持不变。

步骤：

（1）在**空间校正**工具条上，单击**新建标识连接**工具 。

（2）缩小地图并按图 1-94 所示方式在五个交叉点处添加五个标识连接。

（五）校正数据

步骤：

（1）单击**空间校正**菜单，然后单击**校正预览**检查校正结果。预览使您可以在实际执行校正之前查看校正结果。如果校正结果不满足要求，您可以修改连接来提高校正精度。

（2）单击**空间校正菜单**，然后单击**校正**。

（3）校正结果应如图 1-95 所示。

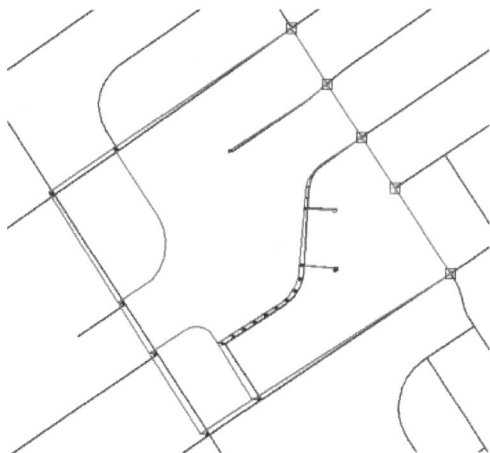
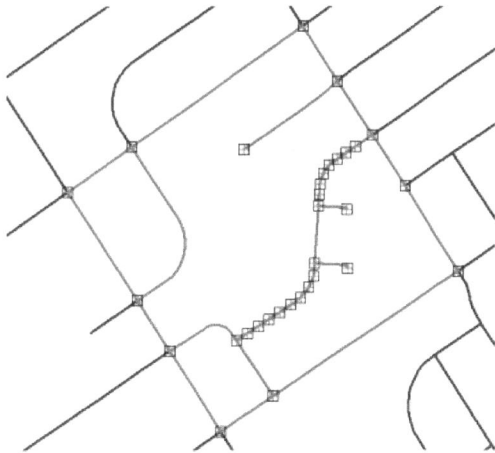

图 1-94　　　　　　　　　　　　　　　　图 1-95

（4）注意：您所创建的所有位移连接均已转换成标识连接。下一步将删除这些连接，因为您已经不再需要它们。

（5）单击**编辑**菜单，然后单击**选择所有元素**。这样便可选择所有连接，因为它们都是图形元素。

（6）按 Delete 键。

（7）单击**编辑器**工具条上的**编辑器**菜单，然后单击**停止编辑**。

（8）单击**是**保存编辑内容。

（9）教程使用完成后关闭 ArcMap。不需要保存地图文档。

在本练习中，您了解到如何设置要校正的数据、创建位移连接、预览校正以及校正数据。

三、对数据进行边匹配

边匹配用于沿相邻图层的边缘对齐要素。通常，将对包含较低精度的要素的图层进行调整，而将另一图层用作目标图层。边匹配基于位移连接来定义校正。

在本练习中，您将使用自己创建的位移连接来对河流数据的两个相邻切片进行边匹配。您还将了解如何使用"边匹配"工具和设置边捕捉属性。

（一）设置数据和边匹配选项

1. 先决条件

启动 ArcMap 并显示编辑器、捕捉和空间校正工具条。

2. 步骤

（1）单击标准工具条上的**打开按钮**。

（2）在教程数据安装位置处的 \ Editing \ SpatialAdjustment 目录下，导航到 Edge-Match. mxd 地图文档（默认位置是 C：\ ArcGIS \ ArcTutor）。

（3）单击**地图**，然后单击**打开**。

（4）如果此地图文档在上一练习中已经打开并且当前仍处于打开状态，系统会提示您将其关闭，此时可照提示执行而不保存更改。

（5）单击**编辑器**工具条上的**编辑器**菜单，然后单击**开始编辑**。

（6）关闭**创建要素**窗口。本练习中不需要使用该窗口。

（7）确保端点捕捉已启用。如果未启用，则在**捕捉**工具条上单击**端点捕捉** 田 。

（8）您需要选择是校正所选要素集还是图层中的所有要素。单击**空间校正**工具条上的**空间校正菜单**，然后单击**设置校正数据**。

（9）单击**所选要素**。

（10）单击**确定**。现在您已确定要校正的要素，接下来将选择校正方法。在本练习中，您将使用"边捕捉"。

（11）单击**空间校正菜单**，指向**校正方法**，然后单击**边捕捉**以选择该校正方法。

（12）单击**空间校正菜单**，然后单击**选项**。

（13）单击**常规**选项卡。

（14）单击**边捕捉**将其作为校正方法，以便为边捕捉设置其他选项。

（15）单击**选项**。

（16）单击**线**将其作为方法，然后单击**确定**。

"线"方法仅移动所校正线的端点。"平滑"方法会针对整个要素应用校正。

边匹配校正方法需要您设置相关属性，以定义使用"边匹配"工具时的源图层和目标图层以及创建位移连接的方式。

（17）单击**边匹配**选项卡。

（18）单击**源图层**下拉箭头，然后单击 StreamsNorth。

（19）单击**目标图层**下拉箭头，然后单击 StreamsSouth。将对 StreamsNorth 图层进行校正以使其与目标图层 StreamsSouth 匹配，如图 1-96 所示。

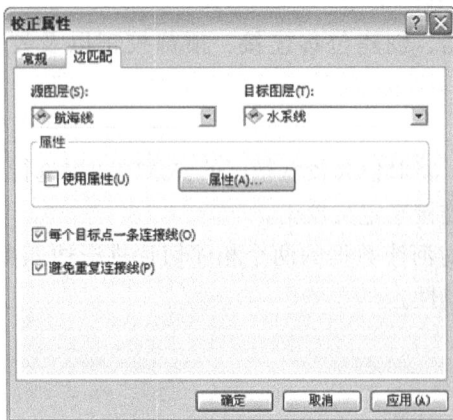

图 1-96

（20）选中**每个目标点一条连接线**。

（21）选中**避免重复连接线**，然后单击**确定**。

（二）添加边匹配位移连接

步骤：

（1）单击**书签**，然后单击**西部河流**，将当前视图设置为本练习的编辑区域，如图 1-97 所示。

位移连接定义校正的源坐标和目标坐标。在本练习中，您将使用"边匹配"工具创建多个连接。

（2）在**空间校正**工具条上，单击**边匹配**工具 。

（3）在要素端点的周围拖出一个选框。"边匹配"工具将根据位于选框内的源要素和目标要素来创建多个位移连接，如图 1-98 所示。

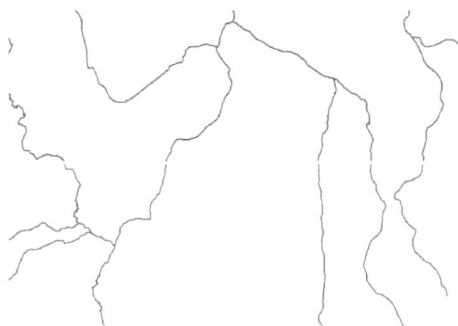

图 1 - 97

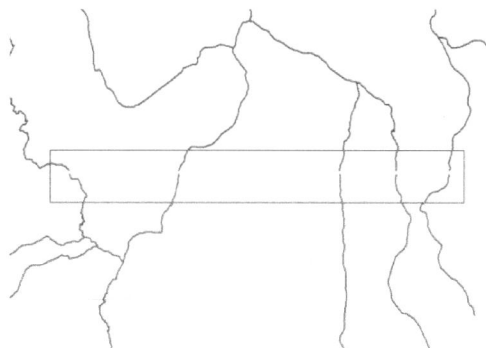

图 1 - 98

（4）此时，位移连接即已通过要素端点将源要素和目标要素连接在一起，如图 1 - 99 所示。

这样便在位于捕捉容差距离内的最邻近的源要素和目标要素之间创建了边匹配位移连接。如果在边周围拖出选框后并未创建任何连接，则稍稍缩小地图，然后重试。由于捕捉容差单位为屏幕像素，而您当前的显示像素可能相对较高，因此缩小地图应该有所帮助。

由于边匹配操作仅影响图层的外部区域，因此必须选择想要校正的要素。

（5）单击**编辑器**工具条上的**编辑**工具。

（6）在要进行边匹配的要素周围拖出一个选框，如图 1 - 100 所示。

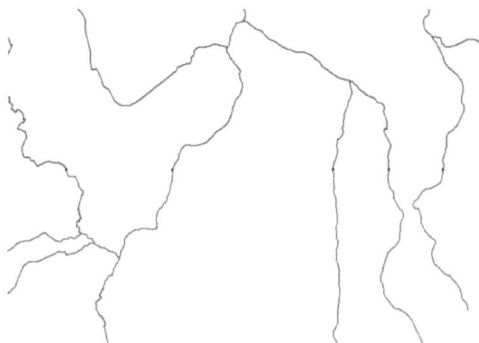

图 1 - 99

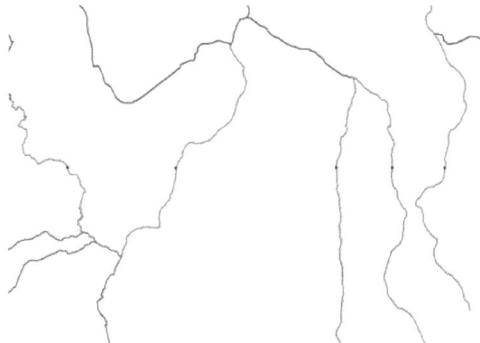

图 1 - 100

（7）单击**书签**，然后单击**东部河流**。

（8）重复用**边匹配**工具为数据的东部河流部分创建连接时所执行的步骤。

（9）选择河流要素时需按住 Shift 键，以确保西部的要素仍处于选中状态。

（三）校正数据

步骤：

执行校正前，可以通过预览窗口预览一下校正效果。可以使用 ArcMap 的"缩放"和"平移"工具在该预览窗口中进行导航。

（1）单击**空间校正菜单**，然后单击**校正预览**检查校正结果。预览使您可以在实际执行校正之前查看校正结果。如果校正结果不满足要求，则可以修改连接来提高校正精度。

（2）单击**空间校正菜单**，然后单击**校正**。

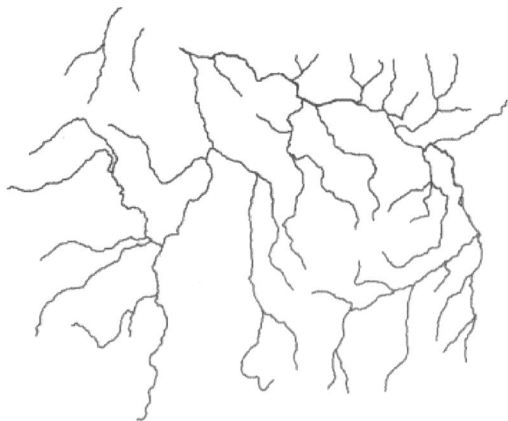

图 1 - 101

（3）校正结果应如图 1 - 101 所示。

（4）单击**编辑器**工具条上的**编辑器**菜单，然后单击**停止编辑**。

（5）单击**是**保存编辑内容。

（6）教程使用完成后关闭 ArcMap。不需要保存地图文档。

在本练习中，您了解到如何设置边匹配属性、使用"边匹配"工具创建位移连接、预览校正和执行校正。

四、在要素间传递属性

"属性传递"工具用于将源图层中要素的属性传递给目标图层中的要素。源图层和目标图层以及要传递的属性在"属性传递映射"对话框中进行定义，然后便可用"属性传递"工具以交互方式在源图层和目标图层的要素间传递这些属性。

在本练习中，您将从现有街道向最近添加到数据库中的新街道传递街道名称和类型。

（一）设置数据和属性传递选项

1. 先决条件

启动 ArcMap 并显示**编辑器**、**捕捉**和**空间校正**工具条。

2. 步骤

（1）单击**标准**工具条上的**打开按钮**📂。

（2）在教程数据安装位置处的 \ Editing \ SpatialAdjustment 目录下，导航到 **AttributeTransfer. mxd** 地图文档（默认位置是 C：\ ArcGIS \ ArcTutor）。

（3）单击地图，然后单击**打开**。

（4）如果此地图文档在上一练习中已经打开并且当前仍处于打开状态，系统会提示您将其关闭，此时可照提示执行而不保存更改。

（5）单击**编辑器**工具条上的**编辑器**菜单，然后单击**开始编辑**。

（6）关闭**创建要素**窗口。本练习中不需要使用该窗口。

传递属性前，请为源图层和目标图层设置映射环境。这样可确保使用"属性传递"工具时选择正确的要素。

（7）确保边捕捉已启用。如果未启用，则在**捕捉**工具条上单击**边捕捉**□。

"属性传递"过程的第一步是设置源图层和目标图层。可使用"属性传递映射"对话框定义这些设置。

（8）单击**空间校正**菜单，然后单击**属性传递映射**。

（9）单击**源图层**下拉箭头，然后单击 Streets 图层。

（10）单击**目标图层**下拉菜单，然后单击 NewStreets 图层，如图 1 - 102 所示。

下一步是指定用于传递属性的字段。您将在源图层中选择一个字段，然后将其与目标图层的相应字段相匹配。"属性传递"工具会使用这些匹配字段确定要传递的数据。

（11）在**源图层**字段列表框中单击 NAME 字段。

（12）在**目标图层**字段列表框中单击 NAME 字段。

（13）单击**添加**。这些字段即被添加至**匹配的字段**列表中。

（14）对 Type 字段重复同样的步骤，然后单击**确定**。

（二）使用属性传递工具

步骤：

（1）单击**书签**，然后单击**新街道**，将当前视图设置为本练习的编辑区域，如图 1 - 103 所示。

执行属性传递前，应先验证源要素和目标要素的属性。可使用"识别"工具进行验证。

（2）在**基础工具**工具条上单击**识别**工具。

（3）按如图 1 - 104 所示方式单击所指示的源要素。

图 1 - 102

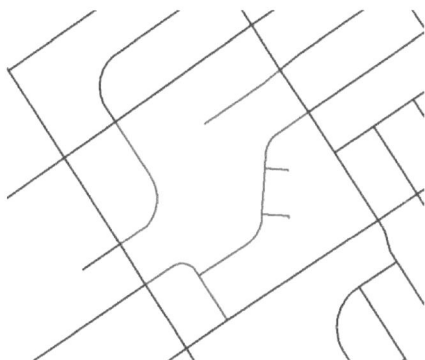

图 1 - 103

图 1 - 104

（4）注意 NAME 和 Type 字段的属性，这些属性值将被传递到目标要素中，如图 1 - 105 所示。

（5）在"识别"工具仍处于激活状态的情况下，单击目标要素，如图 1 - 106 所示。

图 1 - 105

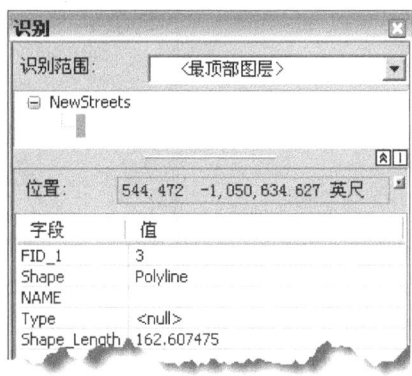

图 1 - 106

（6）注意 NAME 和 Type 字段，将对 Streets 图层中这些字段的属性值进行传递。

接下来，您将使用"属性传递"工具将源要素属性传递到目标要素中。

（7）单击**空间校正工具**条上的**属性传递**工具。

（8）按图 1 - 107 所示方式捕捉到源要素的边。

（9）向着目标要素拖拽连接。

（10）捕捉到目标要素的边，然后单击，如图 1 - 108 所示。

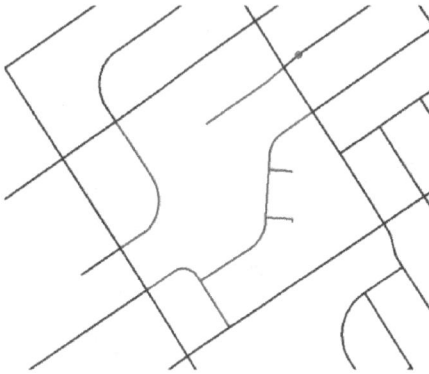 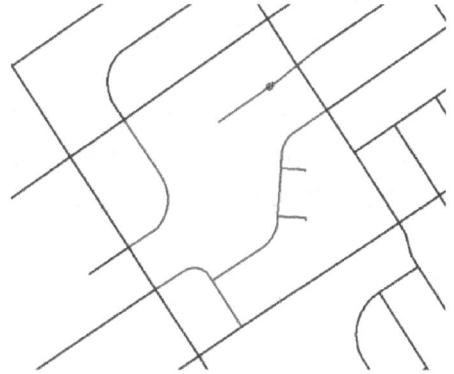

图 1 - 107   图 1 - 108

若要将源要素的属性传递到多个目标要素中，则在选择目标要素的同时按住 Shift 键。

（三）验证属性传递的结果

将源要素的属性传递给目标要素后，最好验证一下相应信息是否已更新到目标要素中。

步骤：

（1）在**基础工具**工具条上单击**识别**工具。

（2）单击目标要素。目标要素的 NAME 和 Type 字段中会显示新属性，如图 1 - 109 所示。

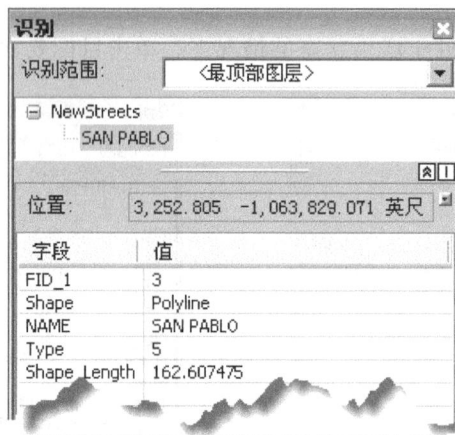

图 1 - 109

（3）单击**编辑器**工具条上的**编辑器**菜单，然后单击**停止编辑**。

（4）单击是保存编辑内容。

（5）关闭 ArcMap。

在本练习中，您了解到如何从源图层向目标图层传递属性。至此，您已完成编辑教程。

第二章　构建地理数据库

第一节　在 Catalog 中组织数据

开始此教程之前，必须查找和组织所需的数据。这可通过使用 ArcMap 或 ArcCatalog 应用程序中的 Catalog 窗口来完成。

一、连接到数据

在 Catalog 中，数据是通过文件夹或数据库连接进行访问的。数据库连接用于访问 ArcSDE 地理数据库。

此教程使用文件地理数据库。文件地理数据库通过文件夹连接进行访问。可通过文件夹连接访问的其他数据包括个人地理数据库、shapefile 和 Coverage。在文件夹连接中进行查找时，可以快速查看其所包含的文件夹和数据源。

现在，通过在 ArcCatalog 中创建与数据的文件夹连接开始组织数据。

步骤：

（1）单击**开始**→**所有程序**→**ArcGIS**→**ArcCatalog10** 启动 ArcCatalog。

（2）单击 ArcCatalog "标准" 工具栏上的**连接到文件夹按钮** 。这会打开 "连接到文件夹" 对话框。

（3）导航至安装教程数据的本地驱动器上的 BuildingaGeodatabase 文件夹。

（4）在 "连接到文件夹" 对话框上单击**确定**以建立文件夹连接。新文件夹连接现在已在 Catalog 目录树中列出。现在，可通过该连接访问此教程所需的所有数据。

二、浏览数据

开始修改地理数据库之前，浏览为此教程所提供的数据集。

步骤：

（1）单击 BuildingaGeodatabase 文件夹旁的加号以查看其包含的数据集。

（2）单击文件夹中的 lateralscoverage 将其选中。

（3）单击**预览**选项卡以查看 laterals 几何。

（4）单击 Montgomery 地理数据库旁的加号，然后双击每个要素数据集。这会展开要素数据集，以便您查看每个要素数据集中所包含的所有要素类。

（5）单击 BuildingGeodatabase 文件夹中的 owners. datINFO 表。

注 意

"预览" 类型是如何自动更改为 "表" 并显示表的记录。此表包含 Montgomery 地理数据库 Parcels 要素类的所有者信息。在此练习的下一个部分中，将此表导入地理数据库，并在宗地与其所有者之间创建关联。

既然已在 ArcCatalog 中找到并组织了数据，就可以开始教程中的第一个任务——将数据导入地理数据库。

第二节　将数据导入地理数据库

必须先将数据移动到地理数据库，然后才能开始对数据进行操作。将两个数据集导入 Montgomery 地理数据库——laterals 与 owner. dat。

laterals coverage 包含 Montgomery 的 Water 数据集的给水支管，而 owner. dat INFO 表则包含地理数据库中现有宗地要素的所有者信息。

一、导入 Coverage

步骤：

（1）在 ArcCatalog 中，右键单击 Montgomery 地理数据库中的 Water 要素数据集，指向**导入**，然后单击**要素类（多个）**。

该工具用于指定输入 Coverage、输出地理数据库以及输出要素类。因为是通过右键单击要素数据集来打开此工具，所以输出地理数据库 Montgomery 和要素数据集 Water 均已填充完毕。

有多种方法可以设置输入与输出数据集。可从 ArcCatalog 目录树或"内容"选项卡中拖动一个或多个数据集，然后将其放在文本框中。也可单击"浏览"按钮打开 ArcCatalog 小型浏览器并导航到数据集，或者在文本框中输入数据集的完整路径名称。

（2）单击**浏览**按钮，导航到 laterals Coverage 中的 Arc 要素类，然后单击**添加**。

（3）单击**确定**运行**要素类至地理数据库（多个）**工具。该工具在运行时，进度条将显示在 ArcCatalog 的右下角。该工具运行结束时，将弹出一条消息。可单击该消息打开**结果**窗格，以查看工具运行期间生成的任何消息。

现在，laterals _ arc 要素类已出现在 Water 要素数据集中。

（4）在 ArcCatalog 目录树中，导航到 laterals _ arc 要素类并单击它。

（5）按 F2 键，然后输入 Laterals 重命名该要素类。

（6）单击**预览**选项卡查看要素。

二、为要素类及其字段创建别名

地理数据库允许用户为字段、表和要素类创建别名。别名是用来指代这些项的备选名称。与真实名称不同，别名可以包含特殊字符（如空格），因为它们不需要遵守数据库的对象名称限制。

在 ArcMap 中将别名与数据结合使用时，系统会自动为要素类、表和字段使用别名。但在 ArcCatalog 中，这些项始终用其真实名称表示。

现在，为新的要素类及其字段创建别名。

步骤：

（1）右键单击 Water 要素数据集中的 Laterals 要素类，然后单击**属性**。

（2）单击**常规**选项卡。

（3）在**别名**文本框中输入 Water laterals。

（4）单击**字段**选项卡。

（5）单击对象 ID 字段并输入 Feature identifier 作为其别名。

（6）重复执行此过程，为各字段分配别名，见表 2 - 1。

表 2 - 1

字段	别名
形状	几何字段
DEPTH _ BURI	埋深
RECORDED _ L	记录的长度
FACILITY _ I	设施点标识符
DATE _ INSTA	安装日期
TYPECODE	子类型编码

（7）添加完所有别名后，单击**确定**关闭**要素类属性**对话框。

既然已将 Laterals 要素类导入地理数据库并添加了一些别名，下面便可以导入 owner. dat INFO 表。

三、导入 INFO 表

owner. dat INFO 表包含 Montgomery 地理数据库中 Parcels 要素类的宗地所有者信息。为了能够在宗地与其所有者之间创建关联，必须将所有者信息导入 Montgomery 地理数据库。将使用"表（单个）"导入工具将 owner. dat INFO 表导入 Montgomery 地理数据库。然后为该表创建别名。

步骤：

（1）右键单击 Montgomery 地理数据库，指向**导入**，然后**单击表（单个）**。

（2）将 owners. dat INFO 表从 Catalog 目录树拖放到**表至表**对话框的**输入行**文本框中。

（3）在**输出表**文本框中输入 Owners。

（4）单击**确定**。

（5）工具运行完后，在 Catalog 目录树中单击 Montgomery 地理数据库中的 Owners 表。

（6）单击**预览**选项卡。

（7）右键单击 Owners 表，然后单击**属性**查看该表的属性。

（8）输入 Parcel owners 作为该表的别名。

（9）单击**字段**选项卡并输入字段别名，见表 2 - 2。

表 2 - 2

字段	别名
OBJECTID	对象标识符
OWNER _ NAME	所有者名称
OWNER _ PERCENT	所有权的百分比
DEED _ DATE	契约转让日期

（10）单击**确定**。

此时，laterals Coverage 与 owners. dat INFO 表中的数据已出现在 Montgomery 地理数据库中。

现在，可以对数据应用操作，从而利用地理数据库。将通过创建子类型与属性域来开始此项任务。

第三节 创建子类型和属性域

将数据存储在地理数据库中的一个优势是用户可以定义数据编辑方式的规则。将通过以下方式定义这些规则：为支管直径创建新的属性域，为 Laterals 要素类创建子类型，并将新域、现有域和默认值与各子类型的字段相关联。

属性域是描述字段类型合法值的规则。多个要素类和表可以共享数据库中存储的属性域，但并不是要素类或表中的所有对象都需要共享相同的属性域。

例如，在供水管网中，假定仅消火栓给水支管的压力值可以在 40 和 100psi 之间，而生活用水支管的压力值只能在 50 和 75psi 之间。这种情况下应使用属性域来强制实施此限制。要实现此类验证规则，您不必为消火栓和生活用水支管创建单独的要素类，而是希望区分这些类型的给水支管与其他支管以建立一组独立的域和默认值。可以使用子类型来实现这一点。

要了解有关子类型和属性域的详细信息，可参阅子类型快速浏览和属性域快速浏览。

一、创建属性域

将使用 ArcCatalog 创建新的编码值属性域。这一新域描述新 Laterals 要素类的有效管路直径的集合。

步骤：

（1）右键单击 Montgomery 地理数据库，然后单击**属性**，将打开**数据库属性**对话框。

（2）单击**域**选项卡。

（3）单击**域名**下的第一个空字段并输入 LatDiameter 作为新域的名称。

（4）在**描述**字段中，输入给水支管的有效直径。

接下来应指定域的属性。属性包括此域可与之相关联的字段类型、域的类型（范围或编码值）、分割与合并策略和域的有效值。

范围域描述数值的有效范围，而编码值域描述有效值的集合。在本练习中，将创建新的编码值域。

所有域还具有分割与合并策略。对要素进行分割或合并时，ArcGIS 依据这些策略来决定所生成的一个或多个要素的特定属性值。

（5）在**域属性**下，单击**字段类型**下拉列表，然后单击**浮点型**。

这定义了域可以应用到的列的数据类型。

为编码域输入有效值或编码，并为各个编码提供简明易懂的描述。在教程的后面部分将看到，ArcMap 使用简明易懂的描述而不是编码来说明与域相关联的字段的值。

（6）单击**编码值：**下**编码**列中的第一个空字段并输入 13。

（7）单击旁边的**描述**字段并输入 13″作为编码描述。

（8）向列表中添加编码值，见表 2 - 3。

（9）单击**确定**关闭**数据库属性**对话框。该域即已添加到地理数据库。

表 2 - 3

编码	描述	编码	描述
10	10″	2	2″
8	8″	1.5	1 1/2″
6	6″	1.25	1 1/4″
4	4″	1	1
3	3″	0.75	3/4″
2.25	2 1/4″	−9	未知

二、创建子类型并关联默认值和域

现在将创建 Laterals 要素类的子类型，并将默认值和域同各个子类型的字段相关联。通过创建子类型，可以使各个给水支管要素使用各不相同的域、默认值或连通性规则（如本教程的以下部分中所示）。

步骤：

（1）双击 Montgomery 地理数据库中的 Water 要素数据集将其打开。

（2）右键单击 Laterals 要素类，然后单击**属性**，将打开**要素类属性**对话框。

（3）单击**子类型**选项卡。

现在将为该要素类指定子类型字段。子类型字段包含用于标识特定要素属于哪个子类型的值。

（4）单击**子类型字段**下拉箭头，然后单击 TYPECODE。

现在将添加子类型编码及其描述，添加新子类型时，将给其中的某些字段分配默认值和域。

（5）单击**子类型**下子类型编码 0 旁的**描述**字段并输入未知作为其描述。

（6）在**默认值和域**下，单击 H_CONFID 字段旁的**默认值**字段并输入 0 作为其默认值，如图 2 - 1 所示。

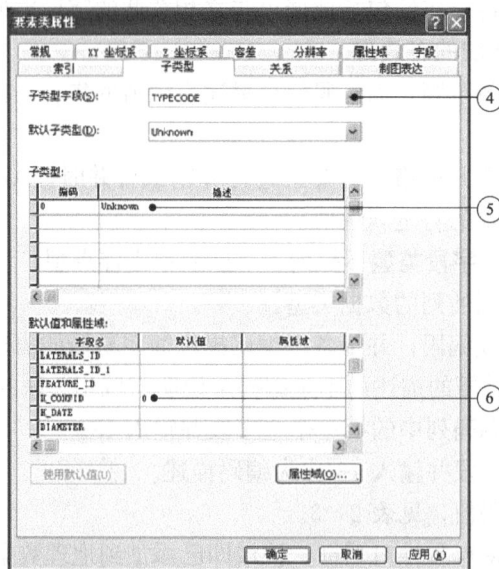

图 2 - 1

（7）输入 0 作为 DEPTH_BURI 和 RECORDED_L 字段的默认值。

（8）对于 WNM_TYPE 和 PWTYPE 字段，输入 WUNKNOWN 作为默认值。

（9）单击 DIAMETER 字段旁的**默认值**字段并输入 8 作为默认值。

（10）单击 DIAMETER 字段的**域**下拉列表，然后单击 **LatDiameter** 将其设置为"未知"子类型的默认属性域，如图 2-2 所示。

（11）单击 MATERIAL 字段并输入 DI 作为默认值。

（12）在 MATERIAL 字段的**域**下拉列表中，单击**材料**，如图 2-3 所示。

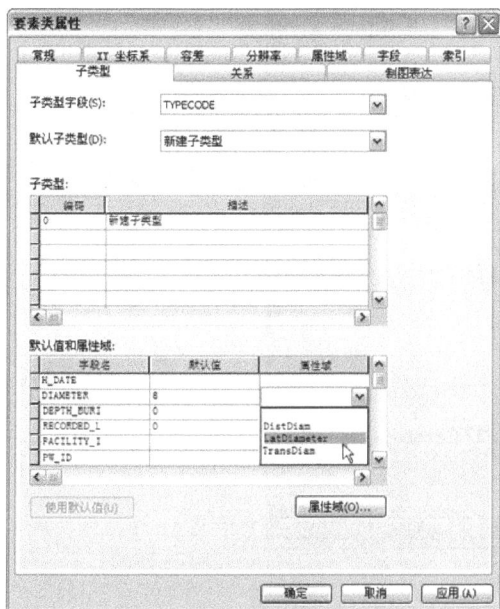
图 2-2

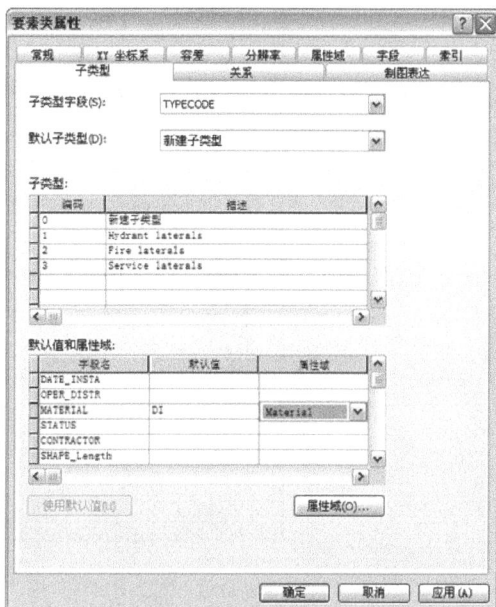
图 2-3

（13）添加子类型，见表 2-4。

表 2-4

子类型编码	描述
1	消火栓支管
2	消防支管
3	生活用水支管

（14）与"未知"子类型一样，分别为这些新子类型的 DEPTH_BURI、RECORDED_L、DIAMETER 和 MATERIAL 字段设置默认值和域。

（15）对于消火栓支管子类型，将 WNM_TYPE 和 PWTYPE 字段设置为 WHYDLIN。

（16）对于消防支管子类型，将 WNM_TYPE 和 PWTYPE 字段的默认值设置为 WFIRELIN。

（17）对于生活用水支管子类型，将 WNM_TYPE 和 PWTYPE 字段的默认值设置为 WSERVICE。

在 ArcMap 编辑环境中向具有子类型的要素类添加新要素时，如果没有指定特定子类型，那么该要素将被分配值默认子类型。添加了要素类的全部子类型之后，可从所添加的子类型中设置默认子类型。

（18）单击**默认子类型**下拉箭头，然后单击**生活用水支管**将其设置为默认子类型，如图 2 - 4所示。

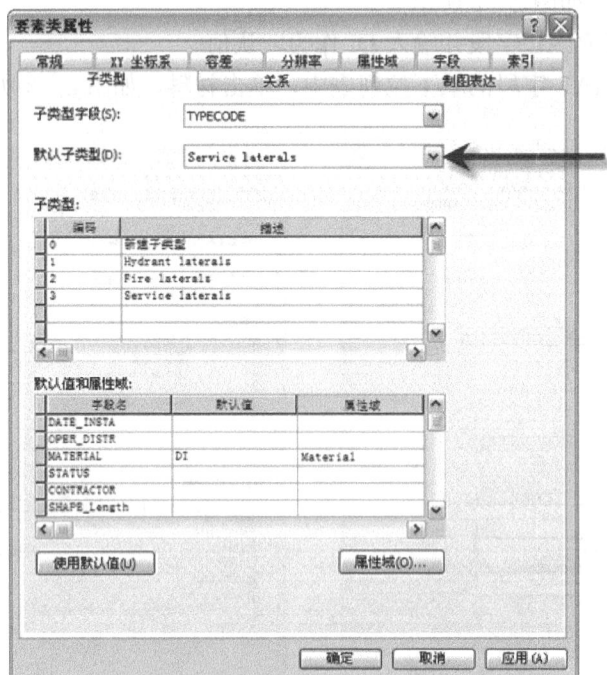

图 2 - 4

（19）单击**确定**。

现在已通过添加域和创建子类型为地理数据库添加了行为。

第四节　创建对象之间的关系

在练习 2 "将数据导入地理数据库" 中，已经将一个包含所有者对象的 INFO 表导入 Montgomery 地理数据库中。此地理数据库中已经有了一个包含宗地对象的要素类，即 Parcels。现在，将创建宗地与所有者之间的关系类，以便在使用 ArcMap 中的数据时，可以轻松找出哪些所有者拥有哪些宗地。

步骤：

（1）右键单击 Montgomery 地理数据库中的 Landbase 要素数据集，指向**新建**，然后单击**关系类**。将打开**新建关系类**向导。向导的第一个面板用于指定新关系类的名称、源要素类或源表以及目标要素类或目标表。

（2）在**关系类的名称**文本框中输入 ParcelOwners。

（3）单击**源表/要素类**列表中的 Owners。

（4）双击**目标表/要素类**列表中的 Landbase 要素数据集。

（5）单击 **Parcels**。这会将 Parcels 要素类指定为目标要素类，如图 2-5 所示。

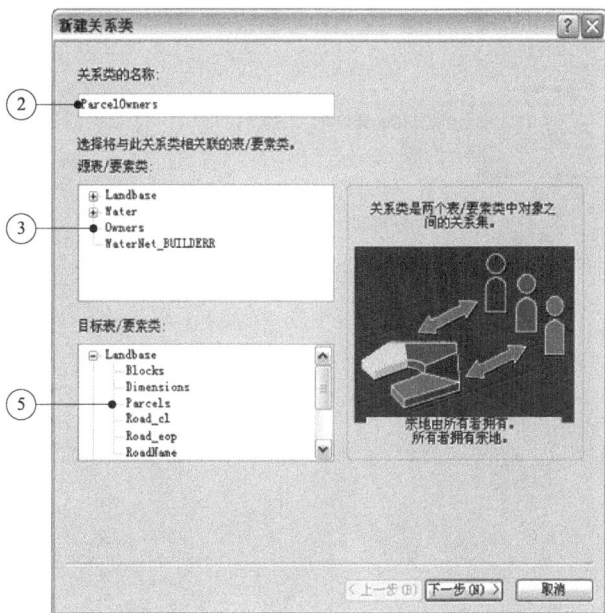

图 2-5

（6）单击**下一步**。

下一个面板用于指定正在创建的关系类的类型。正在创建的是一个简单关系类，因为所有者和宗地可以彼此独立地存在于数据库中。因此，可以接受默认类型-**简单（对等）关系**。

（7）单击**下一步**。

现在，您必须指定路径标注和消息通知方向。从源类向目标类的方向（在本例中，从 Owners 向 Parcels）导航关系时，要用前向路径标注来描述关系。在以相反方向（从 Parcels 向 Owners）导航关系时，要用后向路径标注来描述关系。

消息通知方向用于描述消息是如何在相关对象之间传递的。由于此关系类不需要消息通知，因此可以接受**无**这一默认设置。

（8）为前向路径标注输入 owns。

（9）为后向路径标注输入 is owned by，如图 2-6 所示。

（10）单击**下一步**。

现在将指定关系的基数。基数用于描述目标要素类或目标表中可与源要素类或源表中的某个对象相关联的对象的可能数量。

（11）单击 **1-M（一对多）** 以指定一个所有者可以拥有许多块宗地。

（12）单击**下一步**。

现在，您必须指定新的关系类是否有属性。在此示例中，ParcelOwners 关系类不需要属性（这是默认设置）。

（13）单击**下一步**。下一步是在源表（Owners）中指定主键并在目标要素类（Parcels）中指定嵌入式外键字段。在这些字段中具有相同值的所有者和宗地将相互关联。

（14）单击**在源表/要素类中选择主键字段**下的第一个下拉箭头，然后单击 PROPERTY_ ID。

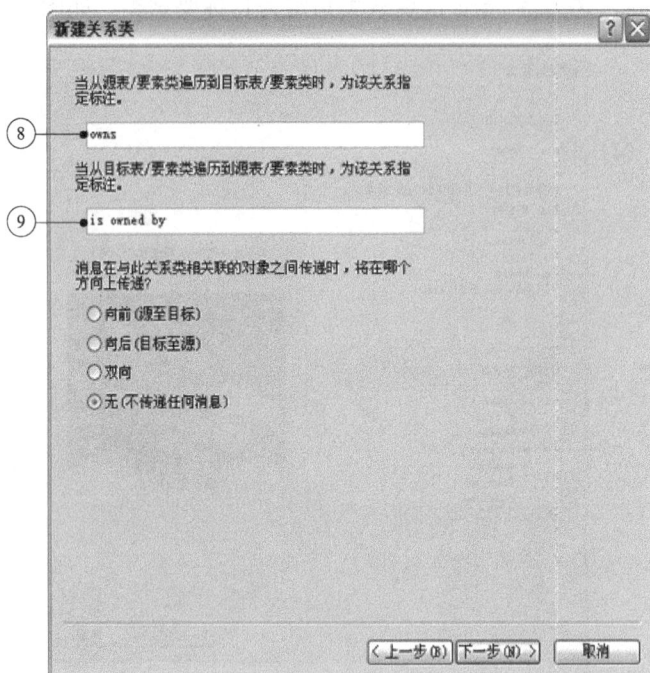

图 2-6

（15）单击对话框上的第二个下拉箭头，然后单击 PROPERTY_ I 以将其作为目标要素类中的嵌入式外键，如图 2-7 所示。

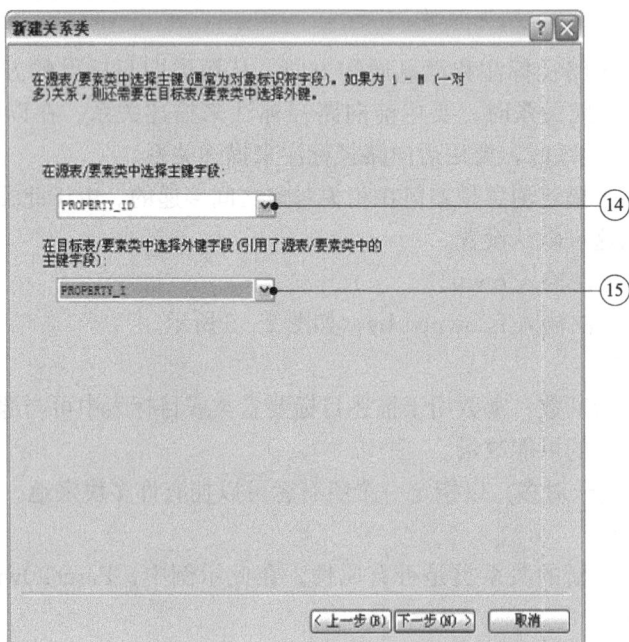

图 2-7

（16）单击**下一步**。将显示一个摘要页面。

（17）查看摘要页面并确保信息是正确的。

（18）单击**完成**。

现在已将第二种行为添加到地理数据库——关系。

第五节 构建几何网络

存储在同一要素数据集中的要素类可以参与几何网络。几何网络用于为定向的流动网络系统（如供水管网）建模。您将基于 Montgomery 地理数据库的 Water 要素数据集中的要素类构建一个几何网络，然后要创建连通性规则，以定义哪些要素可在网络中相互连接。

一、创建供水管网

步骤：

（1）单击**开始**→**所有程序**→**ArcGIS**→**ArcCatalog10** 启动 ArcCatalog。

（2）导航到**文件夹连接**中的 Montgomery 地理数据库。

（3）展开 Montgomery 地理数据库。

（4）右键单击 Montgomery 地理数据库中的 Water 要素数据集，指向**新建**，然后单击**几何网络**，将打开**新建几何网络**向导。

（5）单击**下一步**。

（6）输入几何网络的名称 WaterNet。

（7）单击**是**以捕捉要素。

（8）在**英尺**旁边的文本框中输入 0.5。此对话框应与图 2-8 类似。

（9）单击**下一步**。

现在，您必须选择要素数据集中的哪些要素类将参与几何网络。

（10）单击**全选**。列表中的所有要素类都将参与网络，如图 2-9 所示。

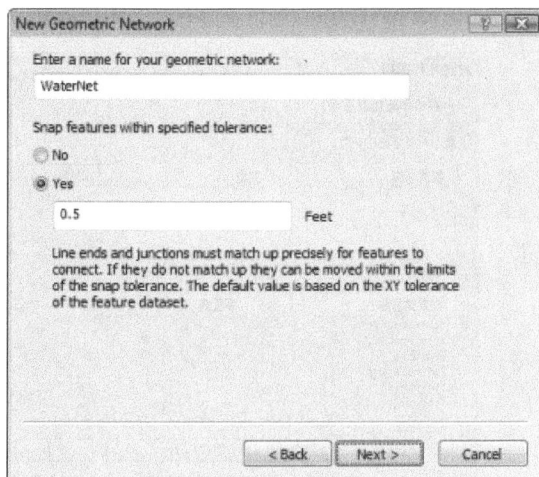

图 2-8

图 2-9

（11）单击**下一步**。如果在使用网络一段时间后需要将网络删除并重新构建网络，可以选择排除具有某些特定属性的要素，这会更便于您管理网络各部分的状态。在下一个面板上，将选择不排除要素。

（12）单击**否**，以使所有要素都参与几何网络，如图 2-10 所示。

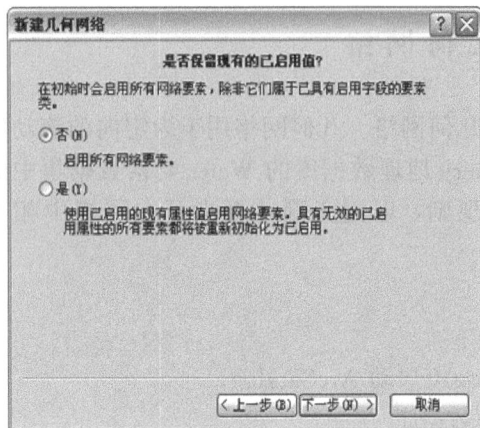

图 2-10

（13）单击**下一步**。

在下一个对话框中，必须指定哪些线类将在几何网络中变为复杂边要素类。复杂边要素不会被沿其长度方向的另一个要素的连接点分割成两个要素。这样，在为可能会有多个支管与之相连的给水干管建模时，复杂边要素很有用。默认情况下，所有线要素类都是简单边要素类。

在同一对话框中，必须指定哪些交汇点要素类（如果有）可以充当网络中的源头和汇点。源头和汇点用于确定供水管网中的流向。

（14）在 Distribmains 行中，单击**角色**列下的**简单边**。

（15）从列表中选择**复杂边**，这会将 Distribmains 要素类的角色从简单边更改为复杂边。

（16）在 Tanks 要素类的行中，单击**源和汇**下的下拉菜单，然后单击**是**。

（17）在 **Transmains** 行中，单击**角色**列下的**简单边**，然后从列表中选择**复杂边**，这会将 Transmains 要素类的角色从简单边更改为复杂边，如图 2-11 所示。

（18）单击**下一步**。

现在可以分配网络权重。网络权重用于描述穿过逻辑网络中的元素所产生的影响，例如水流经管道时的压强降低。

（19）此几何网络不需要权重（这是默认设置），因此可以单击**下一步**以打开摘要页面，如图 2-12 所示。

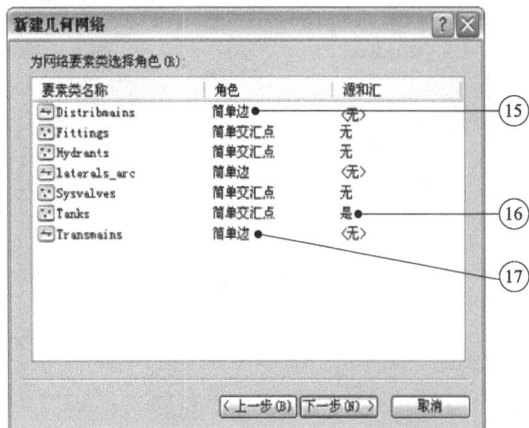

图 2-11

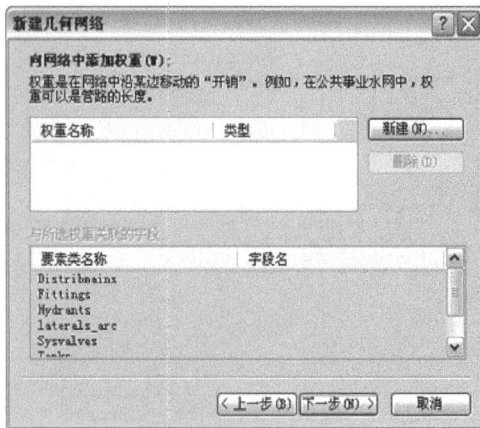

图 2-12

（20）查看过摘要页面后，单击**完成**。

此时将出现一个进度指示器，用于显示网络构建过程中每个阶段的进度。您将收到一条错误消息，指明网络已构建完成但出现错误，如图 2-13 所示。

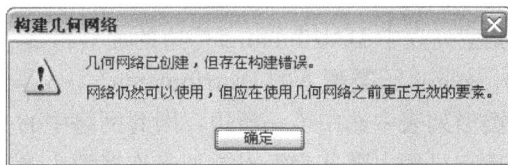

图 2-13

（21）单击**确定**关闭消息框。

（22）可通过预览 WaterNet_BUILDERR 表来查看构建几何网络时出现了什么错误。

（23）单击 Catalog 目录树中的 WaterNet_BUILDERR 表，然后单击**预览**选项卡查看此表中的条目。将显示两条记录。

> 🔊 **提 示**
>
> 如果收到两条以上的错误消息，则删除几何网络并重复上述步骤以重新创建它。要创建几何网络，请确保您正确完成本练习中的所有步骤。如果仍然收到两条以上的错误消息，可能是您未完成之前的 5 个练习。本教程采取循序渐进的模式，因此必须先完成前面的练习才能进行此练习。

接下来，将为供水管网创建连通性规则。

二、创建连通性规则

网络连通性规则用于限制可以相互连接的网络要素的类型，以及可以连接到另一种要素的任一特定类型的要素数量。通过创建这些规则，可以保持数据库中的网络连接完整性。

步骤：

（1）右键单击 Water 要素数据集中的 WaterNet 几何网络，然后单击**属性**。将打开**几何网络属性**对话框，该对话框将提供参与网络的要素类的相关信息和一个网络权重列表。还可使用此对话框来添加、删除和修改连通性规则。

（2）单击**连通性**选项卡。此选项卡允许添加和修改几何网络的连通性规则。

您将首先创建一个新的"边-交汇点"规则，规则中规定消火栓可以连接到消火栓支管。该规则还可以规定：创建消火栓支管后，消火栓交汇点要素应置于消火栓支管的自由端。

（3）单击下拉箭头，然后单击 laterals。

（4）单击**要素类中的子类型**列表中的 Hydrant laterals。

现在，单击消火栓支管可以在网络中连接的交汇点类型。为简单起见，消火栓支管只能连接到消火栓。

（5）选中**网络中的子类型**列表中的 Hydrants。还应指定：在创建消火栓支管时，如果支管的一端未连接另一个边或交汇点，则应将一个消火栓放置在该端点处。

（6）单击**网络中的子类型**列表中 Hydrants 旁边的加号，Hydrants 子类型被展开。

（7）右键单击 Hydrants 子类型下的 **Hydrants**，然后单击**设为默认值**。

一个蓝色的 D 将出现在 Hydrant 子类型旁边，指明它是此边子类型的默认交汇点。

现在将创建一个新的"边-边"规则，规则中规定：消火栓支管可以经由水龙头、三通阀和鞍形架连接到配水干管。消火栓支管和配水干管之间的默认连接交汇点是水龙头。

（8）单击**网络中的子类型**列表中 Distribmains 旁边的加号将其展开。

（9）选中显示在 Distribmains 子类型下的 **Distribmains**。

由于您已经在网络子类型列表中选中了一条边，因此网络中的交汇点子类型的列表变成活动状态。可在此列表中指定可经由哪些交汇点类型来连接消火栓支管和配水干管。

（10）单击加号展开**交汇点子类型**列表中的 Fittings。

（11）按照该顺序依次选中 Fittings 交汇点子类型下的 **Tap、Tee** 和 **Saddle**，Tap 旁边有一个蓝色的 D，表示它是默认的交汇点。

（12）同样，在交汇点子类型列表中，选中通用的（或默认的）网络交汇点类型 Water-Net_ Junctions。

（13）单击**确定**。

现在已通过定义连通性规则将行为添加到地理数据库。通常需要为网络定义更多的连通性规则。但对于本教程来说，只需定义在这里指定的连通性规则即可。

第六节　创　建　注　记

在练习 1 "在 Catalog 中组织数据"中，您从头至尾浏览了 Montgomery 地理数据库中的现有要素类。这些要素类中的某一要素类含有与 Distribmains 要素类中的要素相关联的注记。然后您又将 WaterLaterals 从 coverage 导入 Water 要素数据集。现在，您将在 ArcMap 中为 WaterLaterals 创建标注，并将其转换为关联到 Laterals 的注记要素类。

一、为 Lateral 子类型创建标注

启动 ArcMap 并添加 Laterals 要素类。

步骤：

（1）单击**开始→所有程序→ArcGIS→ArcMap10** 启动 ArcMap。

（2）将 Montgomery 地理数据库设置为默认值，因为它是本教程中将使用的地理数据库。为此，单击 **ArcMap - 入门**对话框上的浏览按钮，如图 2 - 14 所示。

（3）导航到 BuildingaGeodatabase 教程文件夹的位置，选择 Montgomery 地理数据库，然后单击**添加**。

（4）单击**确定**打开一个新的空地图。

（5）单击标准工具条上的**目录窗口**按钮可打开目录窗口。

（6）在 Catalog 窗口中导航到 Montgomery 地理数据库。

（7）展开 Water 要素数据集。

（8）单击 Laterals 要素类，按住鼠标左键，同时将该要素类从 Catalog 窗口拖到 Arc-Map 窗口中。

因为已创建了 Laterals 要素类的子类型，所以会用唯一符号自动绘制每个子类型。将要为这些子类型创建不同的标注类。

图 2-14

（9）在 ArcMap 内容列表中右键单击 Laterals 要素类，然后单击**属性**，将打开**图层属性**对话框。

（10）单击**标注**选项卡。

（11）选中**此图层中的标注要素**框。

（12）单击**方法**下拉箭头，然后单击**定义要素类并且为每个类加不同的标注**。

（13）单击**获取符号类**。

现已为该图层定义了若干个标注类——一种用于每个子类型，一种用于其他值。

保持图层属性对话框的打开状态，在下一部分会用到它。

二、定义消火栓支管的标注

不同的支管子类型在给水系统中发挥不同的作用。例如，生活用水支管将水从配水干管引入住宅区或企业，而消火栓支管则将水从干管引入消火栓。您需要将消火栓支管的标注设置为红色，以便于浏览地图的人区分消火栓支管与其他支管。

步骤：

（1）单击**图层属性**对话框的**标注**选项卡上的**类**下拉列表，然后单击 Hydrant laterals。

（2）单击文本颜色下拉箭头，从调色板中选择红色样本。

（3）单击粗体 B 和斜体 I 按钮。

（4）单击**表达式**，将打开**标注表达式**对话框。

有时您会想要用单个字段的内容标注要素。通过"标注字段"下拉列表可以选择用于标注要素的单个字段。在其他时候，您可能希望创建更复杂的标注。使用"标注表达式"对话框可以通过将一个或多个字段与其他文本相连来构造标注。此外，还可以使用脚本将逻辑添加到标注表达式。

要为消火栓支管创建标注，需要加载已保存到文件的标注表达式。

（5）单击**加载**。这将打开一个对话框，可通过此对话框导航到想要加载的文件。

（6）导航到 BuildingaGeodatabase 教程文件夹中的 Layers 文件夹。

（7）选择 lateral＿exp.lxp 文件，然后单击**打开**。

该脚本表达式会计算每个支管的长度。如果长度大于 200，便以 DIAMETER 字段的内容、一个空格以及 MATERIAL 字段的内容标注该支管；如果长度小于 200，便以 DIAMETER 字段的内容标注该支管，将为消火栓支管调整该表达式，以使超出 100 英尺的消火栓支管获得更完整的标注。

（8）在**标注表达式**对话框的**表达式**框中单击，然后将 If 语句中的值从 200 更改为 100。

（9）单击**验证**。对该表达式进行测试，并显示示例代码。

（10）单击**标注表达式验证**对话框中的**确定**以关闭此对话框。

（11）单击**标注表达式**对话框中的**确定**。

现在已经为 Hydrant laterals 标注类创建了一个表达式。

（12）在**图层属性**的**图层**选项卡中单击**应用**以应用这些更改。

接下来，将为其他子类型的标注类创建表达式。

三、定义生活用水支管的标注

生活用水支管往往要比消火栓支管短。对于本练习，当支管长于 200ft 时，唯一重要的是表明其材料类型，因此您将再次加载该标注表达式，并且使用它时不要进行修改。

步骤：

（1）单击**图层属性**对话框中的类下拉列表，然后单击**生活用水支管**。

现在，可为该标注类设置标注参数。

（2）执行刚才定义消火栓支管的标注时所使用的相同步骤，但需要将这些标注设置为黑色，并且在加载标注表达式之后不要修改它。

（3）单击**应用**以应用更改。

四、定义其他支管的标注

您已为消火栓支管和生活用水支管加载了标注表达式。现在将为消防支管、未知支管以及〈其他所有值〉类定义标注。由于这些类比较少见，并且我们只关注直径，因此将仅使用 Diameter 字段标注这些要素。

步骤：

（1）单击**类**下拉箭头，然后单击 Firelaterals。

（2）单击**标注字段**下拉箭头，然后单击 DIAMETER。

（3）单击**应用**。

（4）按照相同步骤为**未知**和〈**其他所有值**〉标注类设置标注。

（5）单击**图层属性**对话框中的**确定**。

这些标注随即被绘制在地图上。消火栓支管以红色进行标注，由于存在标注表达式，因此较长的支管还会标注其材料类型。您现已使用 ArcMap 中的符号系统类派生出标注类，从而为不同的支管子类型创建了标注。现在，要将这些标注转换为地理数据库中的注记。

五、为这些标注设置参考比例尺

标注是动态的——在地图中进行平移和缩放时，将动态地重新生成标注。默认情况下，无论缩放到哪个比例尺，都会使用相同大小的符号绘制标注。并不是所有要素都可以在要素类的完整范围内使用 8 磅字体进行标注，但如果进行放大，要素周围就会有更多的空间，这样便能够绘制更多的标注。

与标注不同，注记是静态的。注记要素是处于存储状态的。它们有固定的位置和参考比例尺，因此在放大时，文字在屏幕上也会变大。可以通过设置参考比例尺使标注的工作方式与注记更为类似。这应该是地图最常用的比例尺。将标注转换为注记时，您会希望注记具有正确的参考比例尺，这样才会在创建的地图上以正确的大小相对于要素来绘制注记。

步骤：

（1）单击"ArcMap 工具"工具栏上的**放大** 工具，然后在数据的东部边缘上，在某些支管周围单击并拖出一个框。

（2）在**比例尺**框中输入 1000，然后按 Enter 键，此时在显示画面中绘制了更多的标注。这是绘制数据经常要使用的比例尺，因此现在要为基于此比例尺创建的地图和注记设置参考比例尺。

（3）单击 ArcMap 内容列表上的**按绘制顺序列出**。

（4）右键单击 ArcMap 内容列表中的**图层**，指向**参考比例尺**，然后单击**设置参考比例尺**。此时在进行放大或缩小时，标注也会相应地变大或变小。

六、将标注转换为注记

此部分仅适用于 ArcEditor 和 ArcInfo。

既然已设置完参考比例尺，便可以将标注转换为注记并存储在地理数据库中。您会将标注类转换为单个与要素关联的注记要素类的各个子类型。该过程需要具有 ArcMap 的 ArcEditor 或 ArcInfo 许可席位。如果持有 ArcView 席位，可以基于标注创建注记，但不能创建与要素关联的注记。

步骤：

（1）右键单击 ArcMap 内容列表中的**图层**，然后单击**将标注转换为注记**，将打开**将标注转换为注记**对话框。

（2）在 Water laterals 要素图层的**注记要素**类列中单击，然后将输出注记要素类重命名为 LateralsAnno。

（3）单击**注记要素类** 下的属性图标，将打开**注记要素类属性**对话框。

（4）选中**需要从符号表中选择符号**框。

这将减小注记在地理数据库中所需的存储空间。每个注记要素在地理数据库中都会引用一个符号系统表，而不是存储其自身的所有符号系统信息。您无法存储该注记要素类中的图形。

默认情况下，与要素关联的注记的两个编辑行为选项的复选框处于选中状态。添加新的支管时会创建新注记，而移动或修整支管时会移动现有注记。

（5）单击**确定**关闭**注记要素类属性**对话框。

（6）单击**将标注转换为注记**对话框上的**转换**，将出现一个消息框，其中显示转换过程的进度。

这些标注将转换为单个注记要素类中的一组注记类。此要素类已被添加到 ArcMap 内容列表中，同时还会创建一个将注记关联到支管的关系类。要查看它，则单击 ArcMap 中的 Catalog 选项卡以打开 Catalog 窗口。右键单击 Montgomery 地理数据库中的 Water 要素数据集，然后单击**刷新**。在 Water 要素数据集下应显示一个新的 Anno 关系类。

（7）关闭 ArcMap。

提　示

您可以根据需要选择是否保存地图。

您已在地理数据库中创建了一个注记要素类。该要素类中的注记类相当于支管要素类的子类。这些注记类中的一些注记类具有特殊符号系统和逻辑，以注记某些具有额外信息的要素。在 ArcMap 中编辑 Laterals 要素类时，会使用您所定义的符号系统和注记表达式来创建或修改对应的注记要素。

第七节　为地理数据库数据创建图层

为了更方便地对数据进行浏览和符号化，可以从地理数据库数据创建图层，并在 Arc-Map 中使用这些图层。已为您创建了所需的大部分图层，它们存储在教程目录的 Layers 文件夹中。在本练习中，您将为 Laterals 要素类和 LateralsAnno 要素类创建新图层。

一、创建 Laterals 图层

步骤：

（1）单击**开始→所有程序→ArcGIS→ArcCatalog10** 启动 ArcCatalog。

（2）连接到 BuildingGeodatabases 教程文件夹中的 Montgomery 地理数据库。

（3）右键单击 Water 要素数据集中的 Laterals 要素类，然后单击**创建图层**，将打开**将图层另存为**对话框，从中可以指定图层文件的位置和名称。

（4）浏览到教程目录下的 Layers 文件夹，并输入 Water Laterals 作为新图层的名称。

（5）单击**保存**，随即将创建新图层，您将修改此图层的属性以添加符号系统。

（6）在 Catalog 目录树中，打开 Layers 文件夹，右键单击 Water Laterals 图层，然后单击**属性**，将打开**图层属性**对话框。

可以使用**图层属性**对话框修改图层的许多方面，例如，图层的可见比例尺和透明度。在本例中，将修改其符号系统。

（7）单击**符号系统**选项卡。默认情况下，会使用基于子类型字段的唯一值分类对图层进行符号化。这是您想要的设置，但是必须修改每个子类型的符号系统。

（8）双击 Hydrant laterals 旁的彩色线，将弹出**符号选择器**对话框，将使用此对话框为 Laterals 设置符号属性。

（9）单击"颜色"下拉箭头，然后在调色板上单击紫色色块，使线变为紫色。

（10）在**宽度**文本框中输入 1.5，以增大线宽度。

（11）单击**确定**。

（12）对 Fire laterals 重复步骤（8）～（10），使符号成为宽度为 1.5 的红色线。

（13）对 Service laterals 重复步骤（8）～（10），使符号成为宽度为 1.5 的深蓝色线。

（14）单击**确定**关闭**图层属性**对话框。Water Laterals 图层已完成。现在，可以为 Water Laterals 创建注记图层。

二、创建 Lateral Diameter 图层

步骤：

（1）右键单击 Water 要素数据集中的 LateralsAnno 要素类，然后单击**创建图层**。

（2）导航到 Layers 文件夹，然后输入 Water lateral diameter annotation 作为新图层的名称。

（3）单击**保存**。

随即将创建新注记图层。由于此图层指向注记要素类，而符号系统是注记的属性，因此不必在此图层中对其进行设置。

三、为图层设置可见比例尺范围

注记要素在可对其进行识别的很窄的地图比例尺范围内是最为有用的。通常，设置用于绘制注记要素类的最小和最大比例尺会非常有用。可以将此可见比例尺范围设置为注记要素类本身的属性，也可以将其设置为指向注记要素类的图层的属性。对于较大的注记要素类以及多用户环境而言，前者是最佳方法，因为这种方法能够最有效地防止不必要地向服务器请求大量的注记要素。

在本练习中，假定通常情况下此要素类的用户将添加您所创建的图层，而不是直接添加注记要素类。

步骤：

（1）在 Catalog 目录树中，右键单击 Water lateral diameter annotation. lyr，然后单击**属性**。将打开**图层属性**对话框。

（2）单击**常规**选项卡。

（3）单击**缩放超过下列限制时不显示图层**按钮，在**缩小超过**文本框中输入 2500。

（4）单击**确定**。

> **提示**
>
> 要为注记要素类设置比例尺范围，可在 ArcCatalog 中右键单击注记要素类，再单击**属性**，然后单击**注记类**选项卡。可以为注记要素类中的每个注记类设置一个单独的比例尺范围。单击**比例尺范围**按钮，可设置最小和最大可见比例尺。

您已成功将 Coverage 和 INFO 数据导入地理数据库，并创建了子类型、规则、几何网络以及与要素关联的注记。

第八节　创　建　拓　扑

在练习 5 "构建几何网络"中，您创建了一个几何网络。几何网络是一种特殊类型的拓扑关系，可用于进行网络追踪、分析和编辑。在本练习中，将创建一个地理数据库拓扑。地理数据库拓扑允许您指定用于控制数据集中要素空间关系的规则。可以对数据应用各种拓扑规则，具体取决于组织的要求。您将仅对此数据集应用两种拓扑规则。

您将创建拓扑来规定此数据集中的两种空间关系。第一种是宗地间不能叠置，第二种是被归为住宅用地的宗地必须位于同样被归为住宅用地的地块内。

步骤：

（1）单击**开始→所有程序→ArcGIS→ArcCatalog10** 启动 ArcCatalog。

（2）在 Catalog 目录树中，导航到 Montgomery 地理数据库中的 Landbase 要素数据集。此数据集包含多个要素类。您将使用 Parcels 和 Blocks 这两个要素类来创建拓扑。

（3）右键单击 Landbase 要素类，指向**新建**，然后单击**拓扑**，将启动"新建拓扑"向导，第一页将提供有关向导的简短描述。

（4）单击**下一步**。

向导将显示拓扑的默认名称和拓扑容差。您接受向导提供的默认名称。默认拓扑容差基于 Landbase 数据集的 XY 容差。

（5）输入 0.01 设置新拓扑容差。

（6）单击**下一步**。

（7）选中 **Blocks** 和 **Parcels**。

这两个要素类将参与 Landbase 拓扑。

要创建的其中一个拓扑规则将涉及 Parcels 要素类，而另一个规则涉及 Parcels 的一个子类型与 Blocks 的一个子类型之间的关系。因此，Blocks 和 Parcels 要素类都必须参与到拓扑中。如果其中一个要素类已参与其他拓扑或几何网络，或者已在多用户地理数据库中将这两个要素类注册为版本，那么它们将不会出现在可添加到此拓扑中的要素类列表中。

（8）单击**下一步**。

在向导的下一页中，可以设置拓扑等级数，以及拓扑中每个要素类的等级。

等级可用于确保在验证拓扑时，不会将以较高精度采集的要素捕捉到以较低精度采集的要素。例如，如果在同一拓扑中包括一个采用测量级全球定位系统（GPS）装置采集的要素类和一个通过比例尺为 1∶1 000 000 的源地图进行数字化的要素类，您可能会为 GPS 要素类分配等级 1，而为比例尺为 1∶1 000 000 的源要素类分配等级 5。如果要验证此拓扑，则位于拓扑容差内的要素部分将捕捉到一起，精度较低的要素将移动到精度较高的要素所在的位置。GPS 要素不会移动到比例尺为 1∶1 000 000 的要素所在的位置。

最多可以分配 50 个不同的等级，其中 1 表示最高等级。在此拓扑中，假定所有要素类基于相同精度的数据，因此将不分配多个等级。由于 Blocks 要素类源自宗地要素，因此 Parcels 和 Blocks 的精度相同。

（9）输入 1 作为等级数。

（10）单击**下一步**。

（11）单击**添加规则**。拓扑规则可定义参与拓扑的要素类中各要素允许存在的空间关系，以及这些要素类之间的各要素允许存在的空间关系。通常，不允许 Landownership 宗地彼此叠置。您将添加一条用于防止宗地要素彼此叠置的规则。

（12）单击**要素类的要素**下拉箭头，然后单击**宗地**。

（13）单击**规则**下拉箭头，然后单击**不能叠置**。

（14）单击**确定**。

您创建了一条用于控制同一要素类中要素拓扑关系的规则。接下来，您将创建一条拓扑规则，用于控制两个不同要素类中特定子类型要素的拓扑关系。特别是，要确保住宅用宗地将被同样指定为住宅用地的地块所覆盖或包含。

（15）单击**添加规则**。

（16）单击**要素类的要素**下拉箭头，然后单击加号展开 Parcels，再单击 Residential。Residential 是 Parcels 要素类的子类型，规划部门使用此类型来表示人们居住的宗地。

（17）单击**规则**下拉箭头，然后单击**必须被其他要素覆盖**。

（18）单击**要素类**下拉箭头，然后单击加号展开 Blocks，再单击 Residential。

（19）单击**确定**。拓扑规则即被添加到此拓扑的规则列表中。

（20）单击**下一步**。

（21）查看此拓扑的摘要信息，确保其正确无误。

（22）单击**完成**。

创建拓扑后，可以对其进行验证。不必在创建拓扑后立即对其进行验证。根据数据和工作流不同，将不同的区域分配给数据编辑人员，以在 ArcMap 中进行验证和编辑可能很有意义。

（23）单击**否**。拓扑将出现在 Landbase 要素数据集中。

第三章 地图配图处理

第一节 配图数据前期处理准备

对于一个 GIS 应用系统来说，有时背景地图的好与坏、美与丑，对整个系统功能的实现没有直接影响；因为，GIS 应用系统所关注的核心是所处理的业务本身。

但是，无论用户是专业的还是非专业的，他对一个 GIS 应用系统的认知都是从系统的界面 UI 开始的；在整个界面 UI 中，背景地图的好坏、是否美观将起着决定性的作用。

一个 GIS 应用系统如果具有一幅漂亮的地图，那么它就已经成功一半了，如图 3-1 所示。

图 3-1

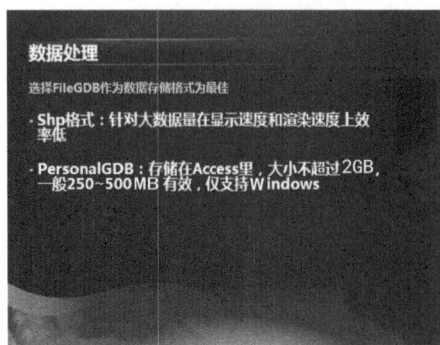

图 3-2

一、配图数据的处理入库

数据格式多种多样，可以是 AutoCAD，或是 MapInfo、MapGIS、Txt 文本、Excel 表格……。利用 ArcGIS 数据转换功能先将手中的配图数据都转成 ArcGIS 格式。

转换后的 ArcGIS 数据统一入库，这里推荐使用 ArcGIS 的文件型数据库 FileGeodatabase 作为后台管理数据库。

如图 3-2 所示，相对于 Shp、PersonalGDB 数据库，FileGDB 具有以下优势：

（1）FileGDB，支持海量数据管理、无限扩展，其存储容量强于 PersonalGDB。

（2）FileGDB，在大数据量显示和渲染速度优于 Shp 格式，而且 FileGDB 还支持制图表达技术。

二、分幅数据的处理

如果数据是分幅的，那么在完成数据格式转换后还要进行下面的处理：

（1）将分幅数据中相对应的同一图层数据的属性结构如果存在不一致的情况，要进行属性结构统一（ArcToolbox 数据管理工具箱中 Join Field 工具，见图 3-3）。

（2）将所有分幅数据进行合并，形成整幅图层数据（ArcToolBox 数据管理工具箱中 Append 工具）。

在完成配图数据前期处理准备之后，接下来要做的是 ArcMap 中利用图层组来合理规划配图数据，如图 3-4 所示。

图 3-3

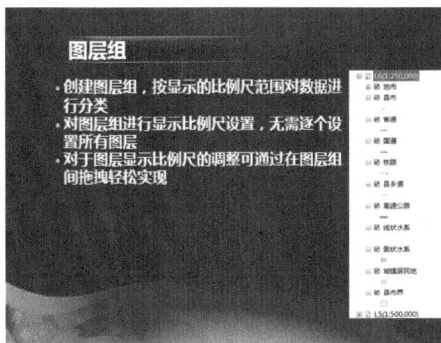

图 3-4

第二节　使用图层组规划配图数据

一、使用图层组的目的

使用图层组来规划配图数据能为我们带来如下便利：

（1）按显示的比例尺范围对数据的整体显示进行分类。每一种图层数据都有其显示的比例尺范围，如 POI 兴趣点在大比例尺下（如 1∶2000）显示效果较好，在小比例尺下（如 1∶1 000 000)可能会出现扎堆的情况。通过图层组能便于我们全局把握数据显示的范围。

（2）对图层组进行显示比例尺设置，无需逐个设置所有图层。如在 1∶500 000～1∶250 000 之间要显示 10 个图层，传统方法需要分别设置这 10 个图层的比例尺；如果使用图层组，只需要对图层组设置显示比例尺范围，把显示的图层放在图层组中即可，管理起来十分方便。

（3）对于图层显示比例尺的调整，可通过在图层组间拖拽轻松实现。由于使用图层组进行管理，因此当要改变数据显示的比例尺范围时，只需将图层拖放到相应的图层组中即可，操作起来十分方便。

二、图层组管理

图层组的创建管理工作都是在 ArcMap 中进行。

1. 图层组创建

在 ArcMap 内容列表中的图层节点点击鼠标右键，在弹出的菜单中选择"新建图层组（G）"菜单项来创建图层组，如图 3-5 所示。

2. 设置名称及比例尺

在刚才创建的"新建图层组"节点上点击鼠标右键，选择"属性（I）…"菜单项，如图 3-6 所示。

　　在弹出的图层组属性窗口中，可以设置图层组名称、图层组显示的比例尺范围等，如图 3-7 所示。

3. 图层组中的图层管理

　　在图层组节点上点击鼠标右键，在弹出的菜单中选择"添加数据（T）…"菜单项，可以把新添加的数据直接放置在图层组中，如图 3-8 所示。

　　对于 ArcMap 中已存在的图层，鼠标左键点击图层不放，拖动至图层组下释放鼠标，即可完成现有图层向图层组中添加，如图 3-9 所示。

图 3-6

图 3-5

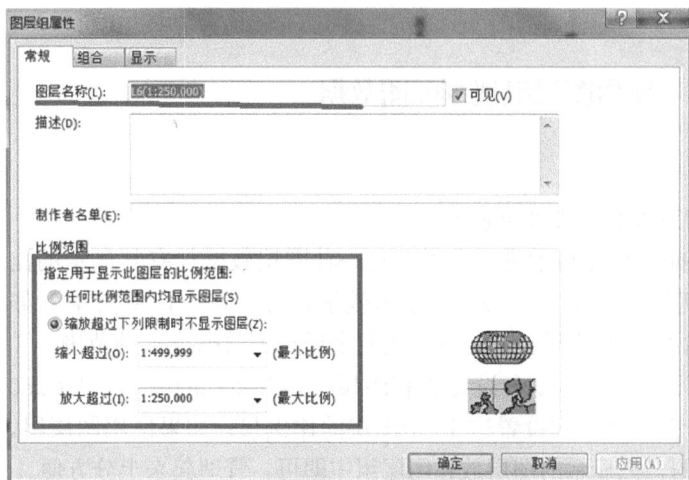

图 3-7

图 3-8

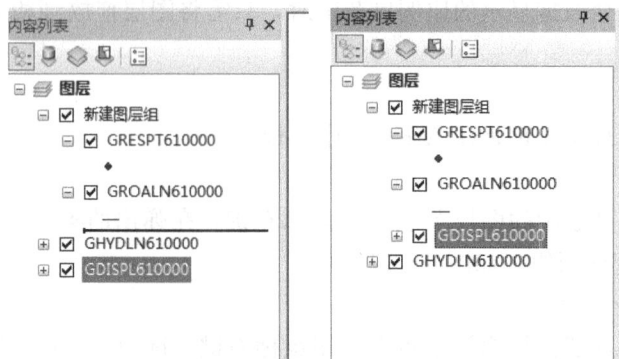

图 3-9

至于将图层从一个图层组调整到另一个图层组，同样可以采用上面的图层拖拽方法完成。

第三节 图层风格基本设置

一、基本设置

新添加到 ArcMap 的图层，系统会随机为图层赋予一种单一的风格样式。下面以线图层为例介绍如何更改图层风格。

图层节点上点击鼠标右键，在弹出的菜单中选择"属性（I）…"菜单项，如图3-10所示。

在弹出的图层属性窗口中选择"符号系统"一栏，点击右侧符号区域的风格按钮，如图3-11所示。

在弹出的符号选择器中鼠标选择设置符号样式、颜色、大小、宽度等，如图3-12所示。

图层风格设置前后的对比，如图3-13、图3-14所示。

除了上面的单一符号化风格设置方法外，ArcGIS还提供了根据字段的属性值作为符号化风格设定的依据，来对图层符号风格进行设置。

图层属性窗口左侧显示列表中，点击类别下"唯一值"，如图3-15所示。

图3-10

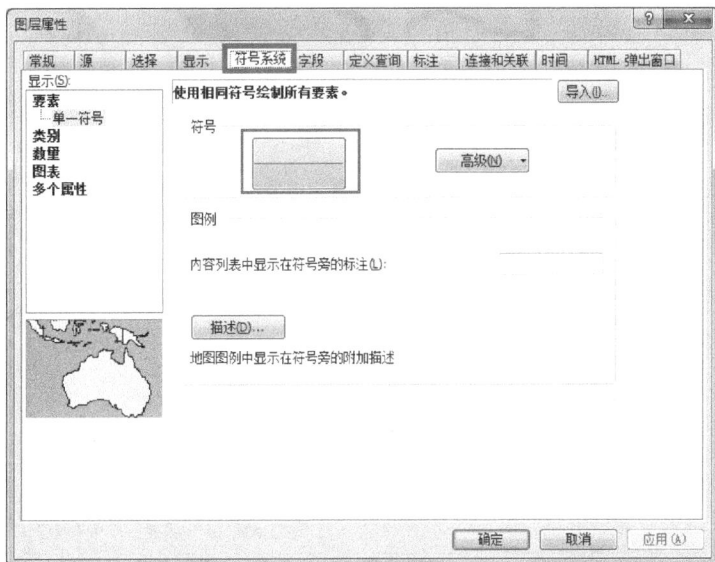

图3-11

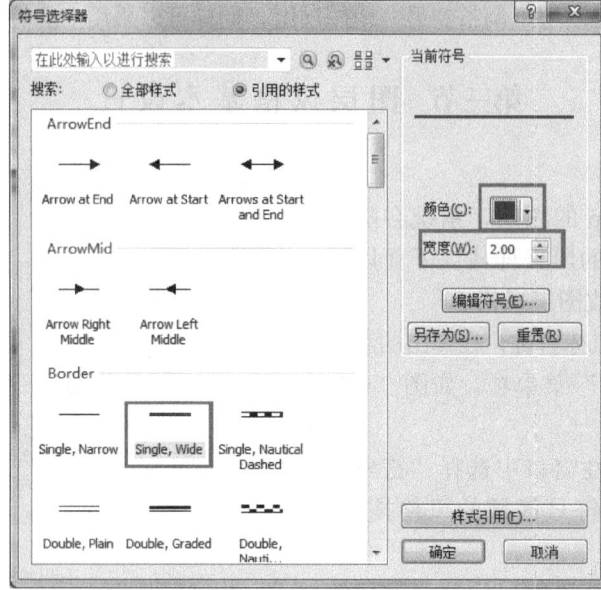

图 3-12

图 3-13

图 3-14

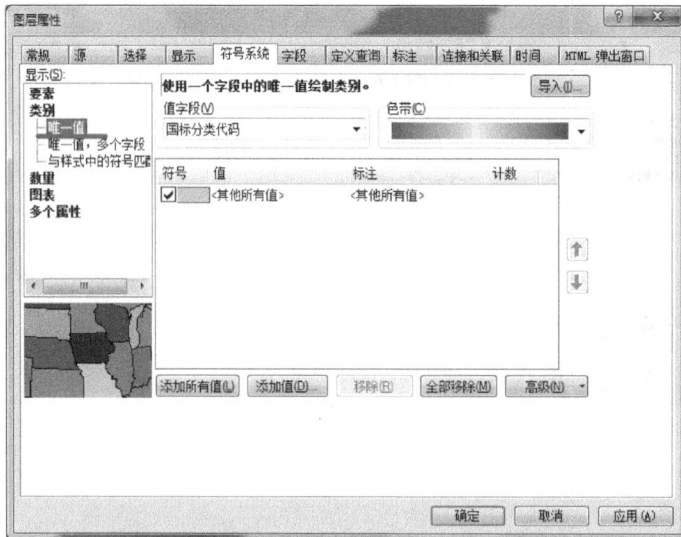

图 3-15

值字段下拉列表中选择要作为符号化依据的字段，如图3-16所示。

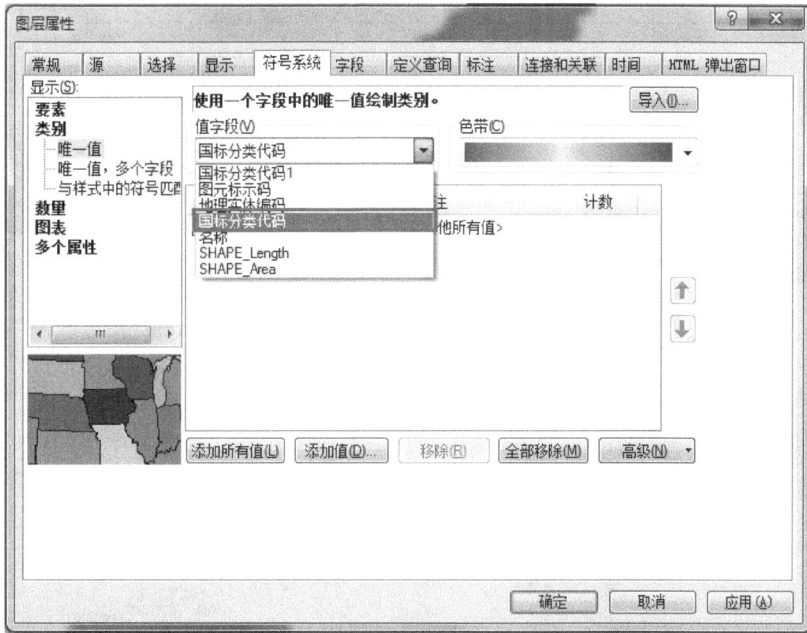

图3-16

点击最下方"添加所有值（L）…"按钮，完成图层唯一值风格符号化；每一个属性值所对应的符号信息出现在下方的列表中，如图3-17所示。

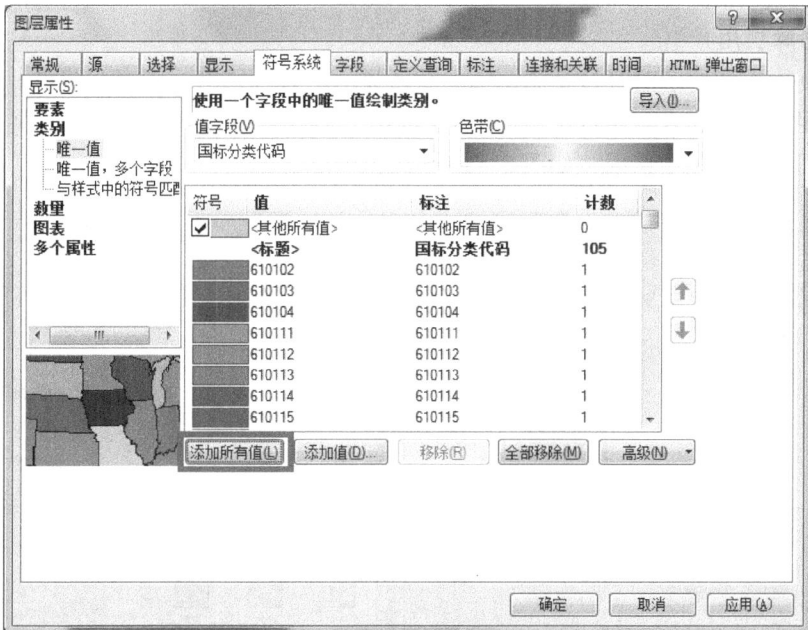

图3-17

若要修改某一个属性值对应的符号，可以双击符号色块，在弹出的符号选择器窗口中重新选择符号，如图 3 - 18 所示。

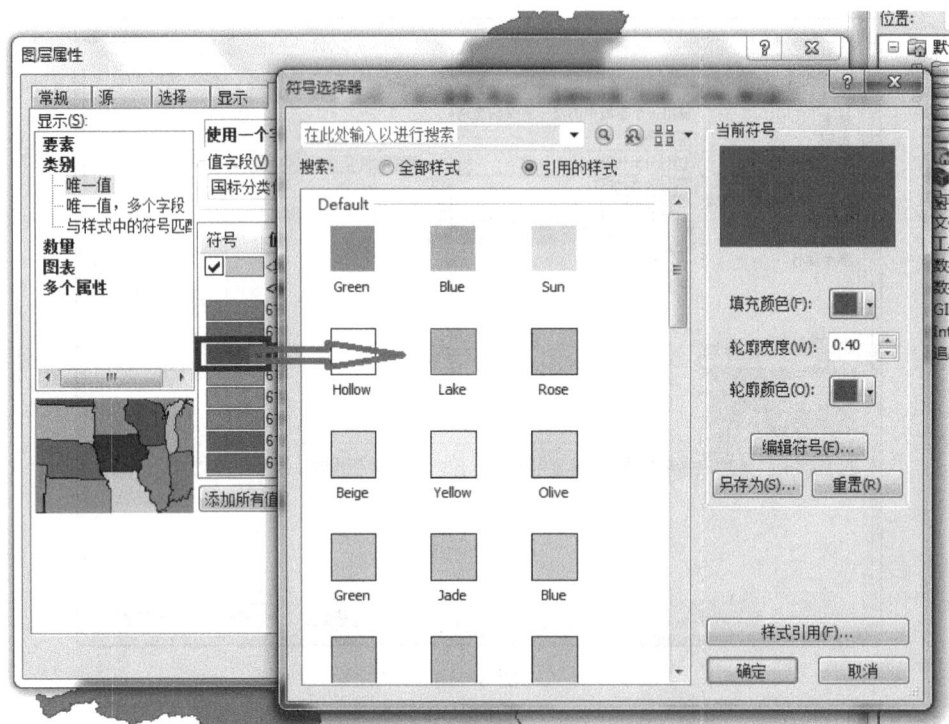

图 3 - 18

点、面图层风格同样可以按照上面的方法来修改。

二、符号库引用

图 3 - 19 中右图所示的符号是 ArcMap 默认显示的符号风格，内容有些单一，在很多情况下不能满足我们的需求。ArcGIS 软件本身包含了丰富的符号库资源，只需将这些符号库引用进来就可以在配图中使用，如图 3 - 19 中左图所示。

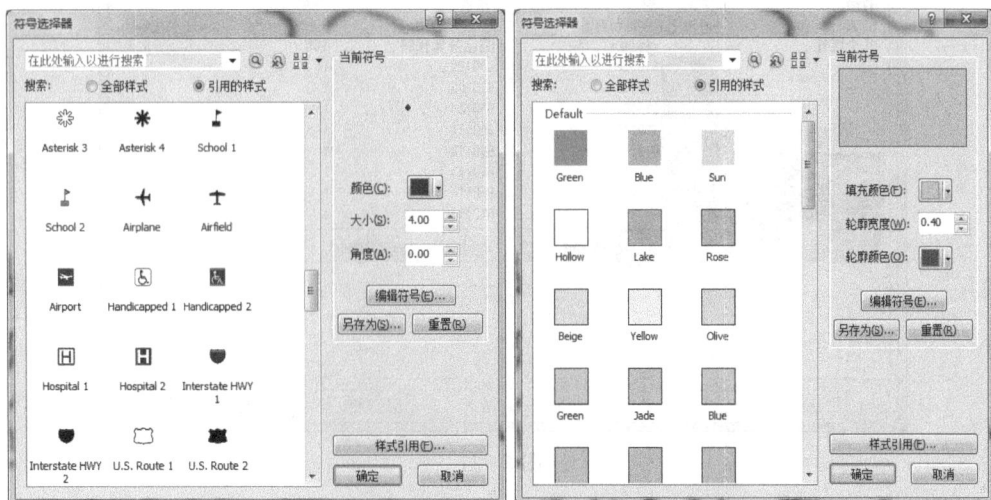

图 3 - 19

在符号选择器窗口中，点击右下角的"样式应用（F）…"按钮，如图 3 - 20 所示。

图 3 - 20

在弹出的样式引用窗口中勾选要使用的符号库，点击"确定"按钮完成符号库引用，在符号选择器窗口中即可浏览新引用符号库中的内容，如图 3 - 21、图 3 - 22 所示。

图 3 - 21

图 3 - 22

注：在样式引用窗口中供勾选的符号库都存放在 Desktop 安装目录下的 Styles 文件夹中。对于自定义的 ArcGIS 符号库，要想在 ArcMap 中使用，最简单的方法就是将符号库拷贝到 Desktop 安装目录下的 Styles 文件夹里；除此之外，也可以按照下面的方法将符号库引用进来。

在样式引用窗口中，点击左下角的"将样式添加至列表（A）…"按钮，如图 3 - 23 所示。

在弹出的窗口中，到符号库存放路径下选择要添加的符号库，如图 3 - 24 所示。

图 3 - 23

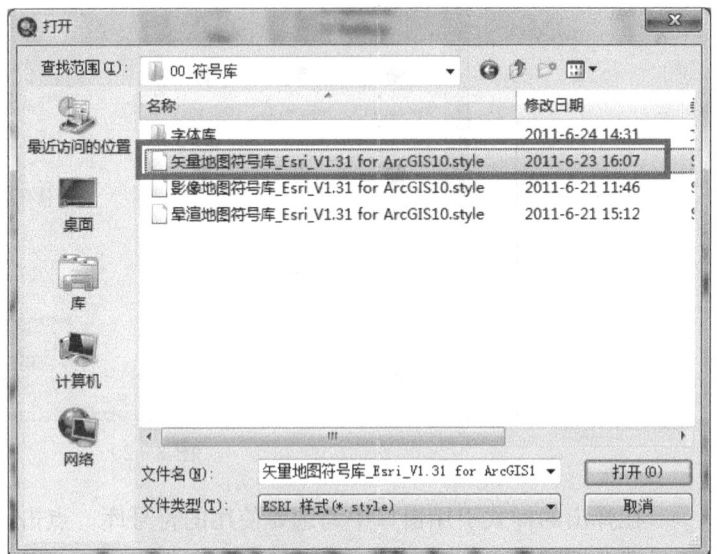

图 3 - 24

添加的符号库已经出现在样式引用窗口中符号库列表的开头，勾选符号库即完成符号库的引用，配图时便可以使用里面的符号，如图 3 - 25 所示。

图 3 - 25

三、符号风格导入

符号风格导入适用于在现有符号化风格的基础之上做简单修改，然后将修改后的符号风格赋予图层。例如，A、B两个图层符号化风格十分相似，当A的风格设置完成后，不需要从头对B图层进行风格设置，而可先将A图层符号化风格赋予B图层，然后再修改B图层的风格设置，从而达到快速完成符号化风格设置的目的。

ArcMap中鼠标右键点击图层节点（图层A），在弹出的菜单中选择"属性（I）…"，如图3-26所示。

图 3-26

在图层属性窗口中选择"符号系统"选项页，点击右上方的"导入（I）…"按钮，如图3-27所示。

图 3-27

在导入符号系统窗口中的图层下拉列表中选择要导入的图层（图层 B），该图层风格被应用在图层 A 上，如图 3 - 28 所示。

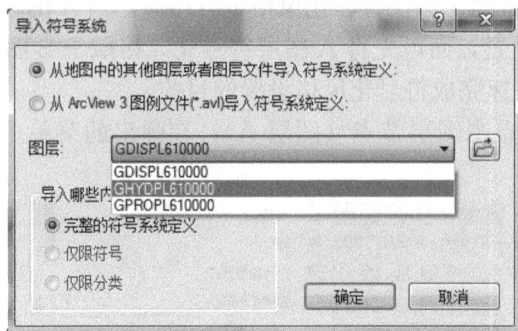

图 3 - 28

第四章 信 息 标 注

地图有了信息标注，便能向地图阅读者传递更多的信息。ArcGIS 提供了多种工具帮助，可为地图添加信息标注，既增加了地图美观性，同时也增强了地图的可读性，如图 4-1 所示。

图 4-1

第一节 属 性 信 息 标 注

一、符号标注基本设置

ArcMap 中鼠标左键双击图层节点打开图层属性窗口，选择标注选项页，如图 4-2 所示。

勾选窗口左上方"标注此图层中的要素"的选项，如图 4-3 所示。

在文本字符串区域中的标注字段列表中选择要标注的字段，如选择了"名称"标注字段，则如图 4-4 所示。

在文本符号区域中进行标注字体、标注大小、标注颜色等设置，如图 4-5 所示。

最后点击图层属性窗口右下角的"确定"按钮，信息标注设置后的效果如图 4-6 所示。

二、标注掩膜

为了使信息标注看起来更美观，同时也为了突出标注显示效果，可以为标注添加掩膜显示效果。在"图层属性"标注页中，点击文本符号区右侧的"符号（S）…"按钮，如图 4-7 所示。

打开"符号选择器"窗口，在"当前符号"区文字附近单击鼠标左键，示例如图 4-8 所示。

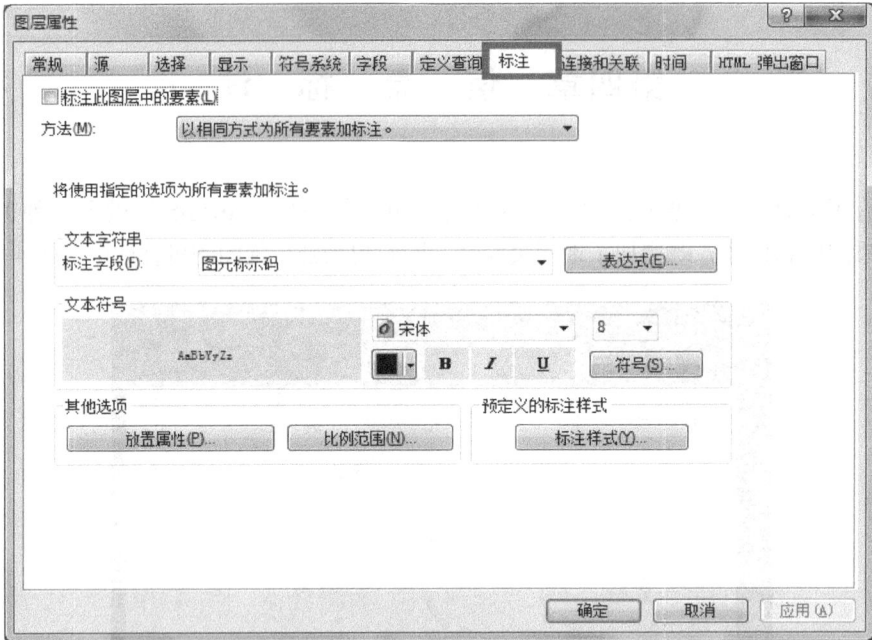

图 4-2

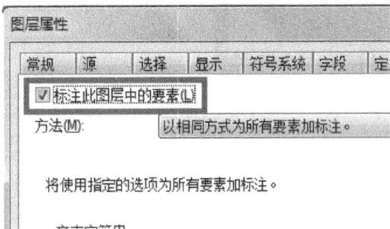

图 4-3

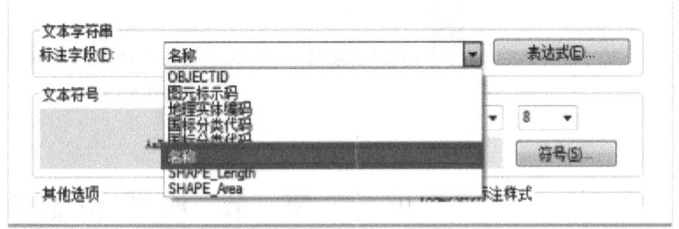

图 4-4

图 4-5

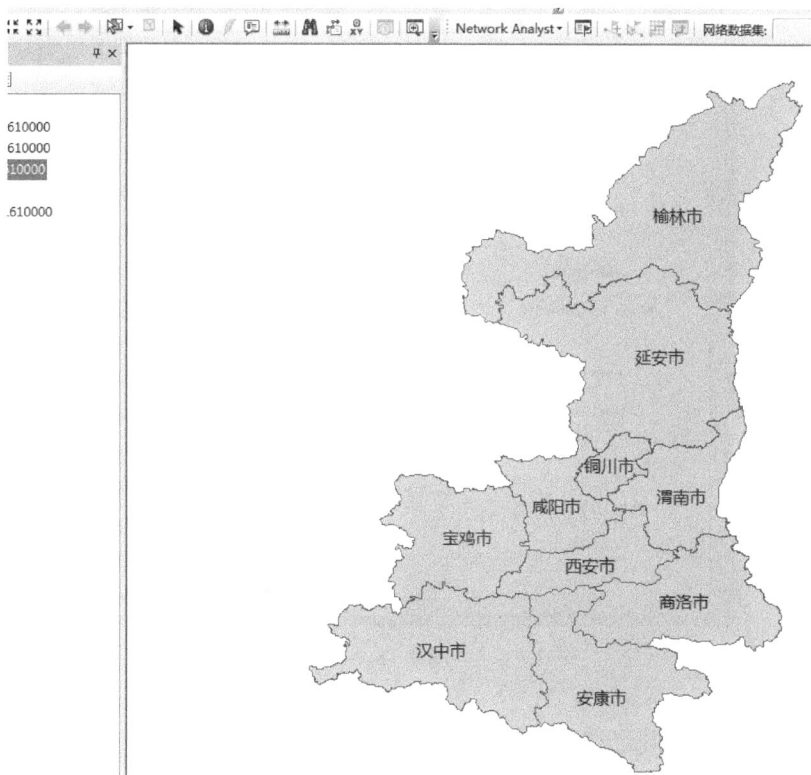

图 4-6

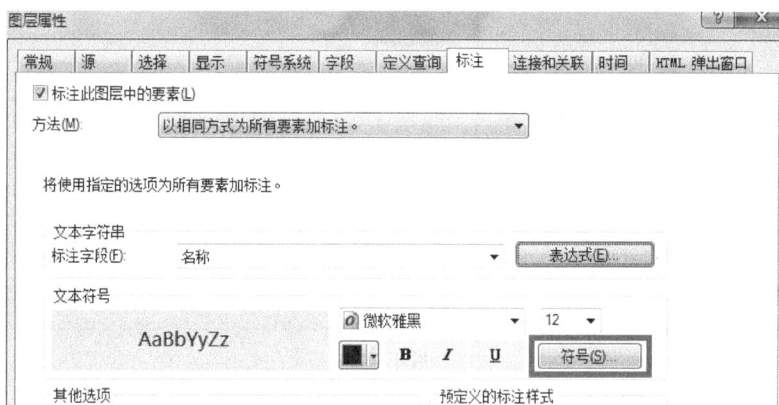

图 4-7

在编辑器窗口中选择掩膜选项页,在样式设置区中选择"晕圈"选项,修改晕圈大小,如图 4-9 所示。点击"符号…"按钮,可在弹出的窗口中修改晕圈的颜色,如图 4-10 所示。ArcMap 中信息标注添加掩膜后的显示效果如图 4-11 所示。

图 4-8

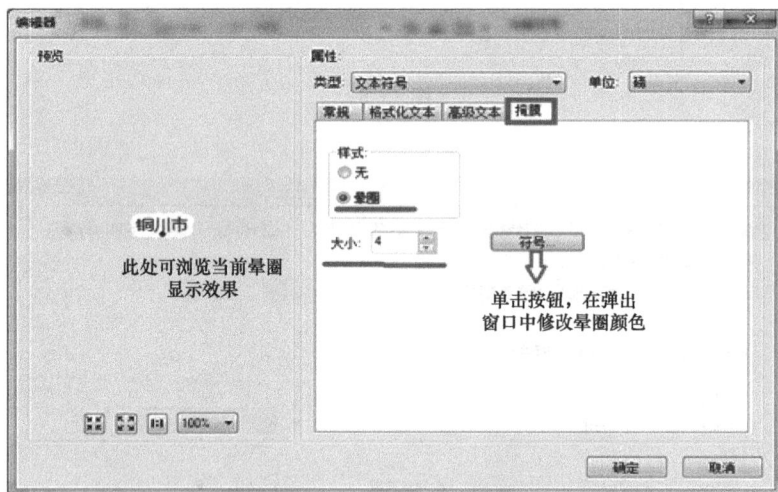

图 4-9

三、按条件标注信息

有些情况下需要根据条件将信息标注设置成不同的风格，或者只显示部分标注。在 ArcMap 中对标注设置过滤条件即可满足上述需求，如图 4-12 所示。

图层属性窗口标注选项页，标注方法下拉列表中选择"定义要素并且为每个类加不同的标注。"选项，如图 4-13 所示。

在标注字段列表中选择要标注的字段，如选择了"名称"，则如图 4-14 所示。

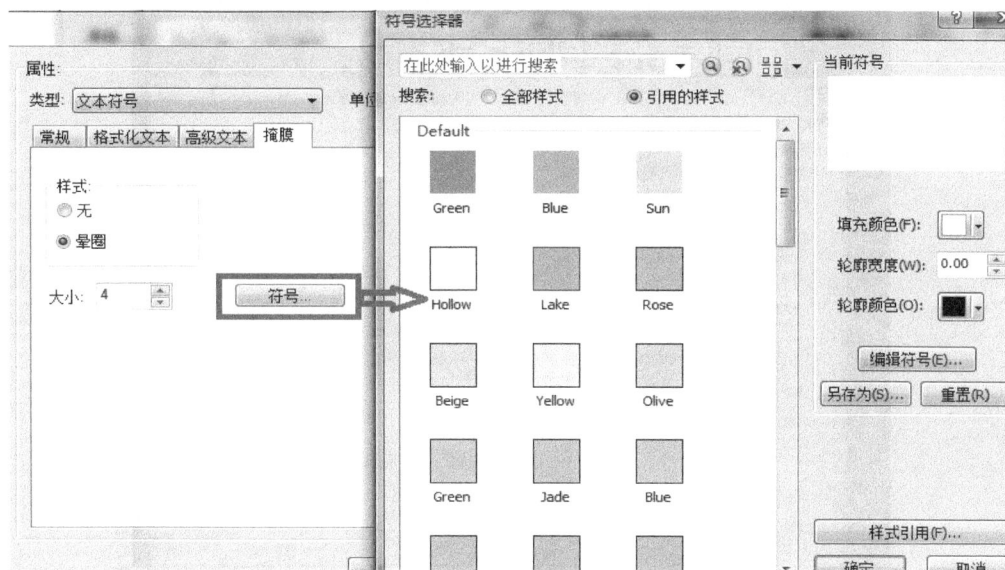

图 4-10

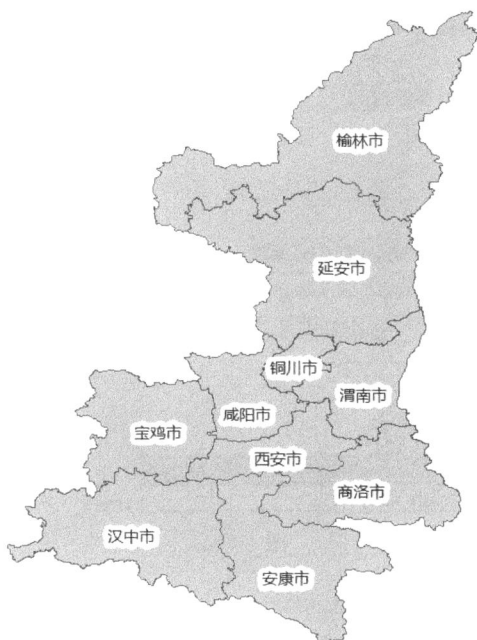

图 4-11

点击"添加（D）…"按钮，在输入框中输入新的类名称，如输入"西安市"，则如图 4-15 所示。

点击"SQL 查询（Q）…"按钮，在弹出的窗口中输入标注的过滤条件，如图 4-16 所示。

修改"西安市"这一类标注的风格，如将标注大小设置为 20，则如图 4-17 所示。

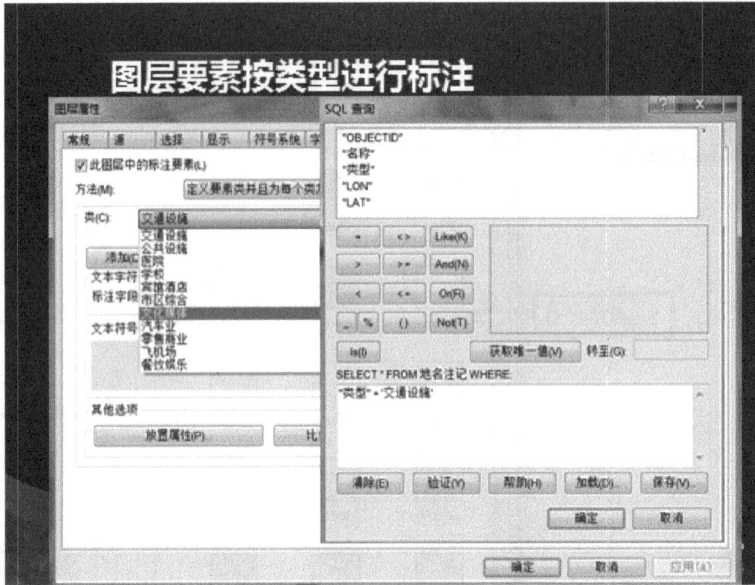

图 4 - 12

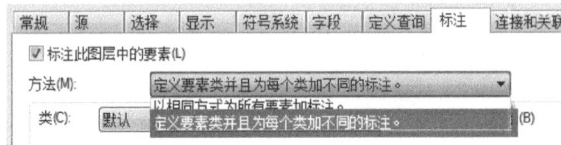

图 4 - 13

图 4 - 14

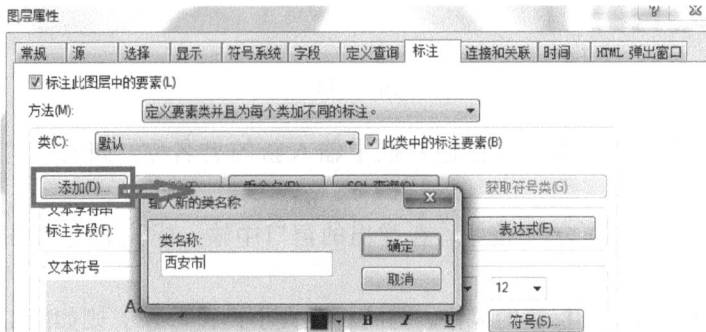

图 4 - 15

图 4 - 16

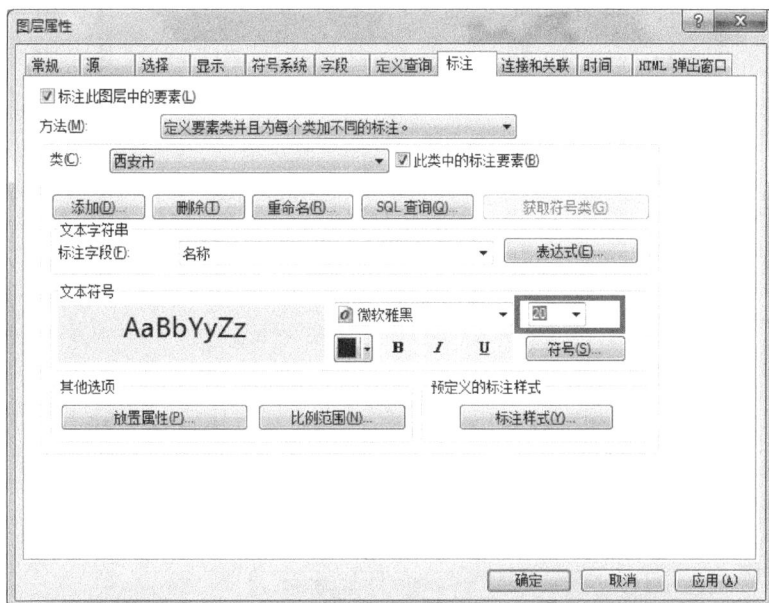

图 4 - 17

按照上面的方法再添加"榆林市"这一类标注……，如图 4 - 18 所示。

输入"榆林市"这一类标注的过滤条件，如图 4 - 19 所示。

修改"榆林市"这一类标注的风格，如将标注大小设置为 10，则如图 4 - 20 所示。

图 4 - 18

图 4 - 19

图 4 - 20

　　同理，按照前面的设置方法可以继续添加其他类的标注，最后将"默认"的标注类型删除，只保留新添加的标注类。

　　在类下拉列表中选择"默认"这一项，然后点击下方的"删除（T）"按钮删除默认标注类，如图 4 - 21 所示。

　　完成标注的设置后，点击图层属性窗口右下方的"确定"按钮，在 ArcMap 中即可浏览标注设置后的显示风格，如图 4 - 22 所示。

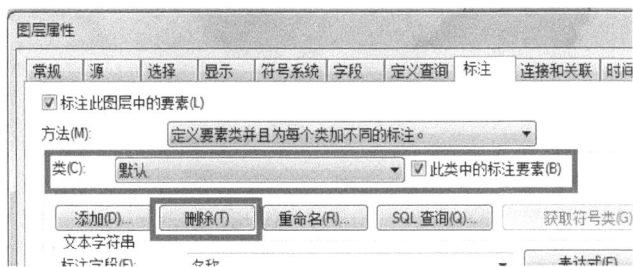

图 4 - 21

图 4 - 22

四、多字段信息标注

　　图层属性窗口标注页，点击"表达式（E）…"按钮，如图 4 - 23 所示。

图 4 - 23

　　在标注表达式窗口，首先在表达式显示区输入连接符"&"，然后在字段列表中双击要添加的字段，如图 4 - 24 所示添加了字段 CLASID92。

　　最后，在 ArcMap 中可以看到标注信息显示了两个字段的内容，如图 4 - 25 所示。

图 4-24

图 4-25

为了使标注信息便于浏览，可以在字段表达式中加入一些空格将两个字段信息隔开，如图 4-26 所示。

此时，在 ArcMap 中可以看到两个标注信息被间隔开，信息浏览更加清晰、明确，如图 4-27 所示。

图 4-26

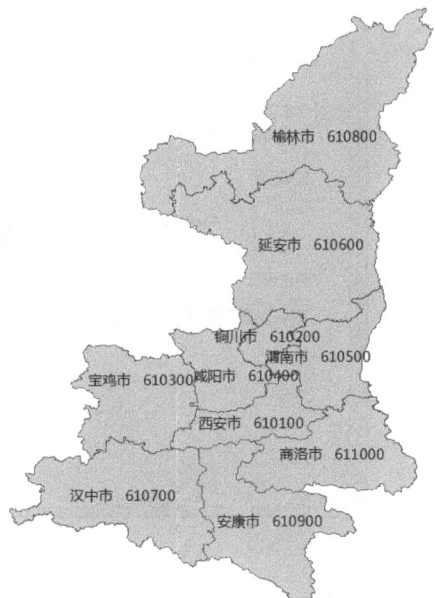

图 4-27

上面介绍的多字段标注是将所有标注信息在同一行中进行显示。实际中，在标注字段表达式中加入换行符，可将标注信息换行显示。

在标注表达式中加入字符串 vbcrlf（在 vbscript 中，字符串 vbcrlf 起到换行的作用），如图 4-28 所示。

在 ArcMap 中可以看到两个字段的标注信息分别在两行显示，如图 4-29 所示。

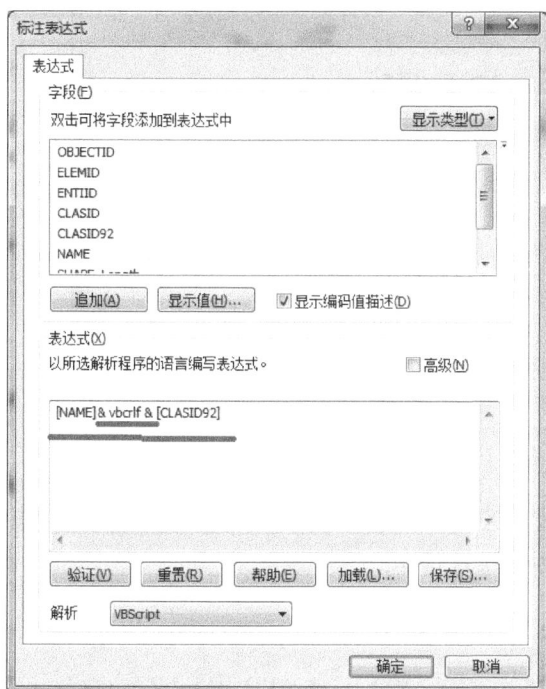

图 4-28

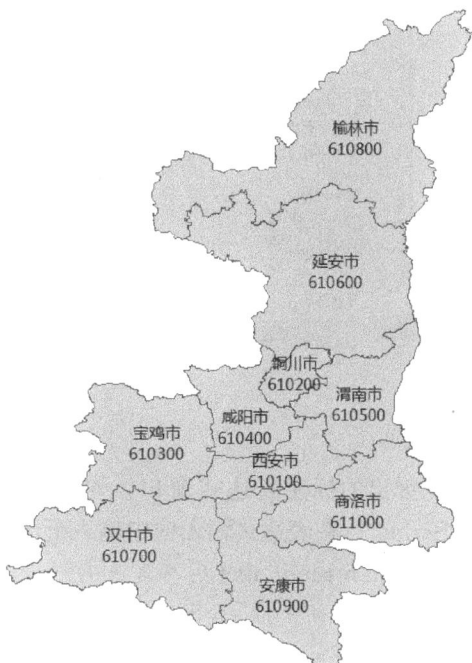

图 4-29

五、标注信息换行

在标注属性信息较长的字段时，可以对标准内容进行换行处理，这样既保证了地图的美观性，又便于信息的阅读。

通过下面两种方法可对标注内容进行换行处理，如图 4-30 所示。

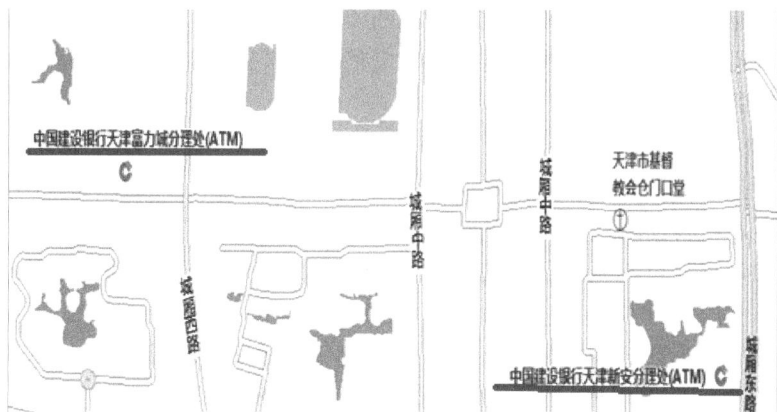

图 4-30

（一）VBScript 脚本

在"图层属性"标注页，点击文本字符串区右侧的"表达式（E）…"按钮，如图 4-31 所示。

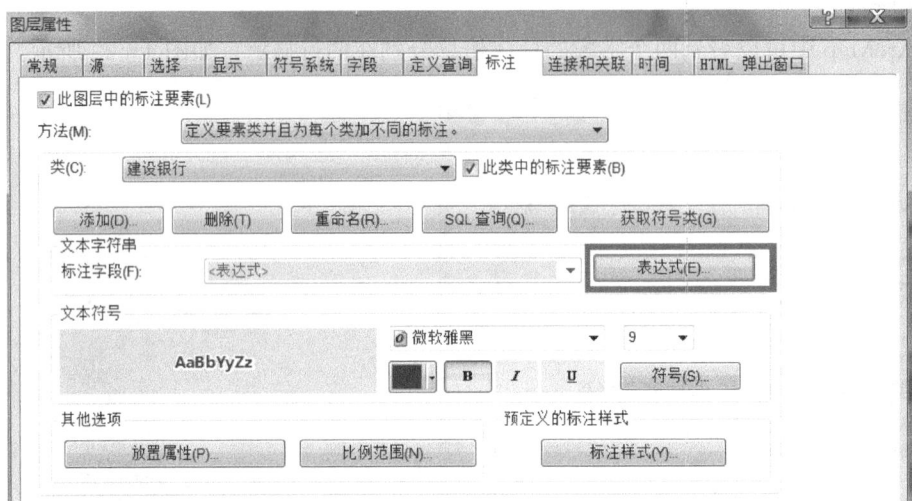

图 4-31

在弹出的标注表达式窗口，勾选表达式（X）区右侧的高级选项；窗口最下方选择 "VBScript"；在表达式输入框中输入下面的标注换行脚本：

Function FindLabel（[***]）

if len（[***]）＞6 Then

FindLabel ＝mid（[***],1,int（len（[***]）/ 2））＋ chr(13) ＋ mid（[***],int (len（[***]）/ 2)＋1,(len（[***]）- int(len（[***]）/ 2)))

else

FindLabel ＝[***]

end if

End Function

其中，[***] 代表标注的字段。换行字段为 [TEXTLABEL]，如图 4-32 所示。

用脚本进行标注换行处理后浏览效果，如图 4-33 所示。

注：此种换行方法简便，但换行时无法考虑整体的语义环境在合适处换行，只是单纯按字段值长度来强制换行。

（二）构建换行词库

针对要进行换行标注的属性值构建关键字词库（见图 4-34），通过编写 AE 编辑程序或 ArcPython 脚本处理属性值，在关键字处插入换行标志符，如 ","。

图层属性窗口标注页，点击其他选项区"放置属性（P）…"按钮，打开 Maplex 设置窗口，如图 4-35 所示。

在弹出的窗口中选择自适应策略选项卡，勾选堆叠标注（S）选项，点击右侧的"选项（O）"按钮，在弹出的窗口中设置标注换行分隔符，如图 4-36 所示。

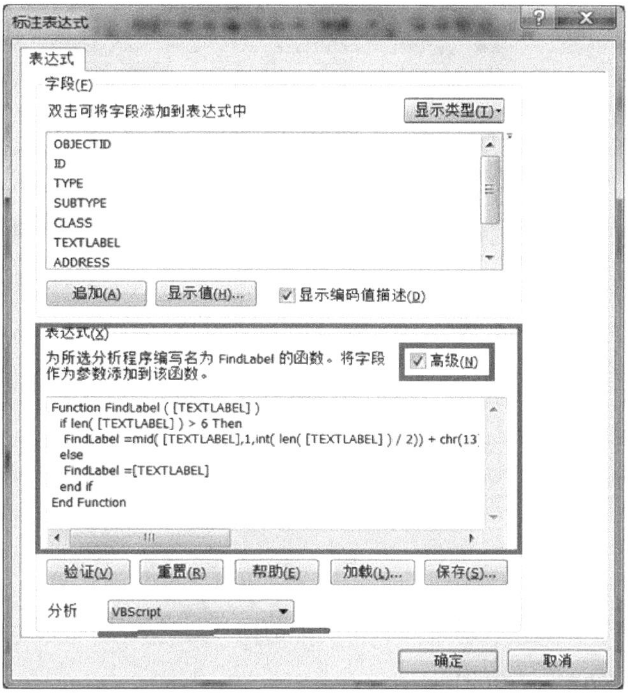

图 4 - 32

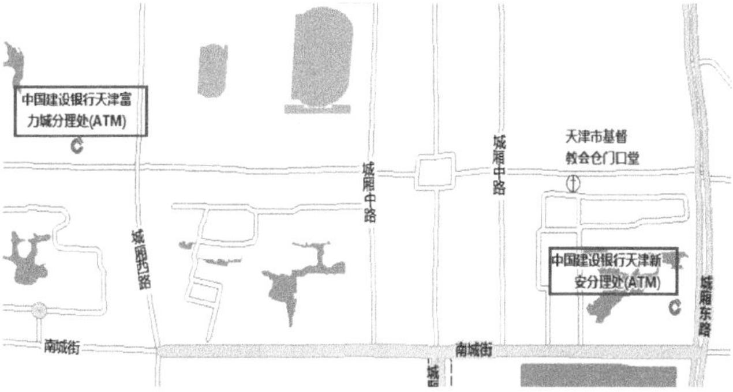

图 4 - 33

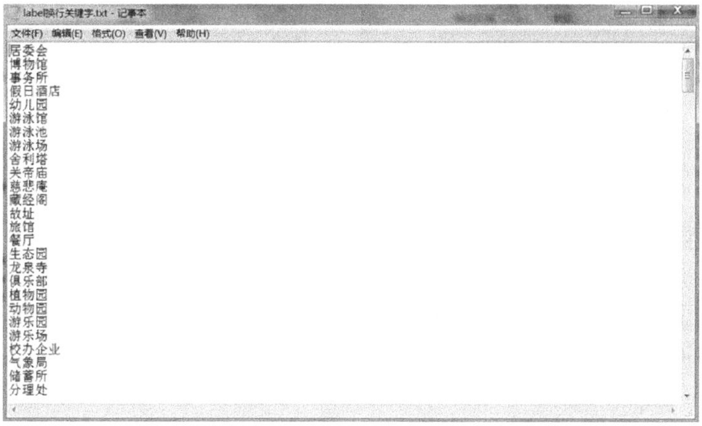

图 4 - 34

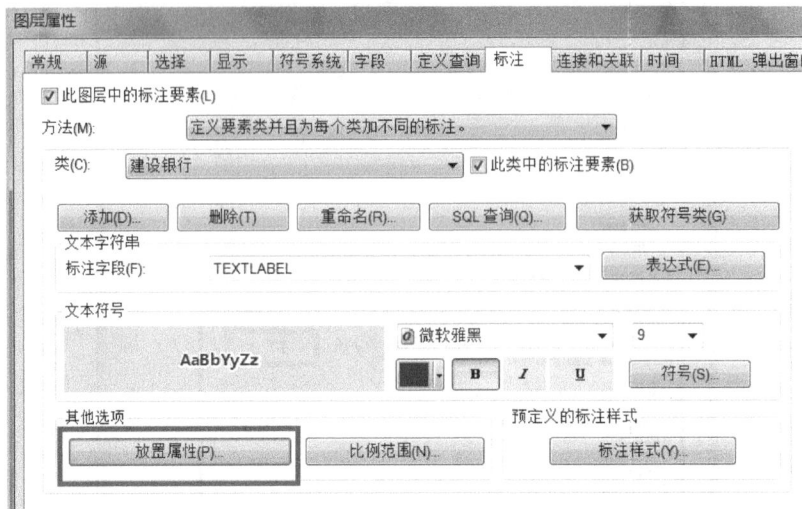

图 4-35

标注堆叠选项窗口，堆叠分隔符列表中添加前面通过关键字词库处理属性字段时插入的分割标示符","，如图 4-37 所示。

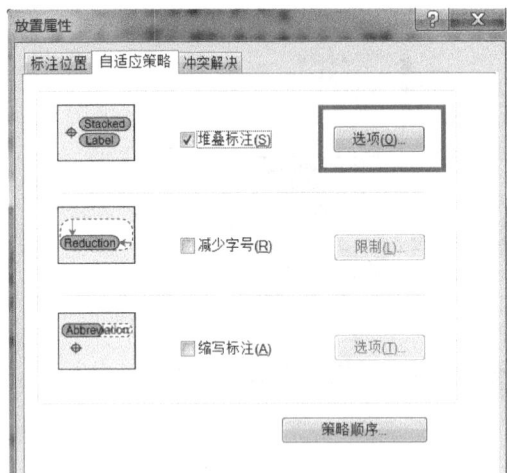

图 4-36

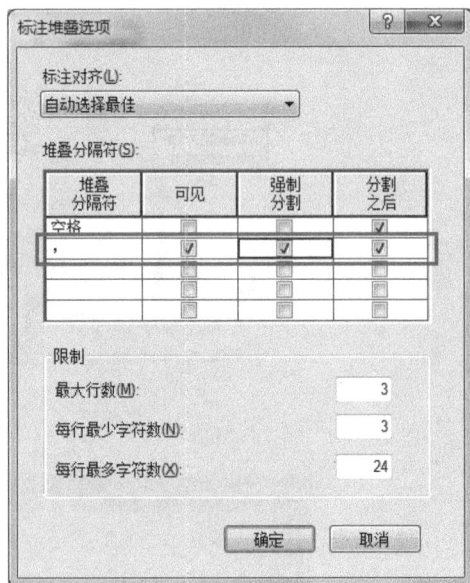

图 4-37

注：通过构建换行关键字词库的方法要优于前面介绍的 VBScript 脚本方式，但在构建词库时需要的时间相对长些。

ArcGIS 中的 Maplex 扩展模块是 GIS 制图的一个重要工具，它提供了很好的文字渲染和具有打印质量的文字布局方式；提供了更多的对信息标注显示的控制方法。

第二节 Maplex 与信息标注

一、开启 Maplex

ArcMap，单击视图（V）菜单下的数据框属性（M），如图 4-38 所示。

"数据框属性"窗口，"常规"选项卡中"标注引擎"一项设置为"ESRI Maplex 标注引擎"来开启 Maplex 标注状态，如图 4-39 所示。

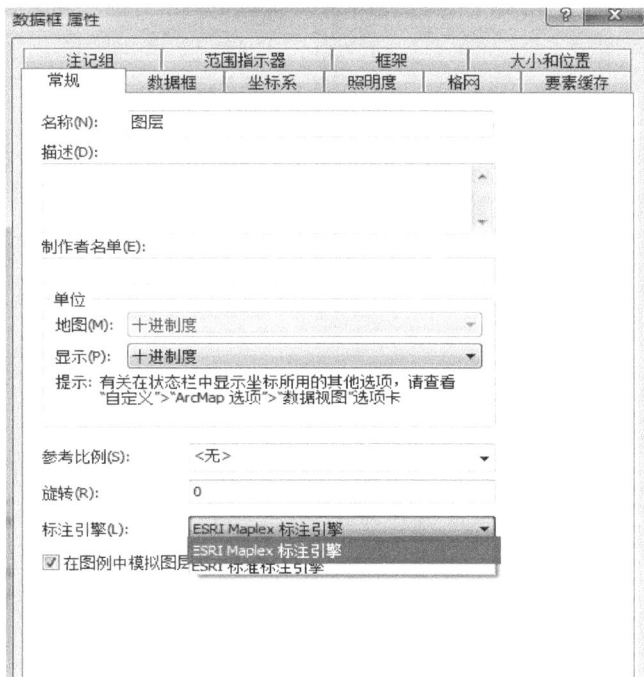

图 4-38   图 4-39

Maplex 为点、线、面等不同类型要素提供了不同的标注控制选项，下面将逐一进行介绍。

二、Maplex 之点标注

图层属性标注选项卡，点击"放置属性（P）…"按钮，打开 Maplex 标注控制窗口，如图 4-40 所示。

（一）标注位置

标注位置选项卡提供的功能设置可以对信息标注出现的位置进行控制，如图 4-41 所示。

点击"位置（P）…"按钮，在弹出的位置选项窗口中可以选择标注出现的位置。其中，"最佳位置"选项能做到在标注时综合考虑周边要素的标注位置来选择合适的位置放置标注，以防出现标注相互压盖的情况，如图 4-42 所示。

点击"标注偏移（L）…"按钮，在弹出的标注偏移窗口中设置标注的偏移量。经过设置标注偏移量能够拉开标注与实体要素间的距离，在一定程度上增加了美感和可读性，如图 4-43 所示。

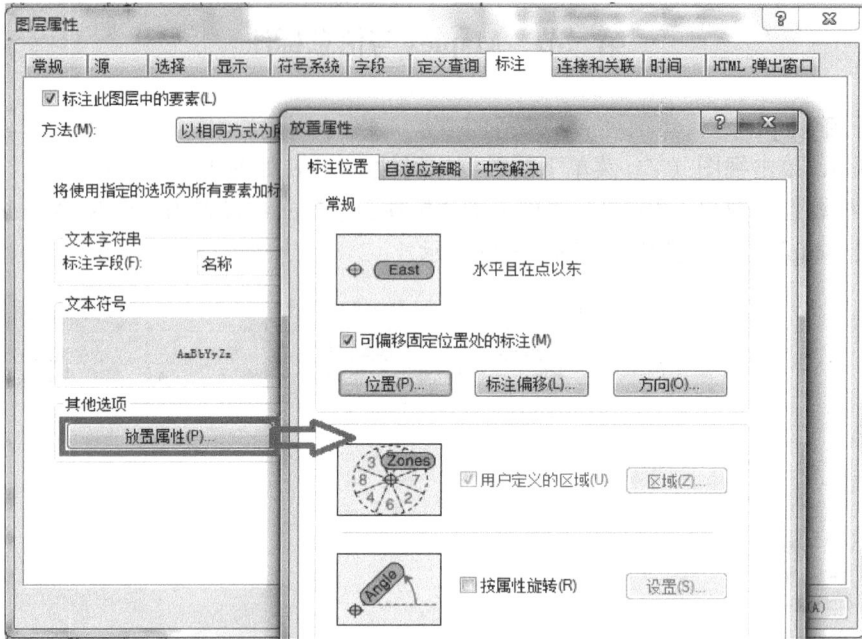

图 4 - 40

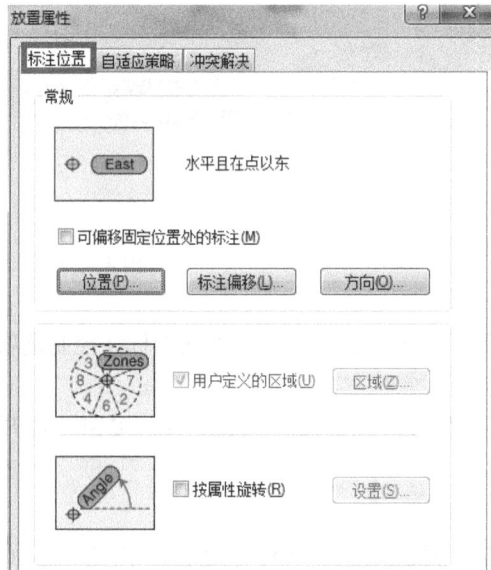

图 4 - 41

点击"方向（O）…"按钮，在弹出的标注方向窗口中设置标注经纬网对齐类型，如图 4 - 44 所示。

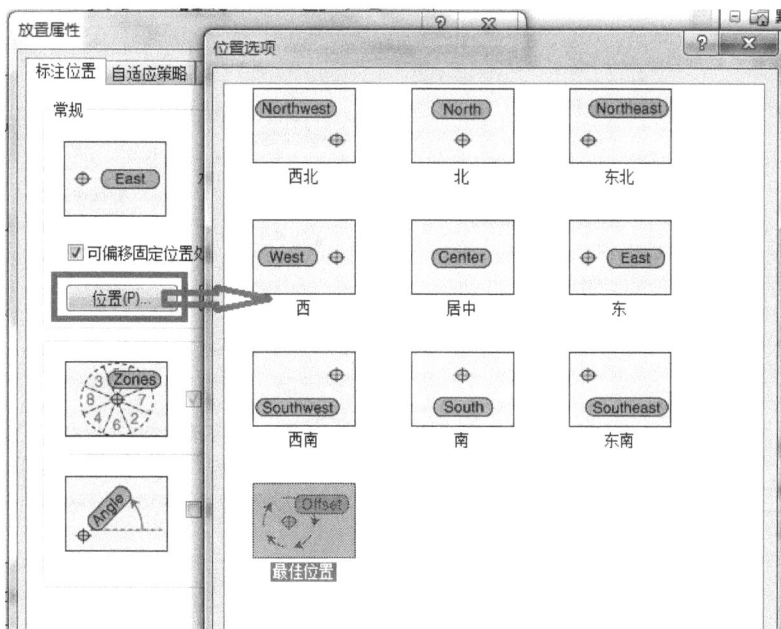

图 4-42

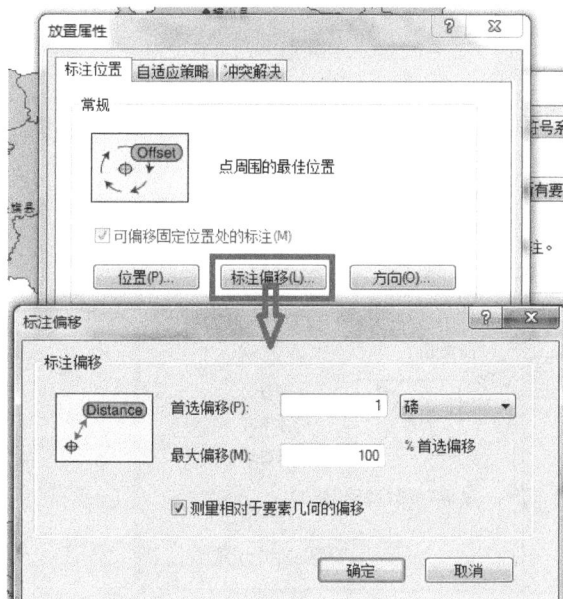

图 4-43

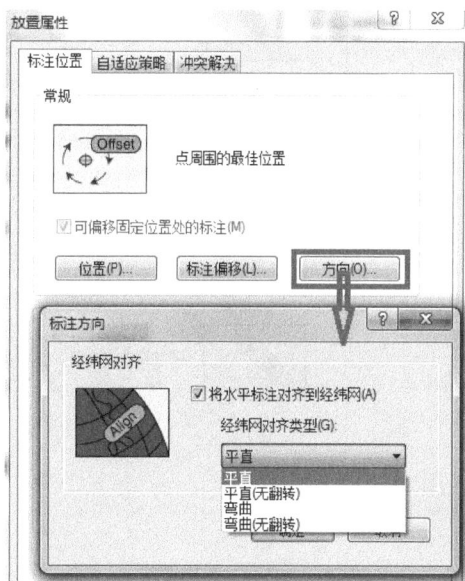

图 4-44

如果标注出现位置被设为"最佳位置",那么可通过用户自定义区域选项来控制标注优先考虑的位置。点击"区域(Z)…"按钮,在弹出的用户自定义区域窗口中可以设置标注优先考虑的位置,标注放置的位置被分为东、西、南、北、东南、东北、西南、西北共八个方向。如图 4-45 所示,标记为 1 的位置标注优先考虑,标记为 8 的位置标注最后考虑,而标记为 0 的位置不会出现标注。

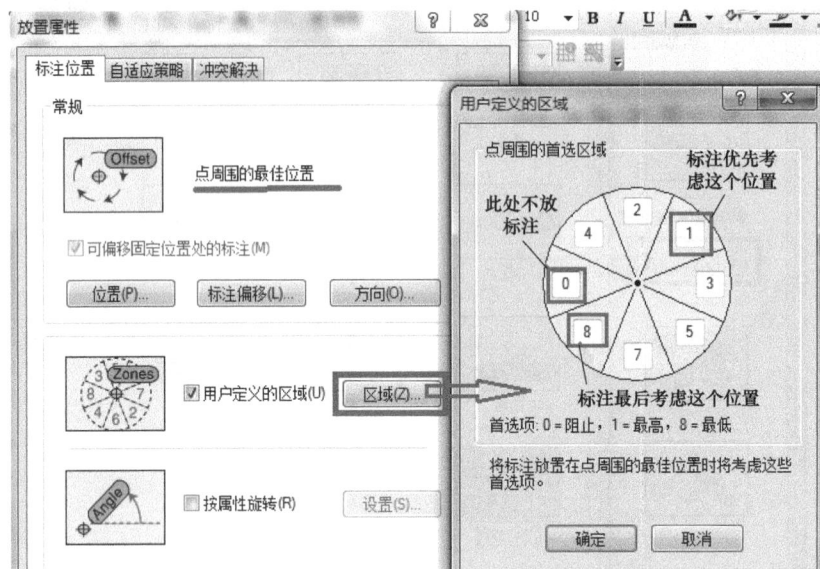

图 4 - 45

点击"设置（S）…"按钮，可以设置标注旋转的角度，如图 4 - 46 所示。

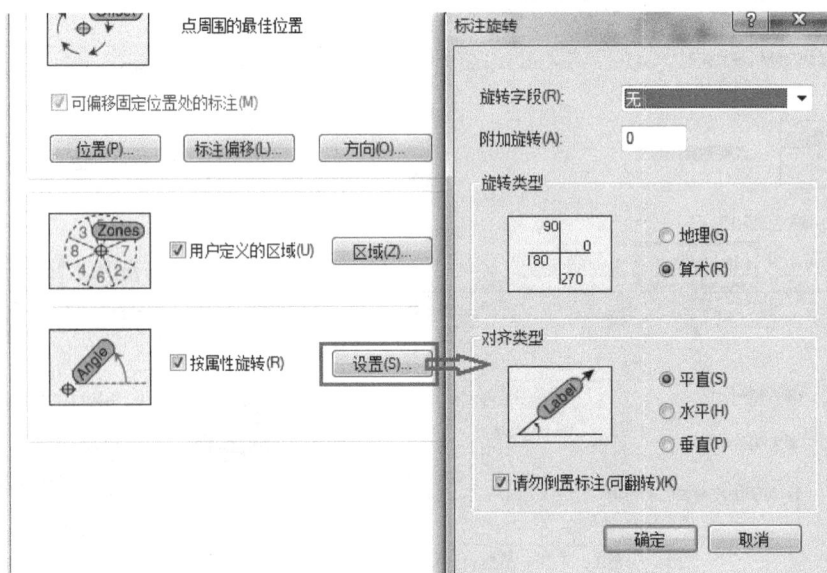

图 4 - 46

可以把某个属性字段作为角度旋转的依据，也可以指定标注旋转的角度；此外，还可以选择角度旋转类型、标注对齐方式，如图 4 - 47 所示。

（二）自适应策略

自适应策略选项卡提供的功能设置可以对信息标注本身进行优化，如图 4 - 48 所示。

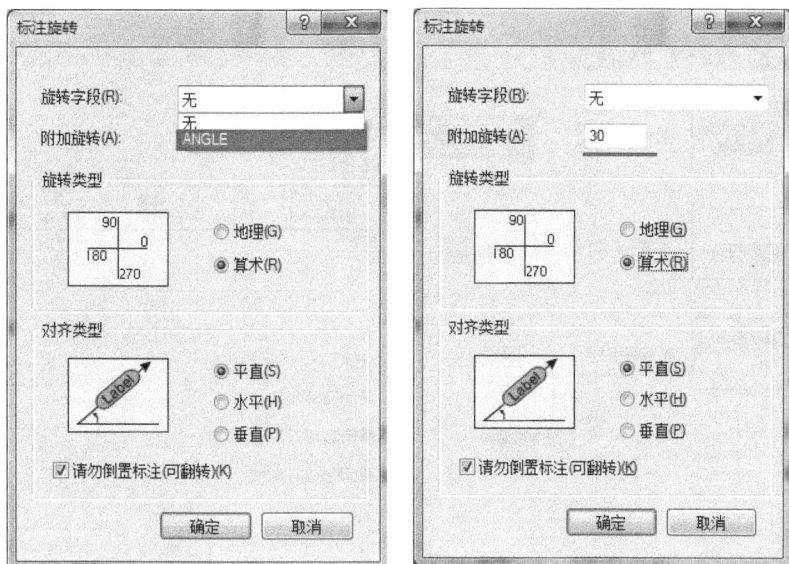

图 4 - 47

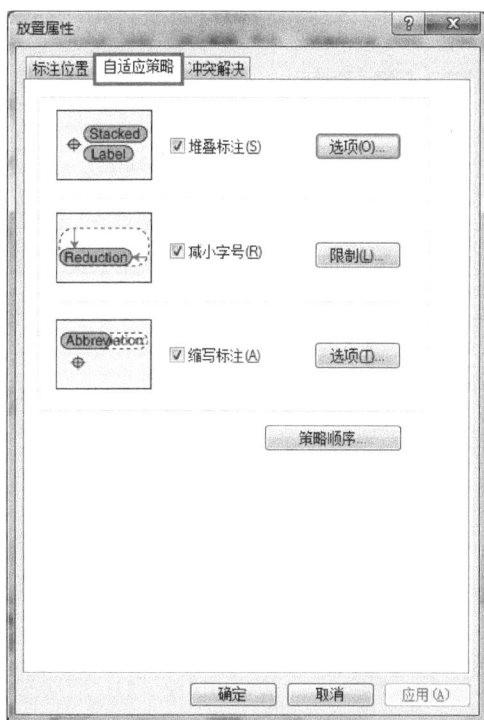

图 4 - 48

　　点击标注堆叠右侧的"选项（O）…"按钮，在弹出的标注堆叠选项窗口中对标注换行进行相关设置，如图 4 - 49 所示。

　　设置标注换行的分隔符、标注换行位置，如图 4 - 50 所示。

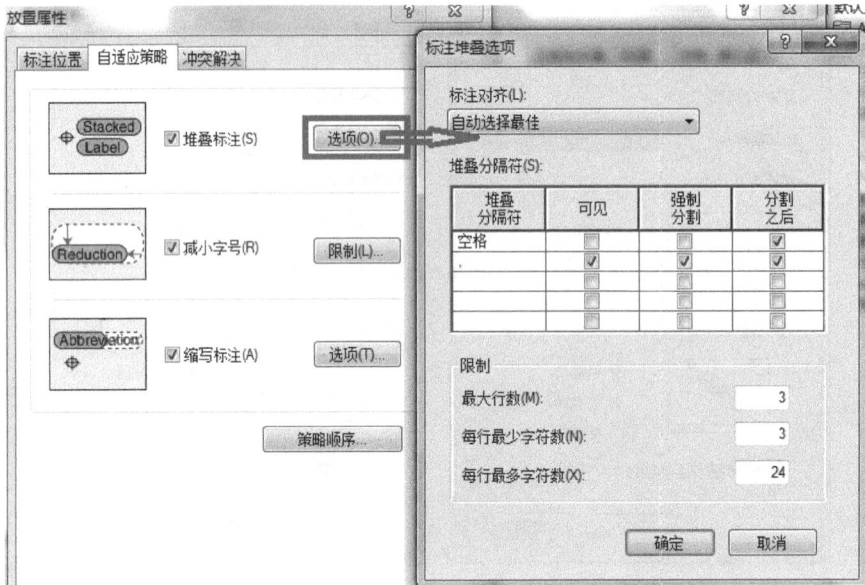

图 4 - 49

设置标注最大行数、每行最少字符数、每行最多字符数，如图 4 - 51 所示。

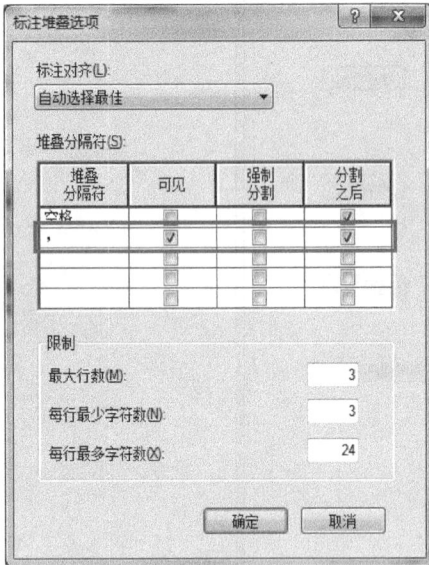

图 4 - 50

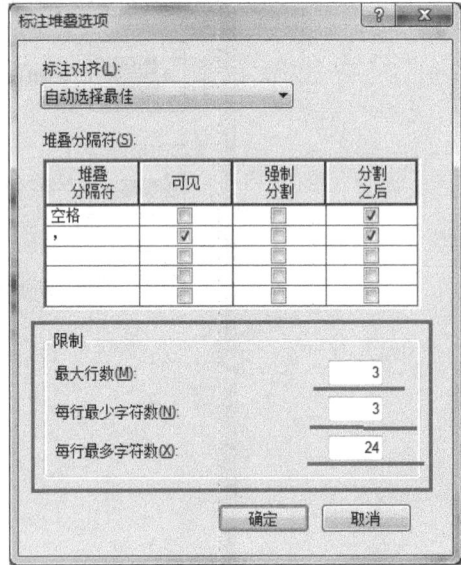

图 4 - 51

设置标注换行后的对齐方式，如图 4 - 52 所示。

点击减小字号选项右侧的"限制（L）…"按钮，在弹出的窗口中对标注减小进行设置。通过允许减小字号和宽度，可增加在发生标注或要素冲突的区域中放置的标注数目，如图 4 - 53 所示。

点击缩写标注右侧的"选项（I）…"按钮，设置标注缩写字典；缩写字典允许标注引擎将长标注缩短以适合小空间。例如，在标注或要素发生冲突的区域中可使用缩写词代替全文标注，以保证标注信息量，如图4-54所示。

（三）冲突解决

信息标注发生冲突时，可以按冲突解决选项卡中的功能设置解决相应的冲突，如图4-55所示。

要素权重设置决定了标注信息是否可以出现在要素上，标注出现在要素上会优先考虑权重低的要素。要素权重的最大值为1000，表示要素上不允许出现标注；最小值为0，表示标注可以出现在要素上，如图4-56所示。

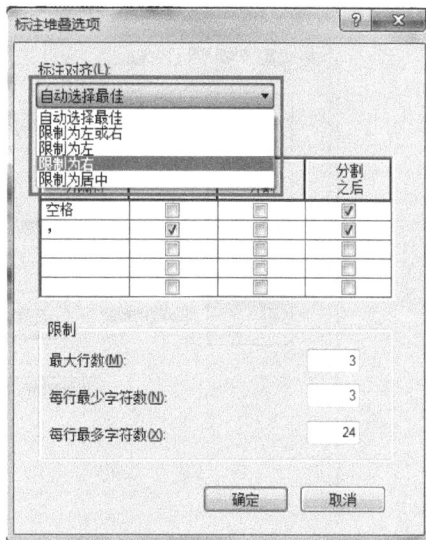

图4-52

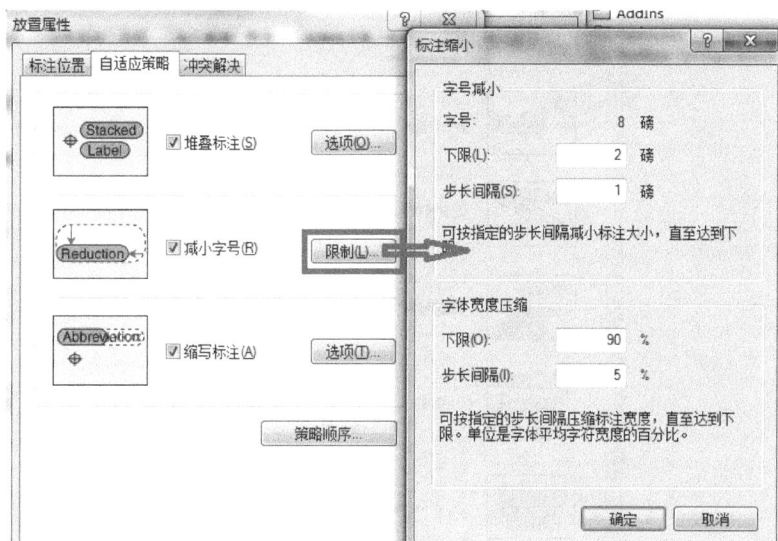

图4-53

如果不介意被其他更重要的标注压盖，可将该标注设置为背景标注。背景标注会被其他标注视为空白空间，当重叠时会显示在其他标注的下面，如图4-57所示。

不对同名要素重复标注，点击移除同名标注右侧的"限制（L）…"按钮，在弹出的窗口中输入搜索半径，此半径区域内的同名标注将被隐藏，如图4-58所示。

某些标注形式可产生标注彼此放置在较为拥挤的区域的情况，这样将无法清晰识别出某个标注说明的是哪个要素。可在每个标注周围指定一个缓冲距离（在此距离内不放置任何标注），以便于区分标注，如图4-59所示。

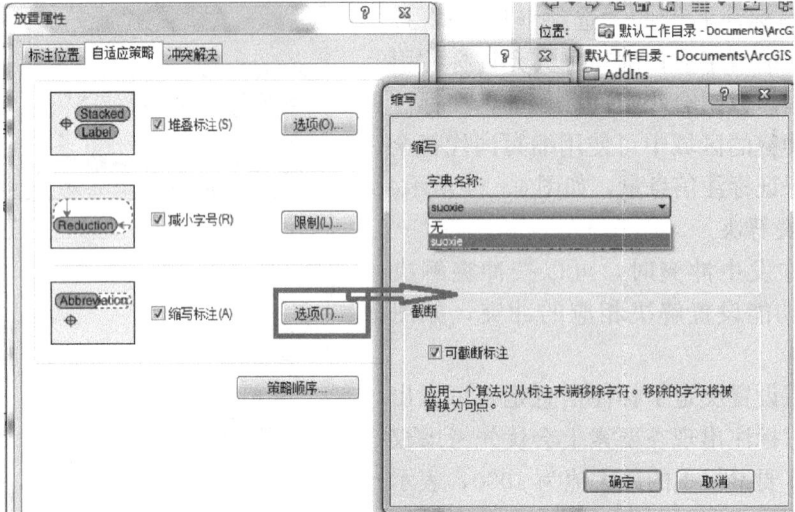

图 4 - 54

图 4 - 55

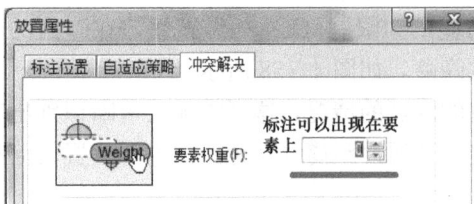

图 4 - 56

图 4 - 57

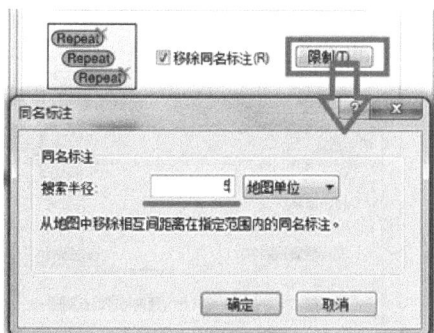

图 4-58

图 4-59

ESRI Maplex 标注引擎首先根据放置属性来尝试放置标注，如果不能为标注找到一个没有冲突的位置，使用从不移除选项，可以保证给定标注分类的所有标注均放置在地图上，如图 4-60 所示。

图 4-60

三、Maplex 之线标注

图层属性标注选项卡，点击"放置属性（P）…"按钮，打开 Maplex 标注控制窗口，如图 4-61 所示。

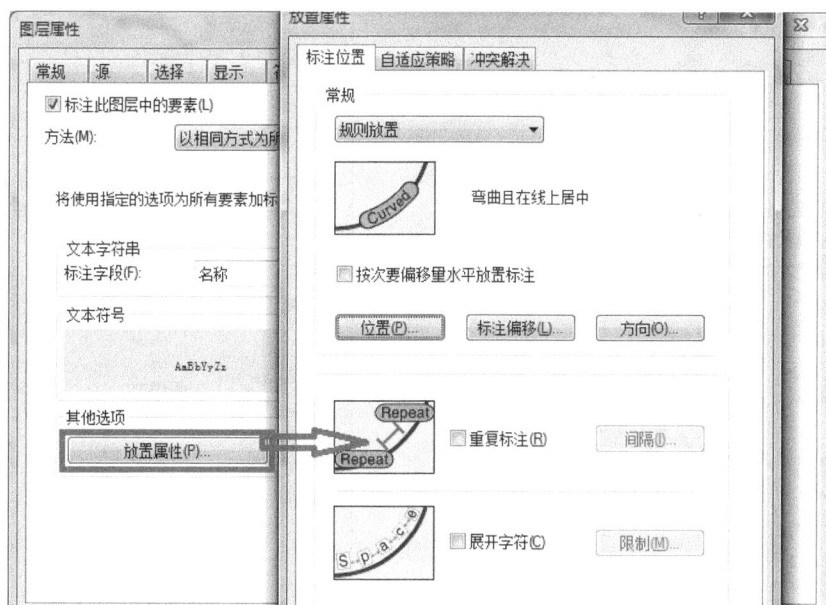

图 4-61

（一）标注位置

对于街道、等值线、河流三种类型线要素的标注，Maplex 提供了现成的标注放置规则供于选择。其中，规则放置则使用于一般的线要素类型，如图 4-62 所示。

重复标注，点击右侧的"间隔（I）…"
按钮，在弹出的窗口中设置重复标注距离，标
注将按照这个距离重复标注，如图 4 - 63
所示。

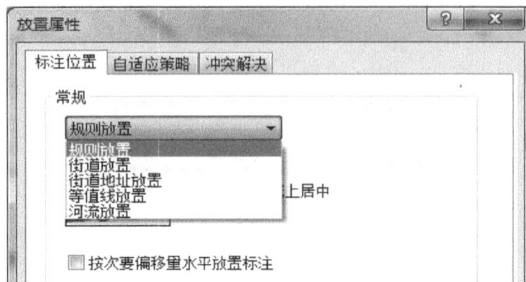

图 4 - 62

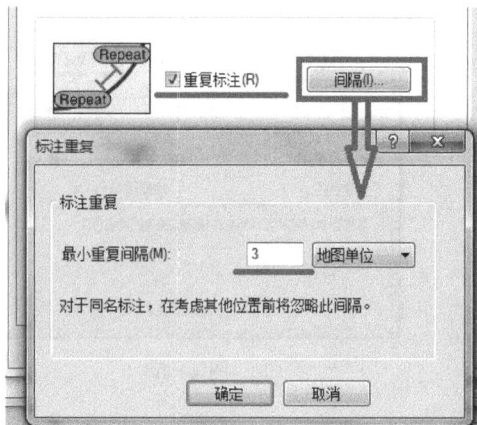

图 4 - 63

当选择的标注方式为街道放置、街道地址放置、河流放置三者之一时，标注的文字可以
沿着标注的要素形状展开分布，如图 4 - 64 所示。

标注位置设置、标注偏移设置、标注方向设置的操作方式与 Maplex 点标注的设置相
似，可参考本章第二节第一部分的相关内容。

（二）自适应策略

自适应策略选项卡提供的功能设置可以对信息标注本身进行优化，如图 4 - 65 所示。

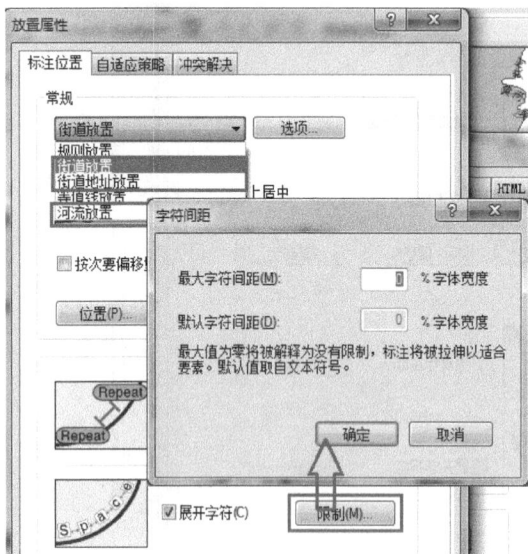

图 4 - 64

图 4 - 65

如果标注大于多边形，则不会将标注放置在地图上。选中超限要素复选框，可允许 ES-
RI Maplex 标注引擎利用多边形边界以外的可用空间来放置标注。通过设置一个以地图单位

或页面单位（毫米、英寸或磅）测量的最大标注超限限制，可限制标注可以超出多边形的距离，如图 4-66 所示。

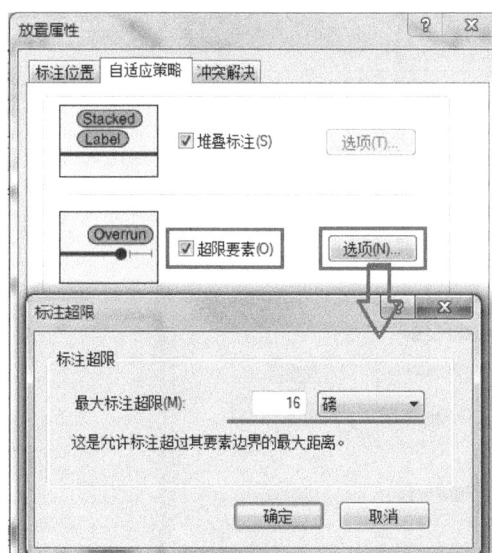

图 4-66

如果图层包含许多不需要标注且没有太大意义的小要素，则可使用 Maplex 标注引擎将其从要标注的要素列表中移除。此方法也是使标注适合小区域的另一种策略，如 4-67 所示。

标注堆叠、减小字号、缩写标注的相关设置可参考本章第二节第二部分的相关内容。

（三）冲突解决

信息标注发生冲突时，可以按冲突解决选项卡中的功能设置解决相应的冲突，如图 4-68 所示。

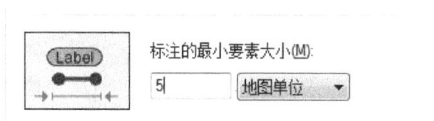

图 4-67

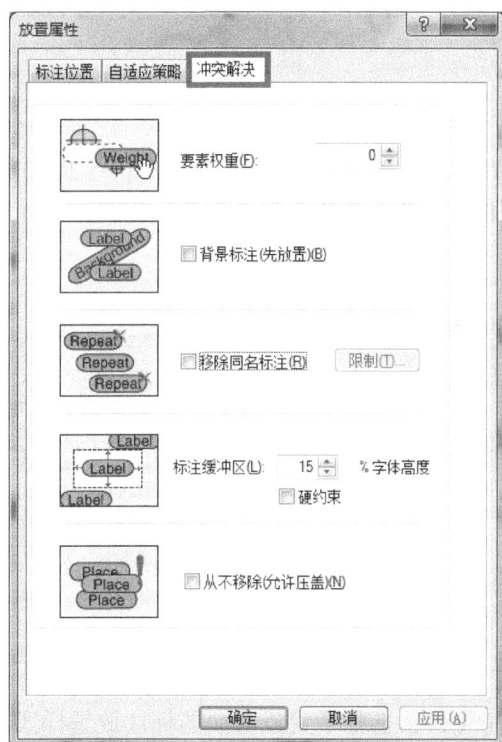

图 4-68

四、Maplex 之面标注

图层属性标注选项卡，点击"放置属性（P）…"按钮，打开 Maplex 标注控制窗口，如图 4 - 69 所示。

图 4 - 69

（一）标注位置

对于地块、河流、边界三种类型面要素的标注，Maplex 提供了现成的标注放置规则供于选择。其中，规则放置则使用于一般的面要素类型，如图 4 - 70 所示。

在常规选项区有下面三个选项，如图 4 - 71 所示：

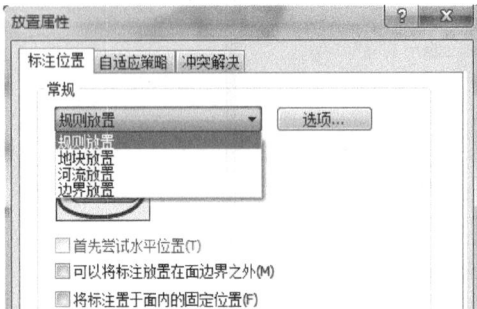

图 4 - 70

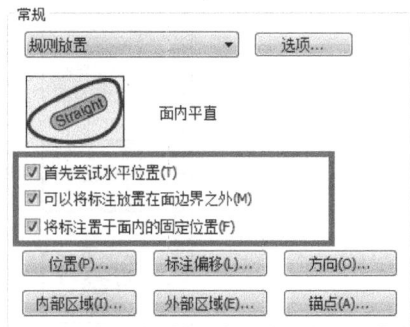

图 4 - 71

（1）首先尝试水平位置（T）：选择平直或弯曲的标注放置样式时，勾选此选项标注会优先尝试水平位置放置标注。

（2）可以将标注放置在面边界之外（M）：选择水平、平直或弯曲的标注放置样式时，勾选此选项可以将标注放置在面边界之外。

（3）将标注置于面内固定位置（F）：选择水平、平直的标注放置样式时，勾选此选项可以将标注放置在面内固定的位置。

当选择了规则放置，选择水平或平直的标注放置样式，并且勾选了"将标注置于面内固定位置"选项时，可以点击"内部区域（I）…"按钮，在弹出的窗口中设置标注的固定位置顺序。

注：在1～9的范围内设置区域的等级，其中1表示最先尝试放置标注的区域，而9则表示最后尝试放置的区域，0表示禁止在其中放置标注，如图4-72所示。

当选择了规则放置，选择水平、平直或弯曲的标注放置样式，并且勾选了"可以将标注放置在面边界之外"选项时，可以点击"外部区域（E）…"按钮，在弹出的窗口中设置标注的出现位置顺序。

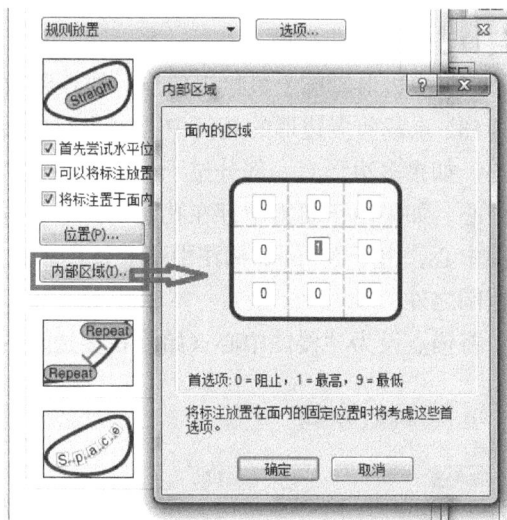

图 4 - 72

注：在1～8的范围内设置区域的等级，其中1表示最先尝试放置标注的区域，而8则表示最后尝试放置的区域，0表示禁止在其中放置标注，如图4-73所示。

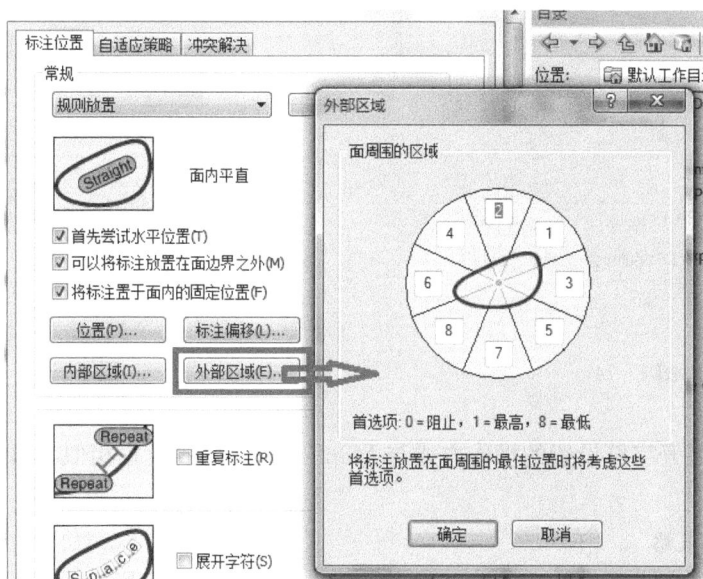

图 4 - 73

对于具有注释型文本背景的文本符号的标注，可以设置标注符号的锚点，如图4-74所示。

几何中心（当时轮廓上最接近的点）：如果无法将锚点放置在多边形的几何中心，它将放置在轮廓线上距离标注最接近的点。多边形的几何中心即为多边形的重心。此中心并非始终位于要素内部；如果几何中心没有位于要素内部，锚点将放置在要素轮廓线上。

（1）侵蚀中心（始终在多边形内）：锚点将放置在多边形的侵蚀中心。侵蚀中心的确定方法是：像剥洋葱一样层层剥离多边形的外部图层，直到剩下一个中心点为止。此侵蚀中心始终位于多边形边界内。

（2）多边形轮廓上最接近的点：锚点将放置在多边形轮廓线上距离标注最接近的点。

（3）未裁剪多边形的几何中心（当时的侵蚀中心）：锚点将放置在未裁剪多边形的几何中心。如果多边形有一部分位于当前范围之外，Maplex 标注引擎将使用整个多边形计算几何中心。如果由于要素中存在孔洞而无法将锚点放置在几何中心，则将使用未裁剪多边形的侵蚀中心。由于 Maplex 标注引擎要使用未裁剪多边形放置锚点，因此锚点可能被放置在当前范围之外。

将锚点设为"侵蚀中心（始终在多边形内）"选项时的标注，如图 4-75 所示。

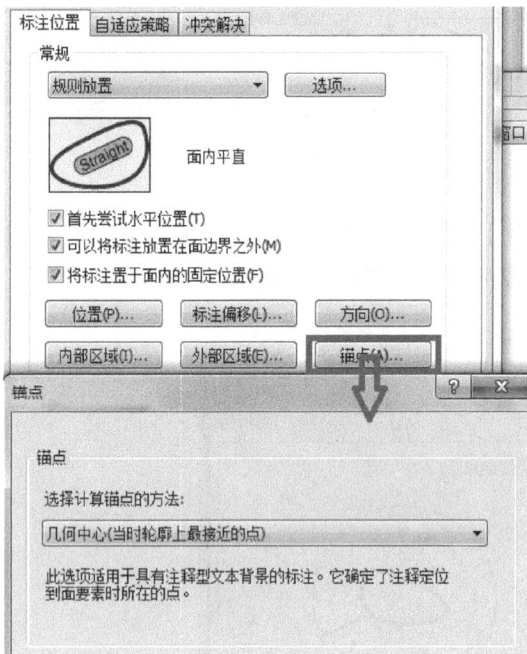

图 4-74

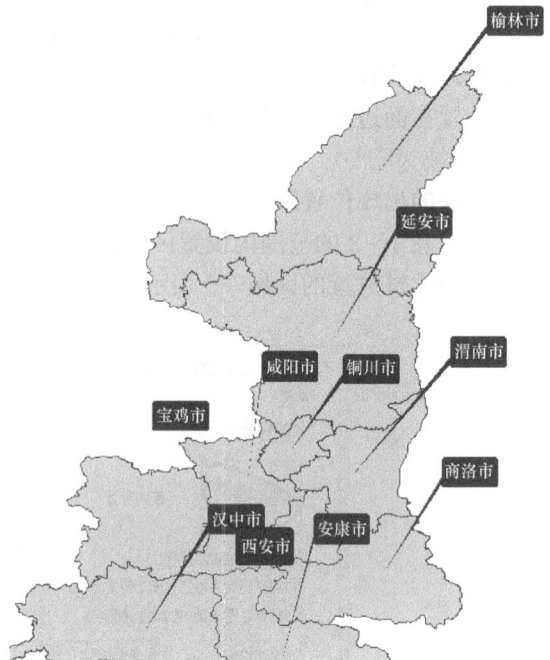

图 4-75

重复标注、展开字符设置的操作方式与 Maplex 线标注的设置相似，可参考本章第三节第一部分的介绍。

（二）自适应策略

自适应策略选项卡提供的功能设置可以对信息标注本身进行优化，如图 4-76 所示。

当标注大于多边形时，选中超限要素复选框，可允许 ESRI Maplex 标注引擎利用多边形边界以外的可用空间来放置标注。

点击超限要素右侧的"选项（N）…"按钮，在弹出的窗口中设置最大标注超限限制，可限制标注可以超出多边形的距离。

通过选中允许不对称超限复选框，可将超限放置设置为查找标注将会超过的、具有较低要素权重的相邻要素，如图 4-77 所示。

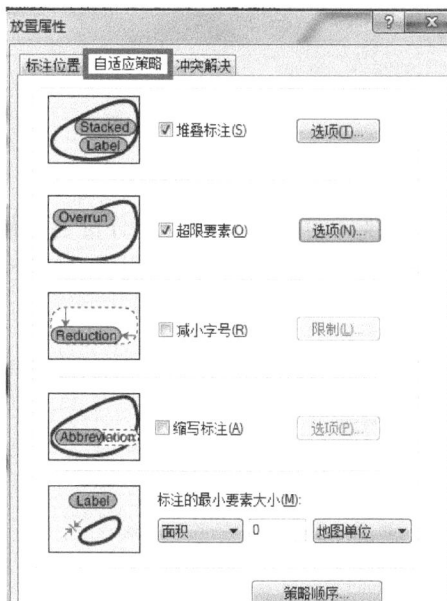

图 4 - 76

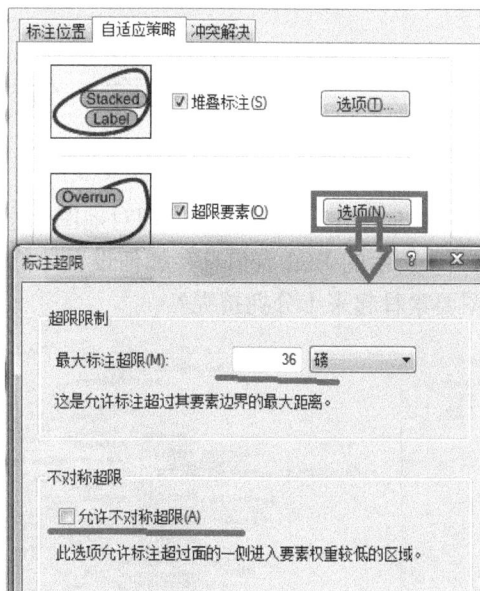

图 4 - 77

如果图层包含许多不需要标注且没有太大意义的小要素，则可使用 Maplex 标注引擎将其从要标注的要素列表中移除。此方法也是使标注适合小区域的另一种策略，如图 4 - 78 所示。

（三）冲突解决

信息标注发生冲突时，可以按冲突解决选项卡中的功能设置解决相应的冲突，如图 4 - 79 所示。

面要素具有两种类型的要素权重，即内部要素权重和边界要素权重。内部要素权重用于

图 4 - 78

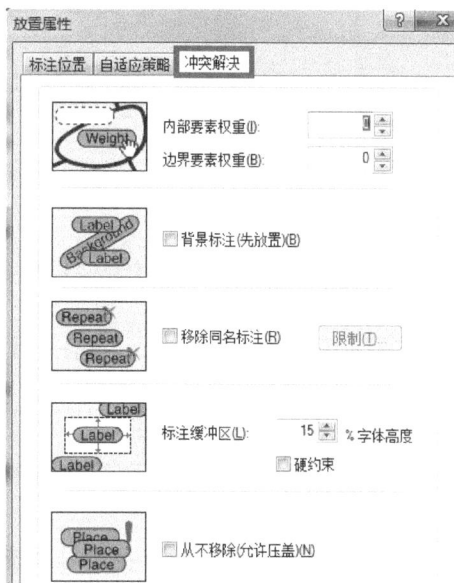

图 4 - 79

指定面内部相对于其他要素的重要性，边界要素权重用于指定面的边相对于其他要素的重要性。可以允许标注与面内部叠置而不能与面的边叠置；反之亦然，如图 4 - 80 所示。

背景标注（先放置）（B）、移除同名标注（R）、标注缓冲区（L）、从不移除（允许压盖）具体设置操作可参考本章第三节第二部分的介绍。

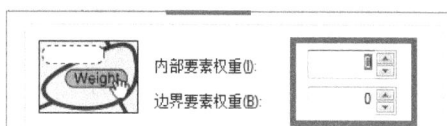

图 4 - 80

第五章 优 化 显 示

在一幅地图中，POI点的处理对地图信息的表达展现、美观性都起着十分重要的作用。如图5-1所示的POI点信息，如何设置才能做到既能够保证目标信息的突出，又不至于使得地图要素看起来十分拥挤呢？

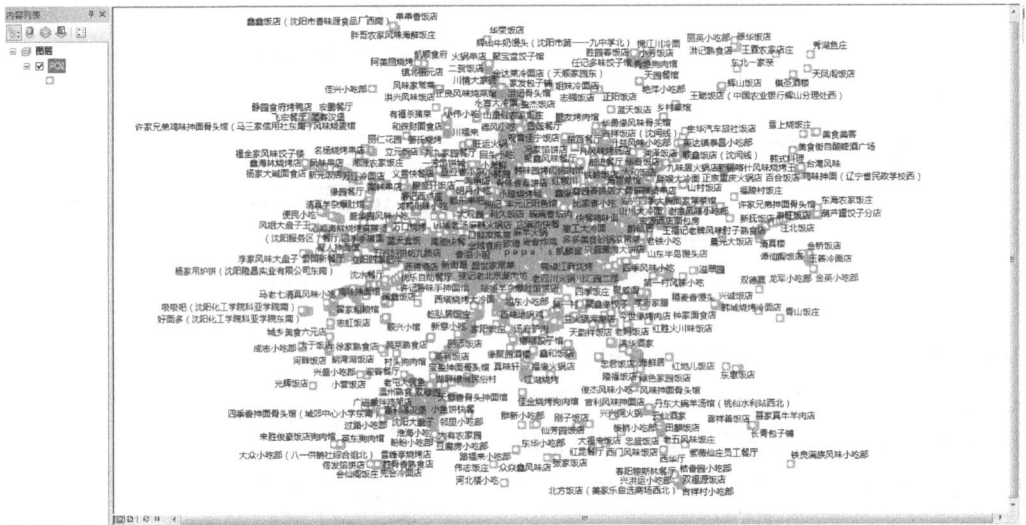

图5-1

本章节将介绍如何使用ArcGIS的高级标注扩展模块Maplex来进行POI点抽稀设置。

第一节 点 抽 稀

一、取消图层 Symbol 显示

在进行点抽稀时，要隐藏图层自身的Symbol，将符号放置在label中与标注信息一起显示。

打开POI图层属性窗口，在符号系统页中，点击左侧列表中类别下的"唯一值"；在窗口右侧，取消勾选的复选框，如图5-2所示。

二、开启 Maplex 标注状态

在使用Maplex进行抽稀设置前首先要开启Maplex标注状态。ArcMap，单击视图（V）菜单下的数据框属性（M），如图5-3所示。

数据框属性窗口，常规选项卡中标注引擎一项设置为"ESRI Maplex标注引擎"来开启Maplex标注状态，如图5-4所示。

图 5 - 2

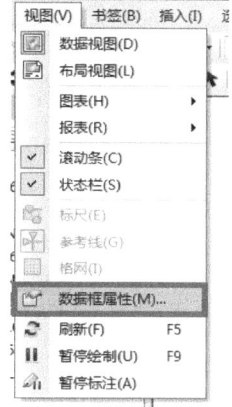

图 5 - 3

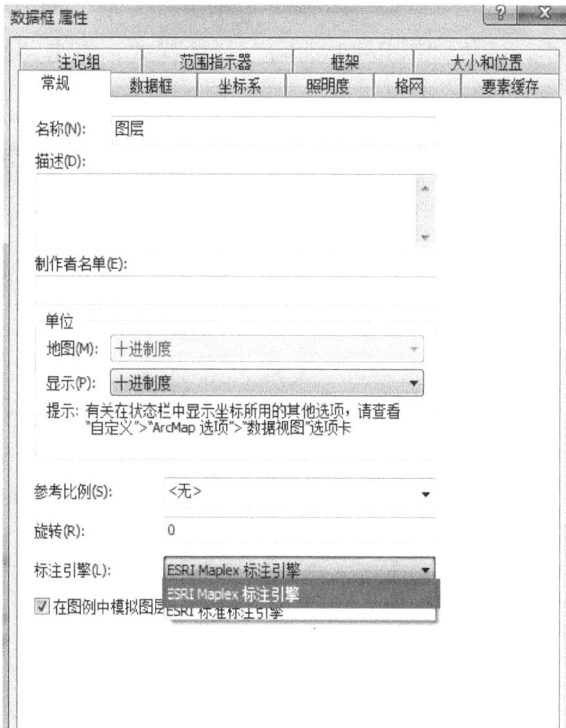

图 5 - 4

三、设置 Label 显示风格

打开图层属性窗口，在标注页中点击"符号（S）…"按钮，如图 5 - 5 所示。

图 5 - 5

在符号选择器窗口中，选择"Bullet Leader"标注样式；点击"编辑符号（E）…"按钮，如图 5 - 6 所示。

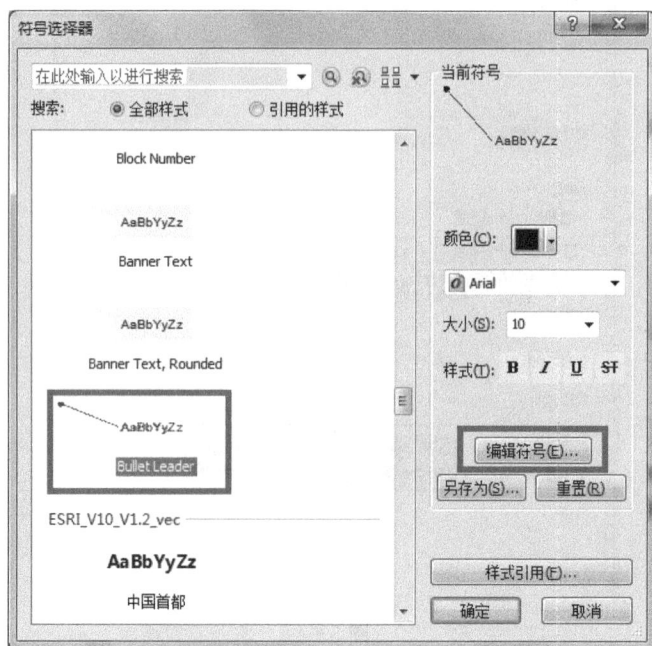

图 5 - 6

在编辑器窗口中，选择高级文本选项卡，点击"属性…"按钮，如图 5 - 7 所示。

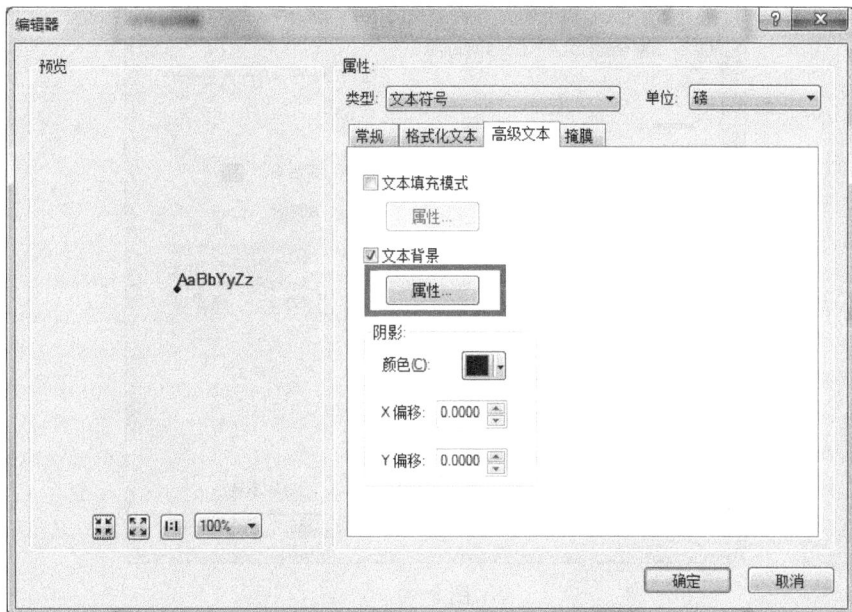

图 5 - 7

设置牵引线容差（如下图所示设置为 8，当点偏移超过 8 时将显示牵引线 label）；点击"牵引线"复选框下的"符号…"按钮，如图 5 - 8 所示。

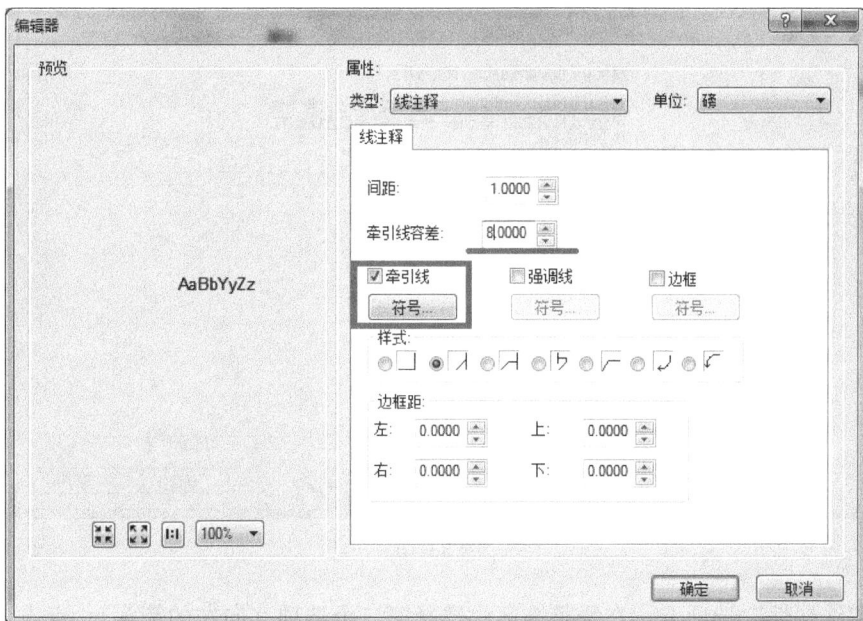

图 5 - 8

在符号选择器窗口中，点击"编辑符号（E）…"按钮，如图 5 - 9 所示。

图 5 - 9

选择"模板"选项卡，将灰色的滑块向后拖动一个位置，如图 5 - 10 所示。

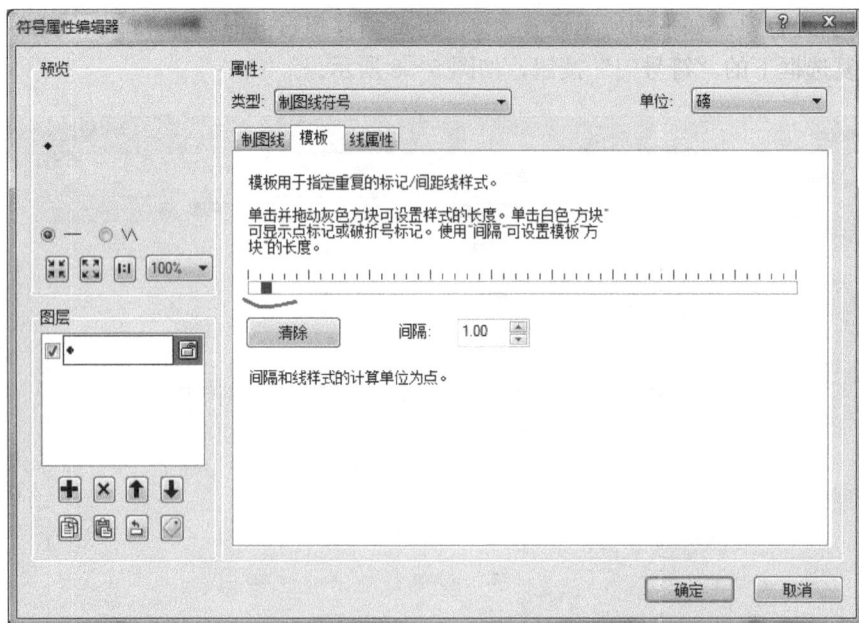

图 5 - 10

选择"线属性"选项卡，在线整饰区中选择第二个选项（向左的箭头）；点击"属性…"按钮，如图 5 - 11 所示。

在线整饰编辑器窗口中，勾选翻转区下的两个复选框、选择旋转区下的第二个选项（使符号与页面成固定角度）；点击"符号…"按钮，如图 5 - 12 所示。

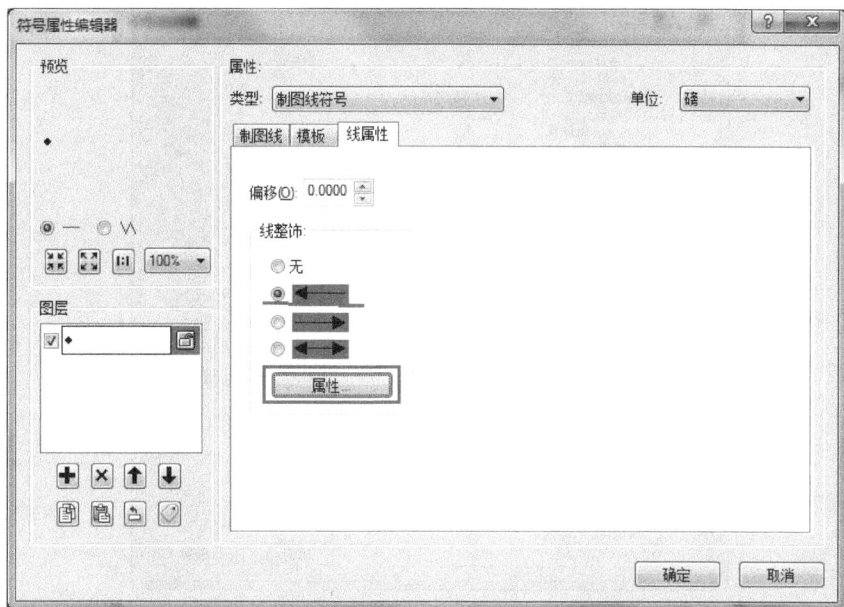

图 5-11

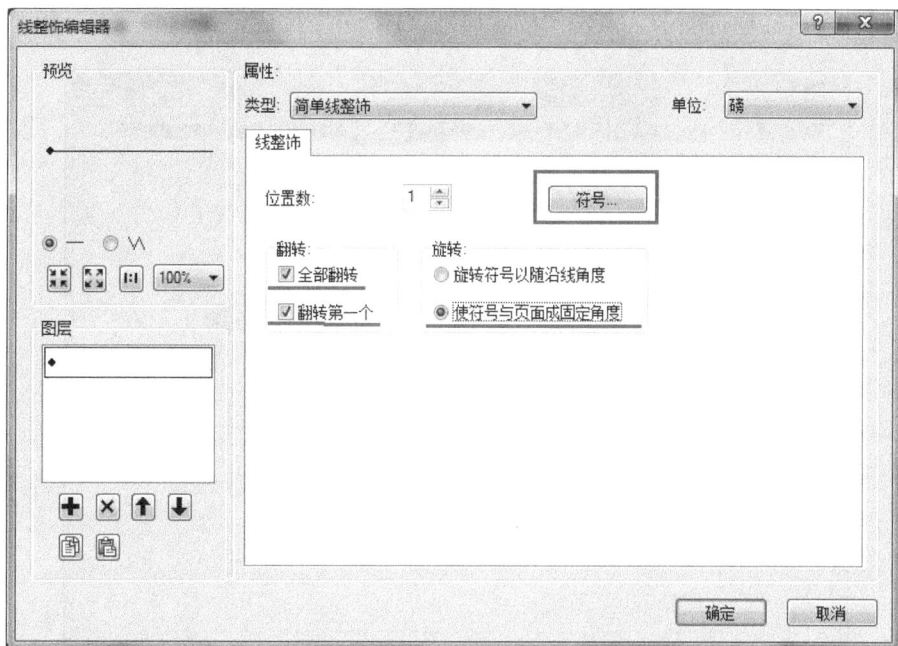

图 5-12

在符号选择器窗口中选择 POI 点的符号样式，选择了"中餐馆"符号，如图 5-13 所示。

依次点击"确定"按钮，关闭之前打开的对话框回到图层属性窗口。

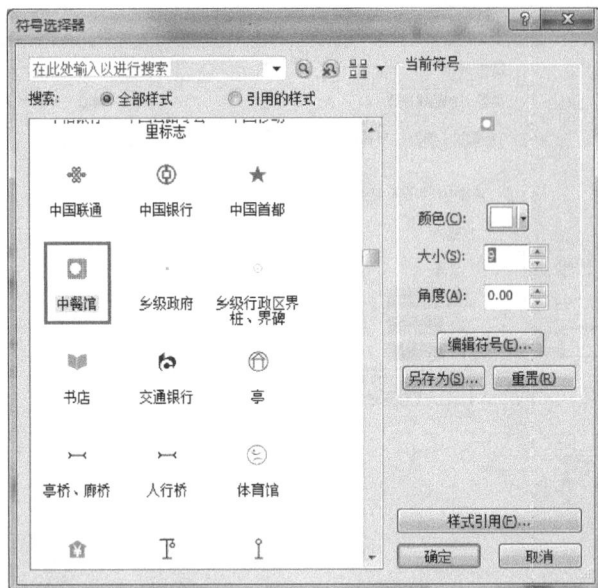

图 5 - 13

四、Maplex 标注设置

图层属性窗口标注选项卡，点击"放置属性（P）…"按钮，如图 5 - 14 所示。

图 5 - 14

在放置属性窗口中，选择标注位置选项卡，点击"标注偏移（L）…"和"区域（Z）…"两个按钮，进行设置，如图 5 - 15 所示。

在标注偏移窗口中，设置偏移量为 9（前面设置的牵引线容差为 8，当标注偏移大于 8

图 5 - 15

时显示牵引线 Label)，如图 5 - 16 所示。

在标注区域设置窗口中，对标注显示的位置进行设置，如图 5 - 17 所示。

在放置属性窗口中，选择"冲突解决"选项卡，设置标注缓冲区，如图 5 - 18 所示。

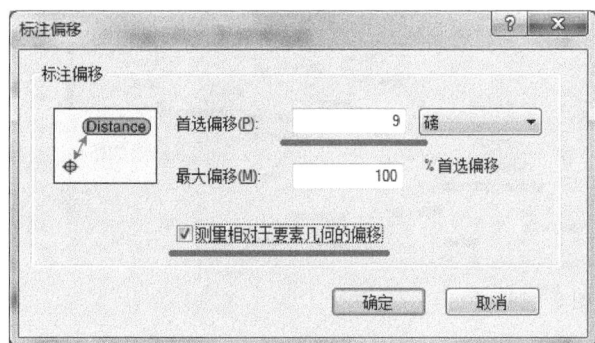

图 5 - 16

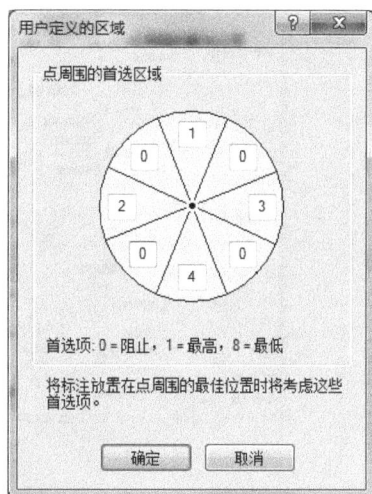

图 5 - 17

五、抽稀后的显示效果

道路可以说是一幅地图的"骨架"，我们对地图的阅读很多情况下都是从道路及相关的内容开始的。所以，道路的显示效果会影响地图给人的第一印象和评价，如图 5 - 19 所示。

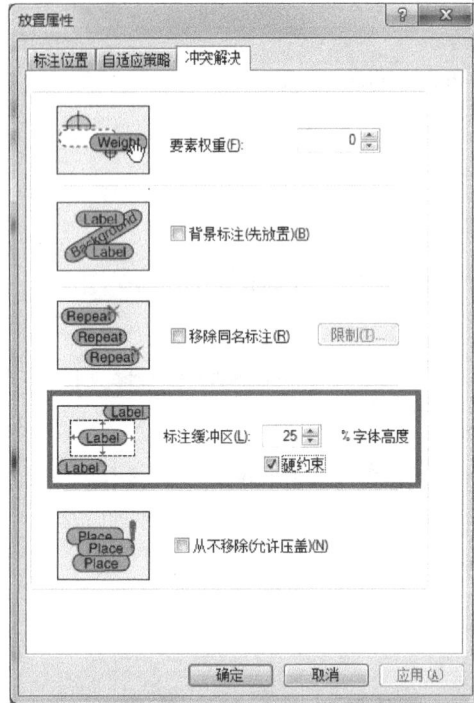

图 5-18

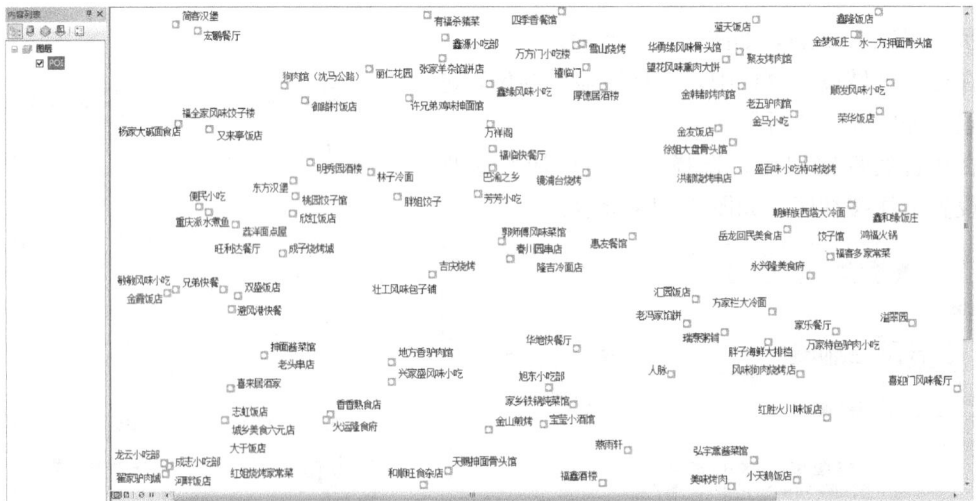

图 5-19

第二节　道路显示优化

一、道路拟合显示

有时一条道路是由多条线段组成的，即一条完整的道路是由多个打断的线段组成，看起来很不美观，如图 5-20 所示。

对于上面的道路显示效果，在ArcMap中只要经过简单的设置就能够做到对道路进行拟合优化。

图层属性窗口符号系统选项卡，左侧列表区选择要素下面的"单一符号"节点；右侧点击高级按钮下的"符号级别（L）…"项，如图 5‑21 所示。

在弹出的符号级别设置窗口中，先勾选左上方的"使用下面指定的符号级别来绘制此图层"，再勾选图层符号显示区"连接"列中的复选框，如图 5‑22 所示。

图 5‑20

图 5‑21

拟合优化后的道路显示效果如图 5‑23 所示。

二、道路双色设置

有时在做完道路拟合优化后发现道路显示效果不一定是我们所期望看到的，有可能是下面三种情形之一，如图 5‑24 所示。那么前两种是怎么出现的呢？之所以要做拟合，是因为道路的风格样式是由两种颜色叠加而成的，如图 5‑25 所示。

上下两种颜色色值的权重大小关系直接影响到拟合之后的效果。

图层属性窗口符号系统选项卡，左侧列表区选择要素下面的"单一符号"节点；右侧点击高级按钮下的"符号级别（L）…"项，如图 5‑26 所示。

在弹出的符号级别窗口，点击左下方的"切换到高级视图（S）"按钮，如图 5‑27 所示。

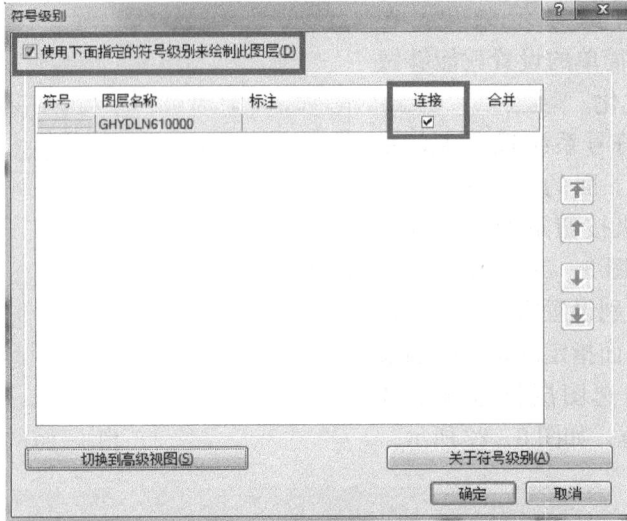

图 5 - 22

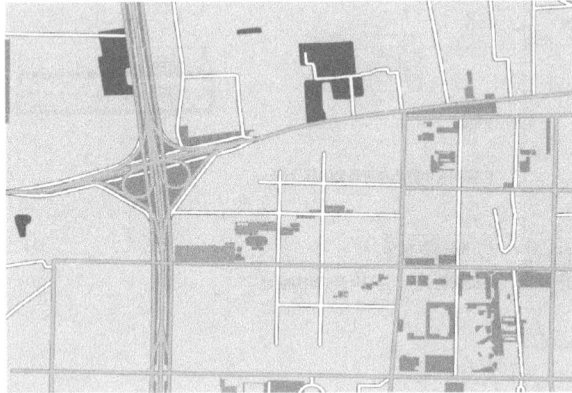

图 5 - 23

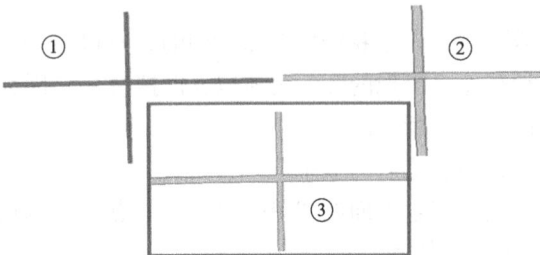

图 5 - 24

图 5 - 25

图 5 - 26

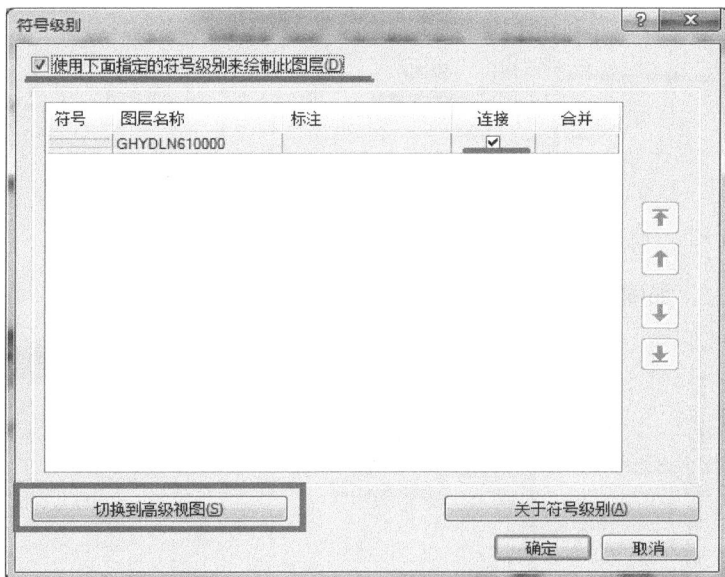

图 5 - 27

在符号级别的高级视图，可以对符号中颜色进行权重设置，如图 5 - 28 所示。

两种颜色的权重大小关系不同结果对拟合效果影响如下：

（1）情形之一，如图 5 - 29 所示。

1）权重设置：上层颜色（2）值为 8，下层颜色（1）值为 9。

2）结果：下层颜色覆盖上层颜色。

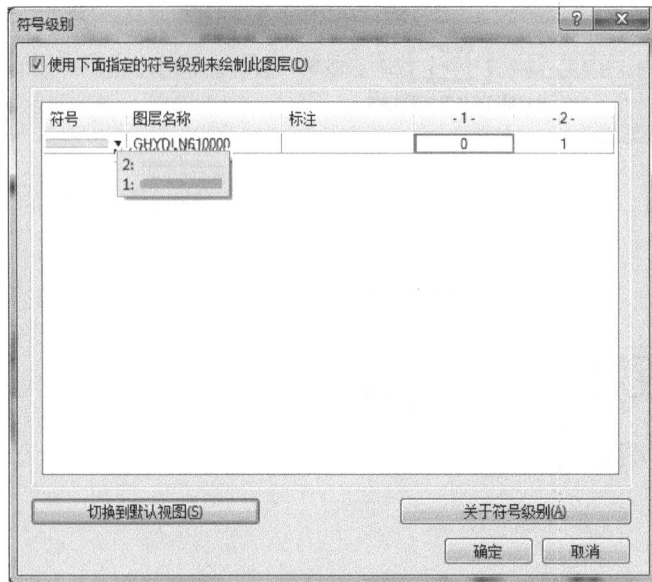

图 5 - 28

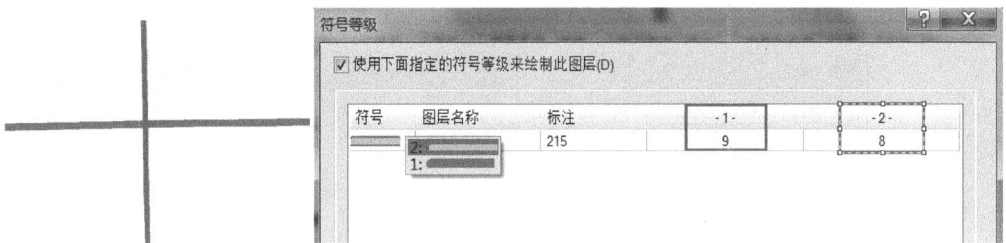

图 5 - 29

（2）情形之二，如图 5 - 30 所示。

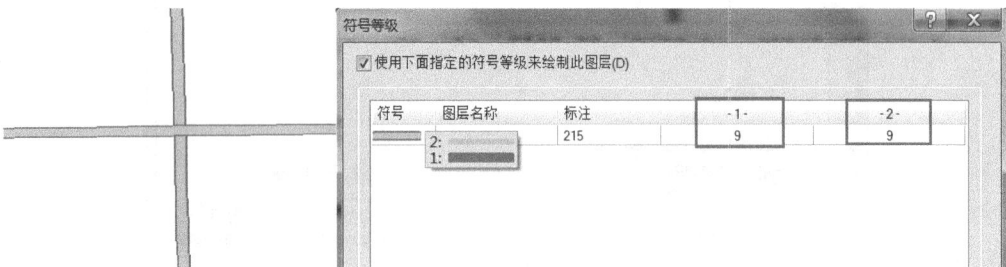

图 5 - 30

1）权重设置：上层颜色（2）值为 9，下层颜色（1）值为 9。

2）结果：无压盖。

（3）情形之三，如图 5 - 31 所示。

1）权重设置：上层颜色（2）值为 10，下层颜色（1）值为 9。

2）结果：上层颜色压盖下层颜色，此种结果是我们所期望的。

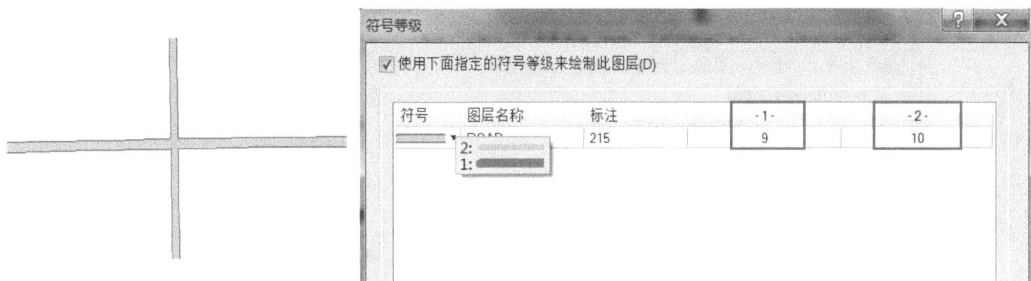

图 5-31

通过对颜色权重的不同设置，可以得出这样的结论：

1）颜色权重值不相等时才会进行拟合。

2）拟合时，权重值大的会压盖权重值小的。

3）双色道路进行拟合设置权重时，上层颜色权重一定要大于下层颜色的权重，才能得到想要的拟合结果。

三、标注避让道路

很多地物的标注信息都压盖到道路上了，给人的第一感觉就是地图很"赘"，不清爽，看着有些"累"，如图 5-32 所示。

图 5-32

对于上图中出现的这种情况，完全可以通过 Maplex 高级标注来设置。首先，启用地图的 Maplex 高级标注；打开图层标注属性页，点击"放置属性"按钮……，如图 5-33 所示。

在"冲突解决"选项卡中，为要素权重项输入权重，如 1000（1000 为最大，不允许任何标注出现在要素上），如图 5-34 所示。

点击"确定"按钮，完成设置后再浏览地图发现道路已没有标注压盖其上，如图 5-35 所示。

如果说经过前面的介绍，我们已经把零散的数据制作成一幅有血有肉的地图，那么应用 ArcGIS 制图表达技术则可以为这幅地图再加上一双翅膀。

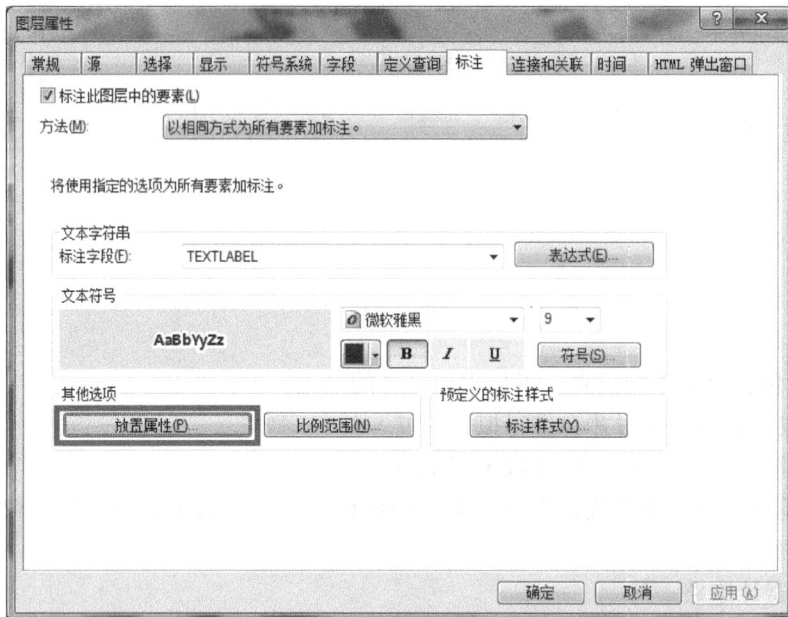

图 5 - 33

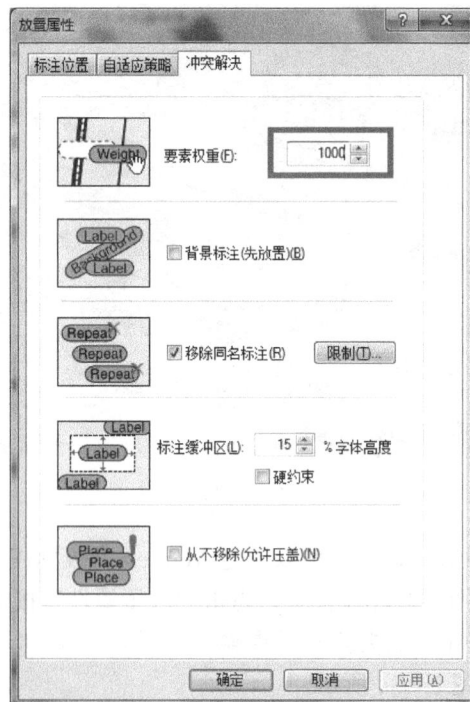

图 5 - 34

下面将介绍常用的制图表达特效。

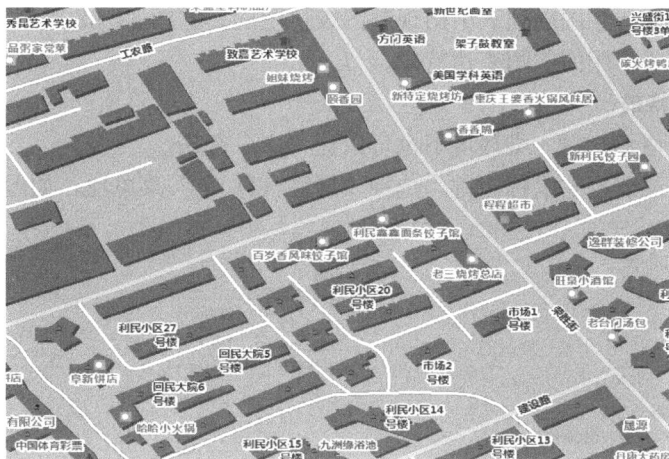

图 5-35

第三节　生成制图表达

一、生成制图表达

在使用制图表达技术之前，先要将图层的符号化信息转换成制图表达。ArcMap 图层列表中，图层节点上鼠标右键，在弹出的菜单中选择"将符号系统转换为制图表达（B）…"，如图 5-36 所示。

在弹出的窗口中对生成的制图表达进行相关设置（如制图表达名称、生成制图表达的要素范围、制图表达编辑时保存设置……），点击"转换（C）…"按钮生成制图表达，如图 5-37 所示。

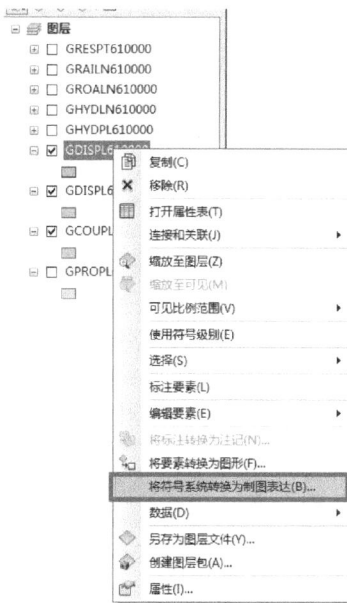

图 5-36

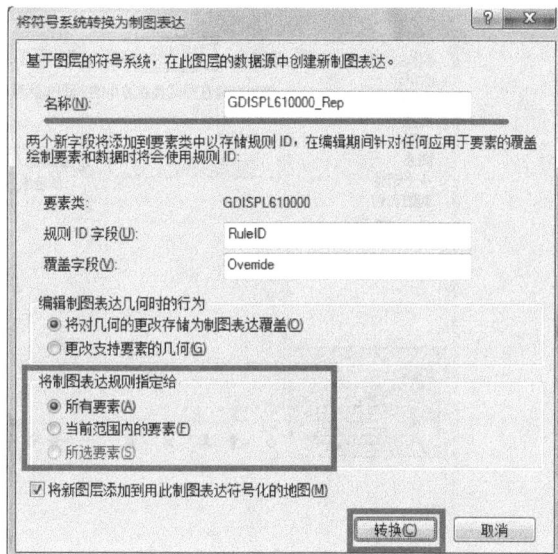

图 5-37

生成制图表达后，在图层列表中出现制图表达图层，如图 5-38 所示。

下面陆续介绍些常用的制图表达特效。

二、房屋阴影特效

使用制图表达技术，在二维环境下也可以让"立"起来。

在制图表达图层节点上鼠标右键，选择"属性（I）…"菜单项，如图 5-39 所示。

图 5-38   图 5-39

图层属性窗口符号系统选项卡，选择单色模式，如图 5-40 所示。

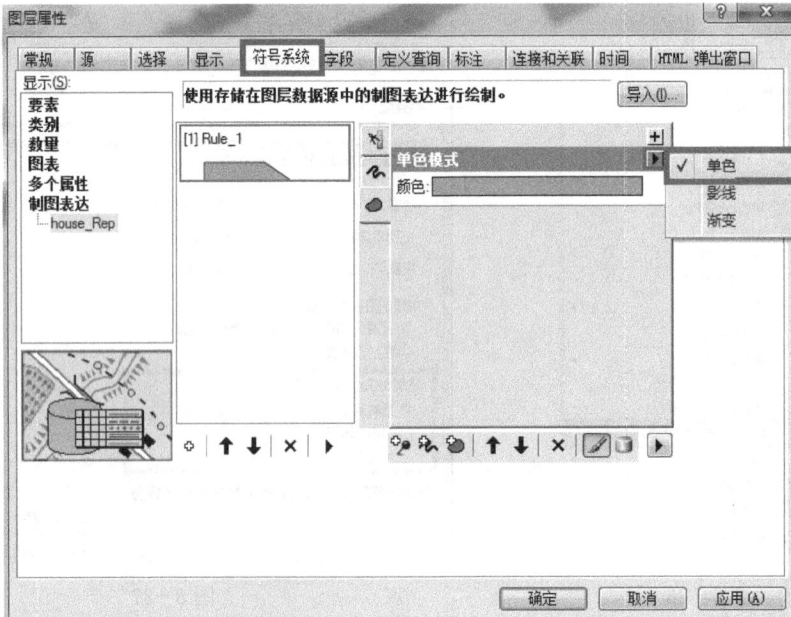

图 5-40

点击"＋"按钮，在弹出的几何效果窗口中选择"移动"效果，然后点击确定按钮返回，如图 5-41 所示。

图 5-41

调整偏移量大小、偏移颜色，如图 5-42 所示。

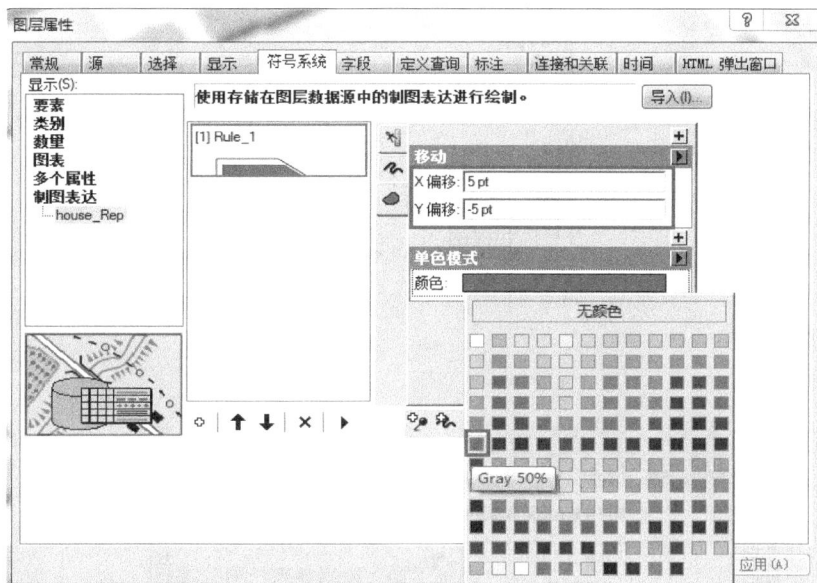

图 5-42

设置制图表达效果后的房屋效果，如图 5-43 所示。

对桥、高架桥应用了制图表达后的效果，如图 5-44 所示。

三、水立方

图层属性窗口符号系统选项卡，选择渐变模式，如图 5-45 所示。

渐变模式中颜色 2 选择白色，如图 5-46 所示。

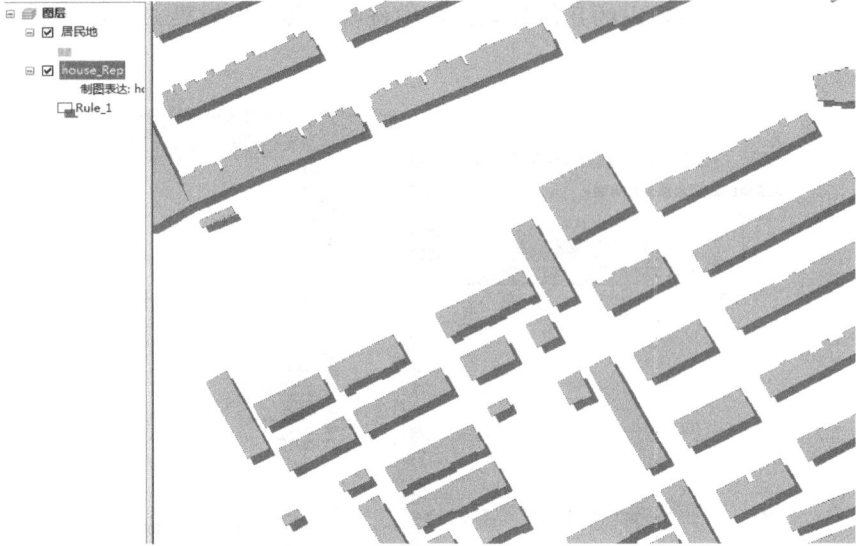

图 5 - 43

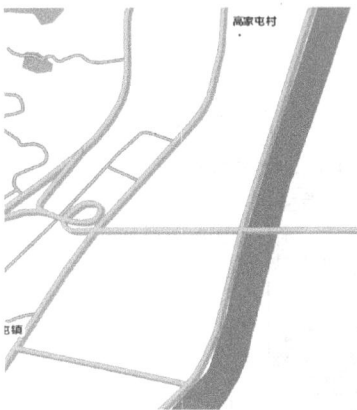

图 5 - 44

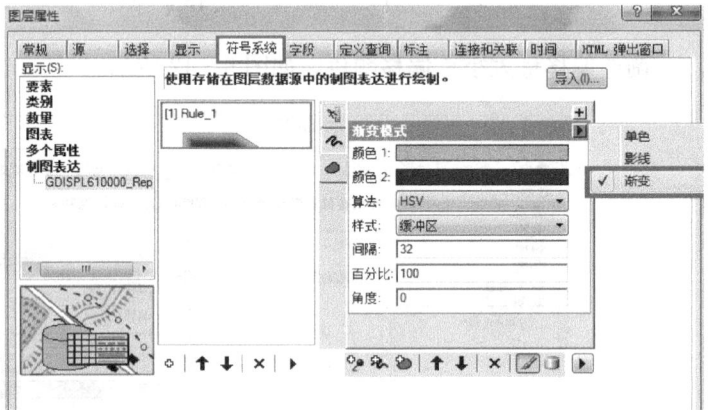

图 5 - 45

图 5 - 46

水立方制图表达效果，如图 5 - 47 所示。

四、创建天桥

对穿越道路、围栏、河流的铁路做了很好的处理，地图要素显示效果更加优化，方便了我们对地图的阅读，如图 5 - 48 所示。

本节将介绍如何使用制图表达技术来制作天桥，通过创建桥护栏和覆盖基础路段的掩膜，可以将相交线显示为一条线在另一条线上方穿过的方式。

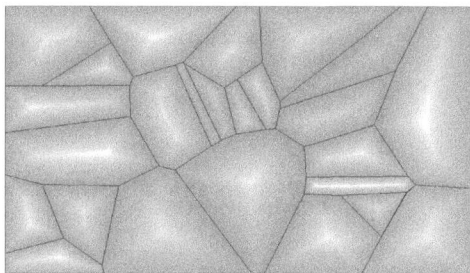

图 5 - 47

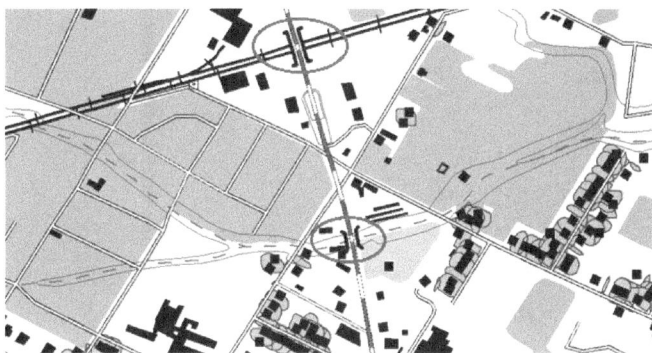

图 5 - 48

铁路、城市道路图层，如图 5 - 40 所示。首先，对这两个图层创建制图表达，如图 5 - 50 所示。

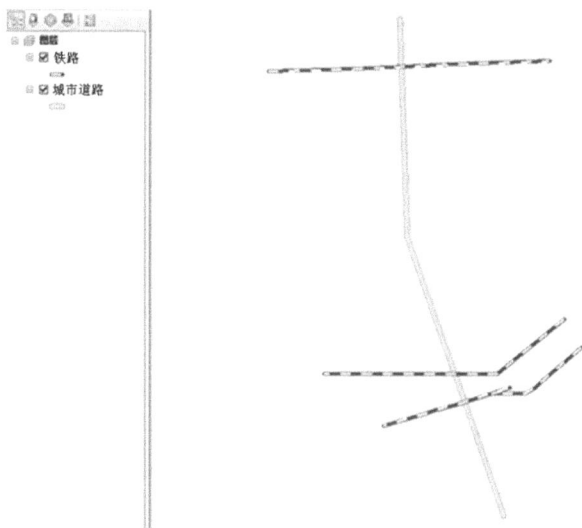

图 5 - 49

双击 ArcToolbox 工具箱中的创建天桥工具，如图 5 - 51 所示。

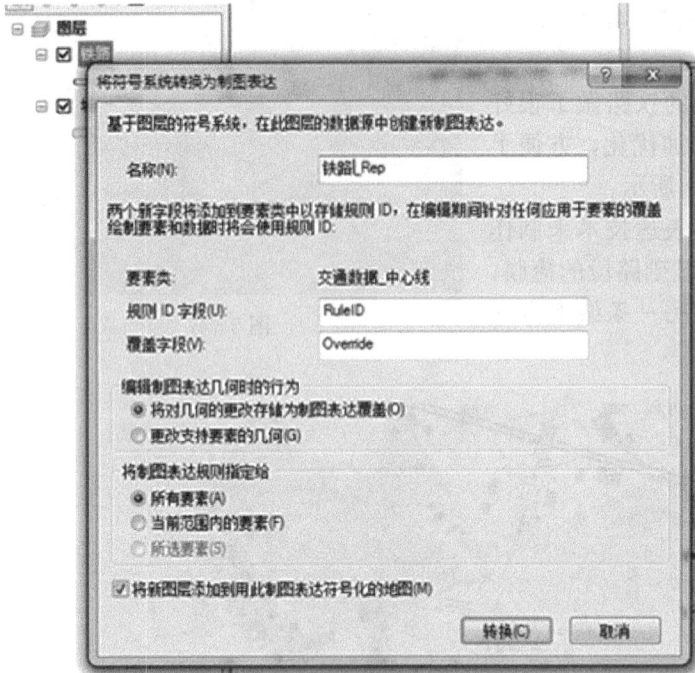

图 5 - 50

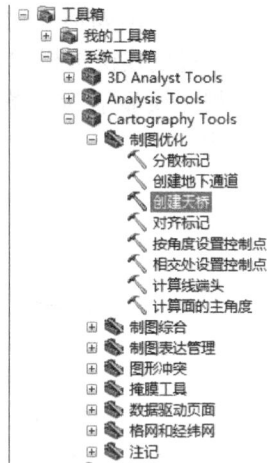

图 5 - 51

在弹出窗口中输入各项参数，如图 5 - 52 所示。

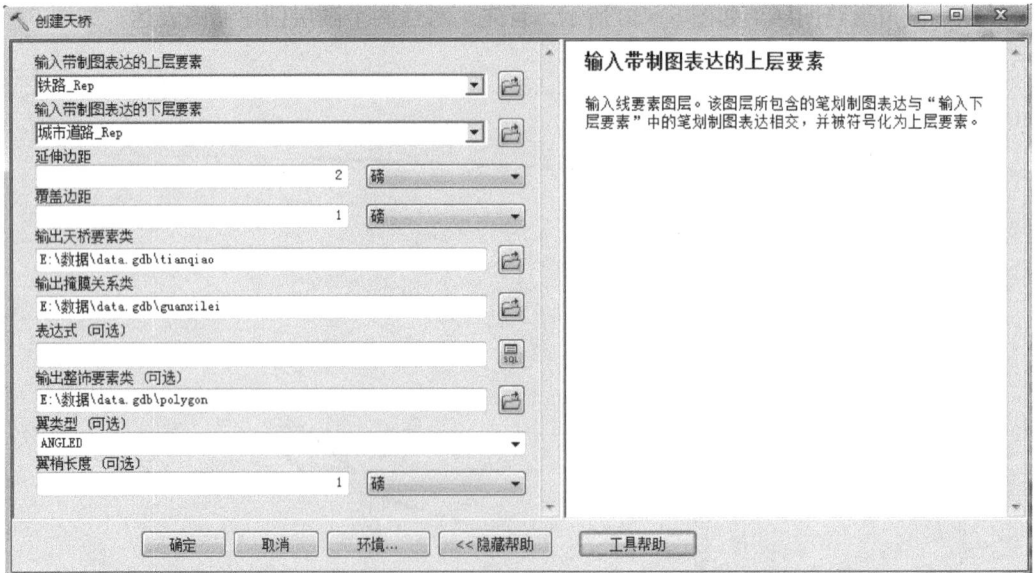

图 5 - 52

各项参数对生成的天桥影响关系，如图 5 - 53 所示。

（1）输入带制图表达的上层要素：输入线要素图层。该图层所包含的笔划制图表达与"输入下层要素"中的笔划制图表达相交，并被符号化为上层要素。

（2）输入带制图表达的下层要素：输入线要素图层。该图层所包含的笔划制图表达与"输入上层要素"中的笔划制图表达相交，并被符号化为下层要素。这些要素将被"输出天桥要素类"中创建面掩膜。

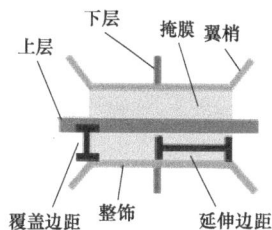

图 5 - 53

（3）延伸边距：设置沿"输入上层要素"的掩膜面的长度，方法是以页面单位指定掩膜应超出"输入下层要素"笔划符号宽度的距离。必须指定"延伸边距"，而且其必须大于或等于零。为边距选择页面单位（磅、毫米等），默认值是磅。

（4）覆盖边距：设置穿过"输入上层要素"的掩膜面的宽度，方法是以页面单位指定掩膜应超出"输入下层要素"笔划符号宽度的距离。必须指定"覆盖边距"，而且其必须大于或等于零。为边距选择页面单位（磅、毫米等），默认值是磅。

（5）输出天桥要素类：为存储掩膜"输入下层要素"的面而创建的输出要素类。

（6）输出掩膜关系类：为存储"天桥"掩膜面和"输入下层要素"的笔划制图表达之间的连接而创建的输出关系类。

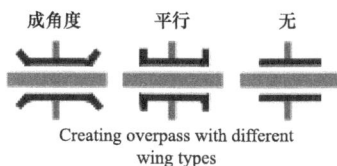

图 5 - 54

（7）输出整饰要素类：为存储护栏要素而创建的输出线要素类。

（8）翼类型（可选）：指定护栏要素的翼类型，如图 5 - 54 所示。

1）ANGLED——指定护栏翼梢将在"输入上层要素"和"输入下层要素"之间成角度。这是默认设置。

2）PARALLEL——指定天桥翼的翼梢将与"输入下层要素"平行。

3）NONE——指定将不在护栏上创建翼梢。

（9）翼梢长度（可选）：以页面单位设置护栏翼的长度。其长度必须大于或等于零；默认长度为 1。为长度选择页面单位（磅、毫米等）；默认值是"磅"。此参数不适用于 NONE 翼类型。输入带制图表达的下层要素输入线要素图层。该图层所包含的笔划制图表达与"输入上层要素"中的笔划制图表达相交，并被符号化为下层要素。这些要素将被"输出天桥要素类"中创建的面掩膜。延伸边距创建天桥后地图效果如图 5 - 55 所示，可以清晰看出铁路从城市道路上面穿过。

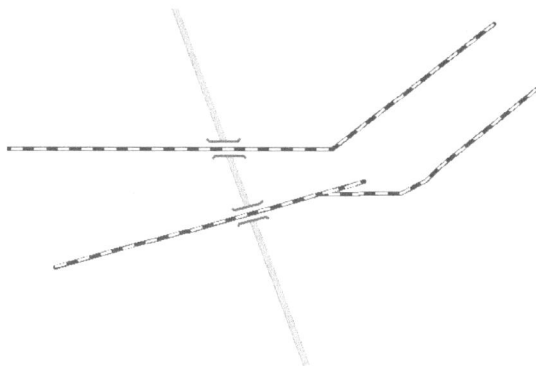

图 5 - 55

第六章　ArcGIS 空间分析

第一节　山顶点的提取

应用栅格数据空间分析模块中的等高线提取功能，分别提取等高距为 15m 和 75m 的等高线图，并按标准地形图绘制等高线方法绘制等高线，作为山顶点提取的地形背景通过邻域分析和栅格计算器提取山顶点（实验数据："第 6 章 \ 表面分析"）。

步骤：

（1）加载 Spatial Analyst 模块和 DEM 数据，如图 6-1 所示。

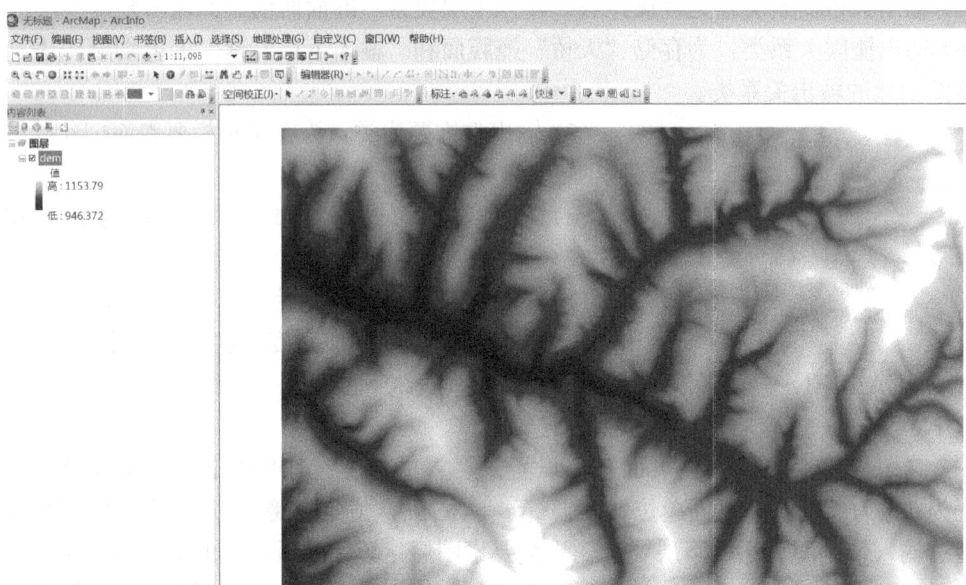

图 6-1

（2）单击 ArcToobox，弹出 ArcTooblox 窗口，点击 Spatical Analyst→表面分析→等值线，提取等高距为 15m 的等高线数据，输出图层为 Contour _ dem15，如图 6-2 所示。

（3）同上，修改 Contour interval 为 75m，提取等高距为 75m 的等高线，输出文件名为 Contour _ dem75，如图 6-3 所示。

修改图例颜色以区别等高线显示效果，单击 contour15 数据层线状图例，弹出 symbol selector 对话框，选择显示颜色为灰度 60%（可任意选择），并点击 ok，如图 6-4 所示。

（4）点击 Spatical Analyst→表面分析→山体阴影，设置输出文件名为 Hillshade，其他参数取默认值，提取该地区光照晕渲图作为等高线三维背景，如图 6-5、图 6-6 所示。

（5）点击 Spatical Analyst→地图代数→栅格计算器，输入计算公式 DEM>=0，输出栅格为 back，单击 ok。提取有效数据区域作为等高线三维背景掩膜，如图 6-7～图 6-9 所示。

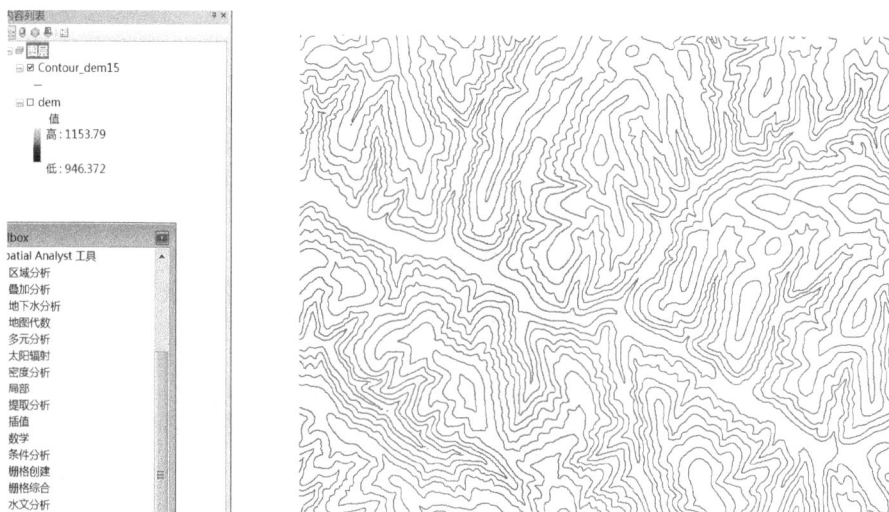

图 6-2

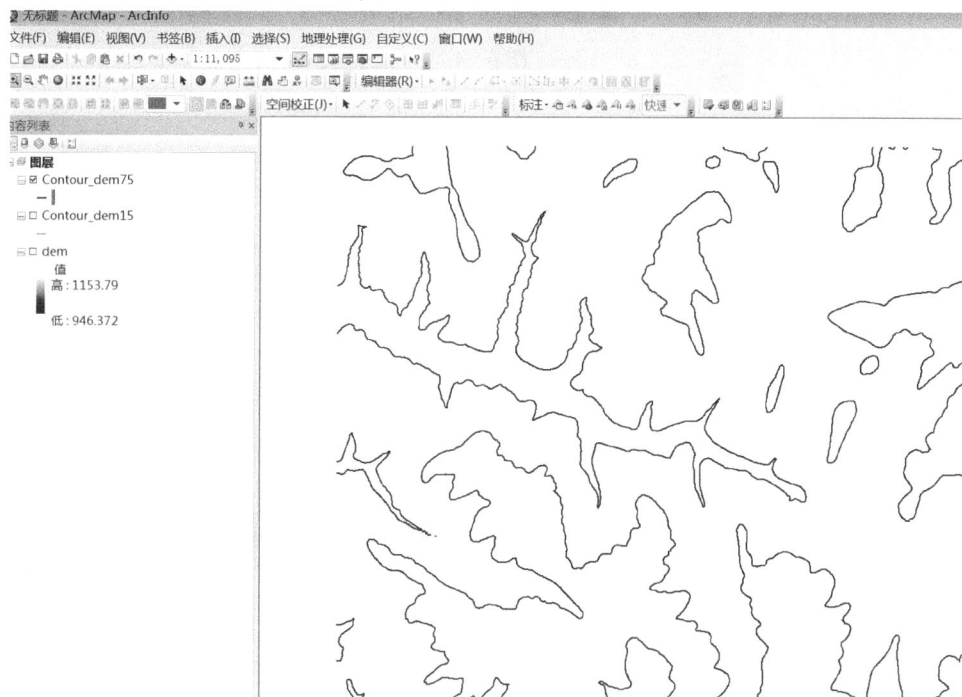

图 6-3

双击 back 数据层，在弹出的属性对话框的"显示"属性页设置透明度为 60%，在"符号化"属性框中设置其显示颜色为 Gray50%，单击 ok，如图 6-10 所示。

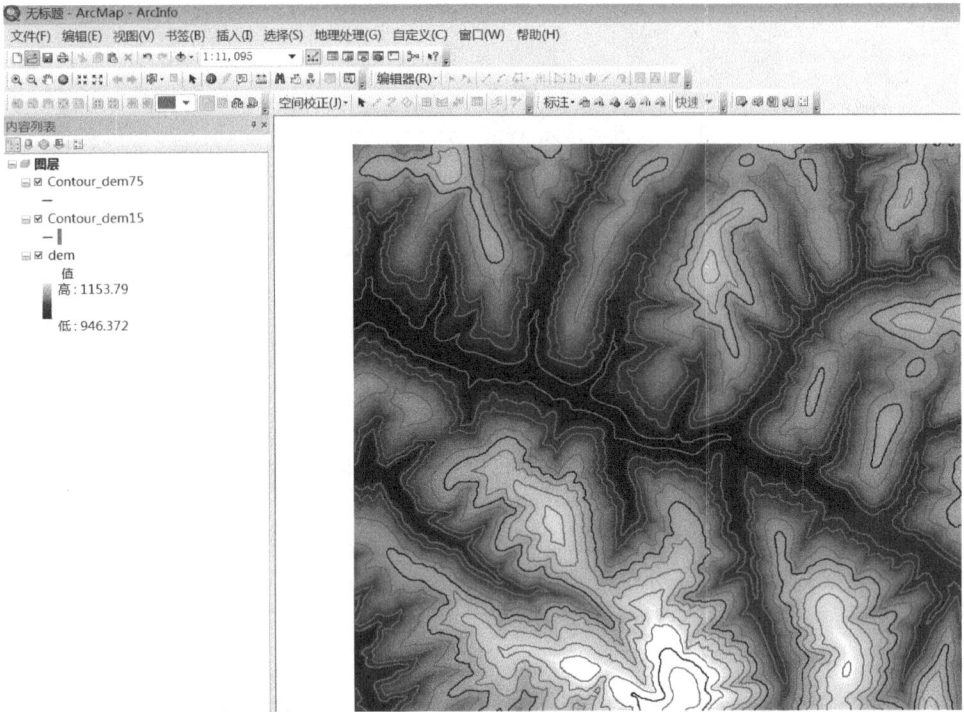

图 6-4

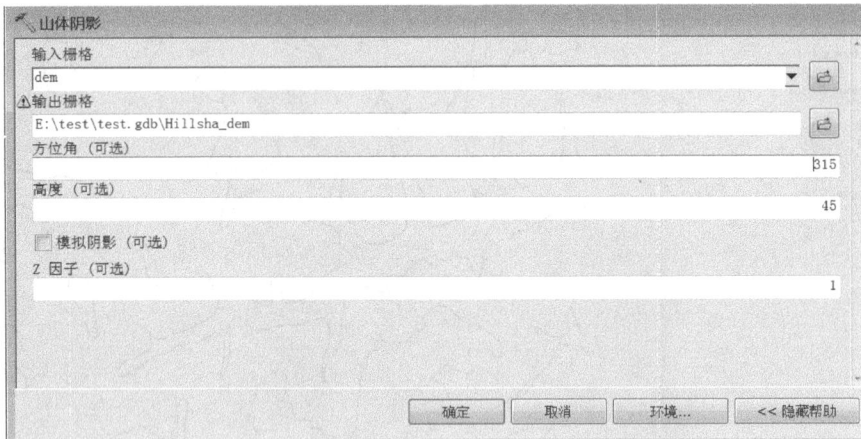

图 6-5

（6）按 contour_dem75、contour_dem15、back、Hillsha_dem 次序放置数据层，生成三维立体等高线图，如图 6-11 所示。

（7）点击 Spatical Analyst→邻域分析→焦点统计，设置参数如下，单击 ok，提取 11×11 分析窗口最大值，如图 6-12、图 6-13 所示。

（8）单击 Spatical Analyst→地图代数→栅格计算器，输入计算公式"maxpoint"－"dem"＝0，输出栅格为"SD"，提取山顶点区域，如图 6-14、图 6-15 所示。

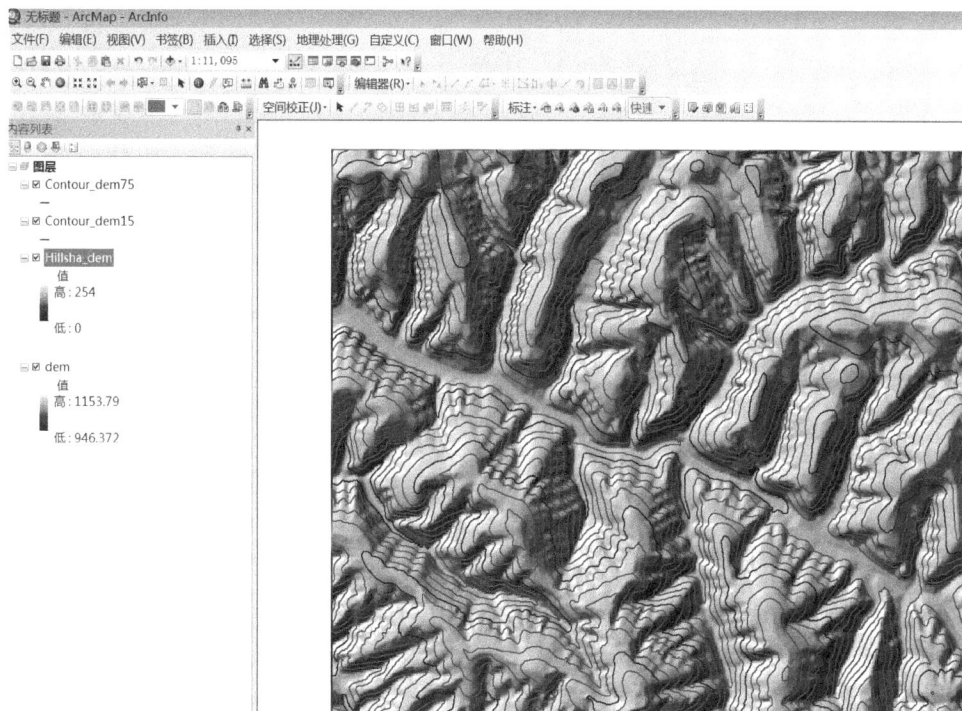

图 6 - 6

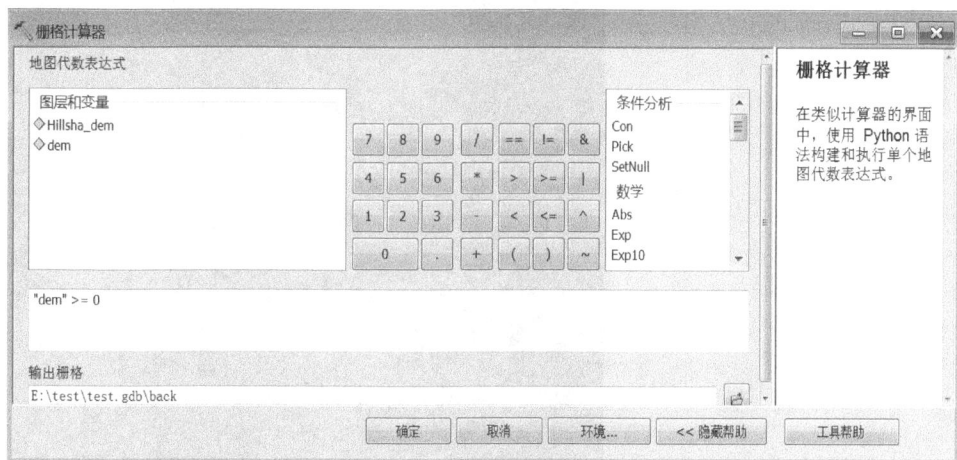

图 6 - 7

（9）点击 Spatical Analyst→重分类→重分类，对 SD 数据进行重分类，设置如下：提取值为 1 的数据，其他值设为 NoData，输出栅格为 SD1，如图 6 - 16、图 6 - 17 所示。

（10）选择 SD1 数据层，点击转换工具→由栅格转出→栅格转点，参数设置如下，则可输出矢量山顶点数据 PickPeaker，如图 6 - 18、图 6 - 19 所示。

符号化显示如下：三角形即为提取的山体顶点，如图 6 - 20 所示。

图 6 - 8

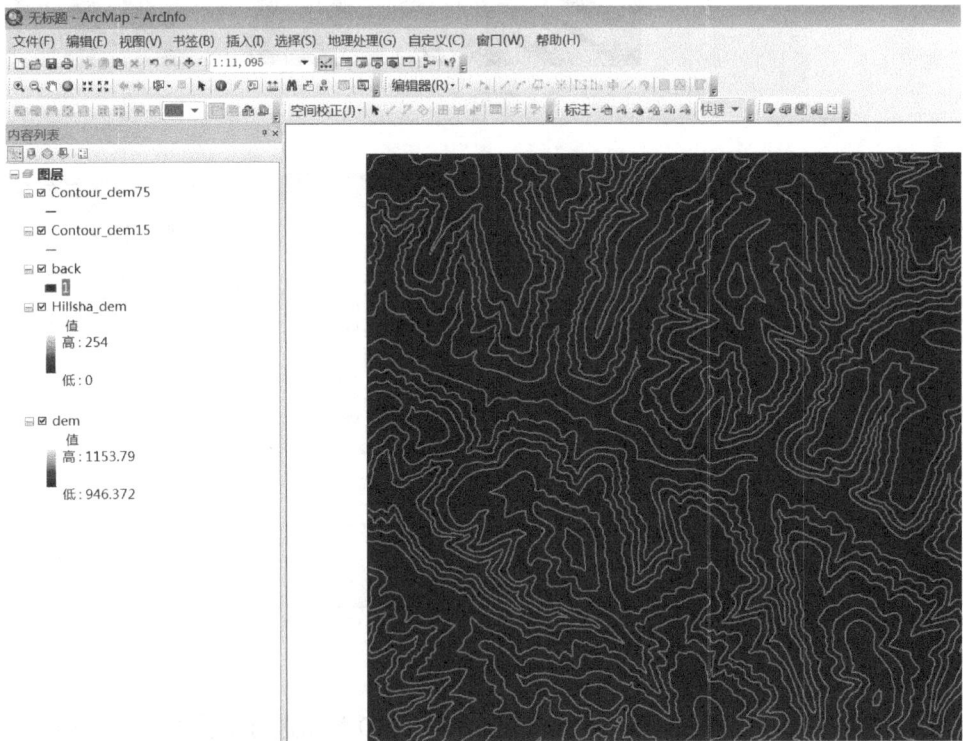

图 6 - 9

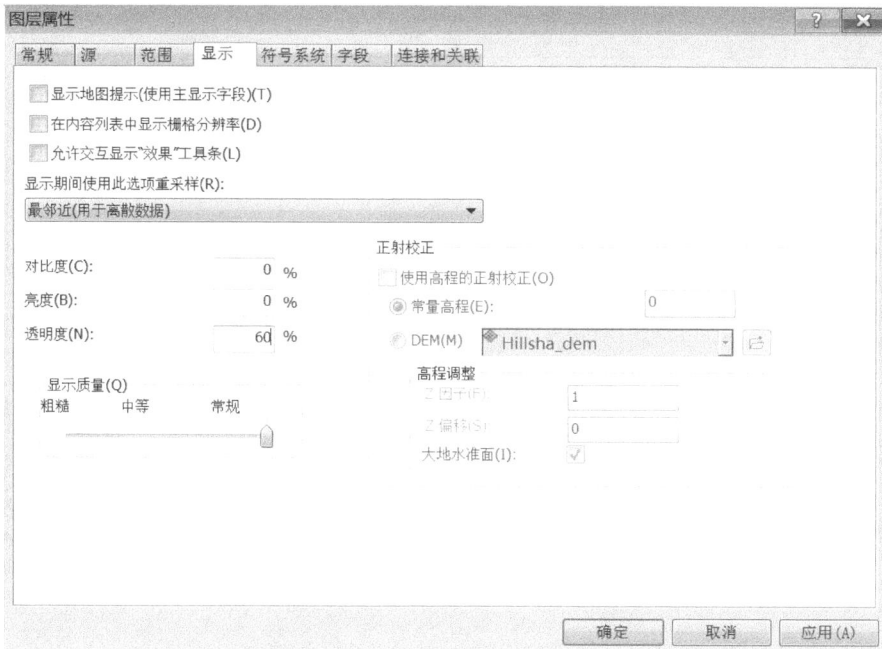

图 6 - 10

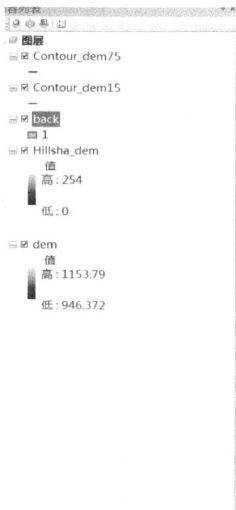

图 6 - 11

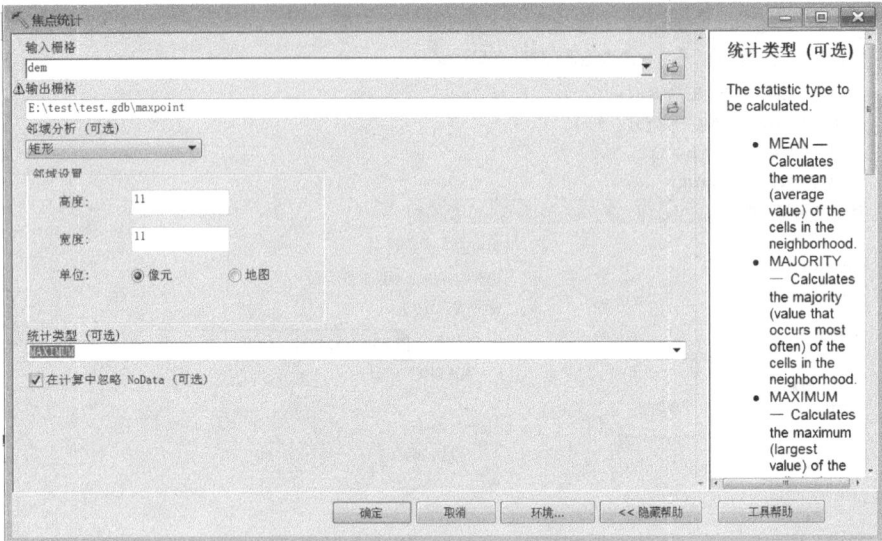

图 6 - 12

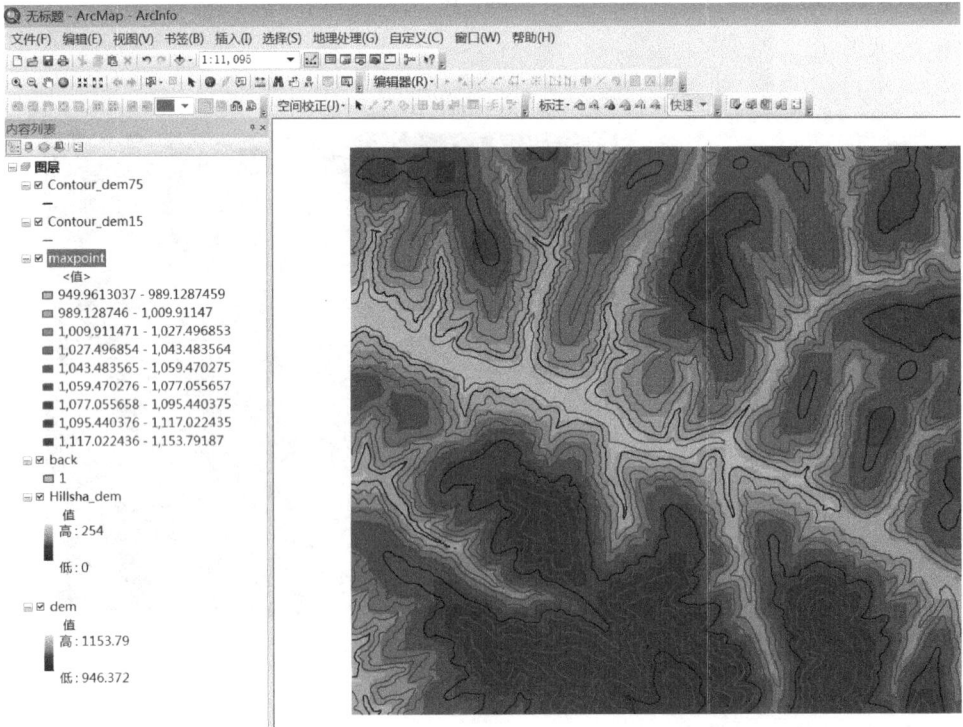

图 6 - 13

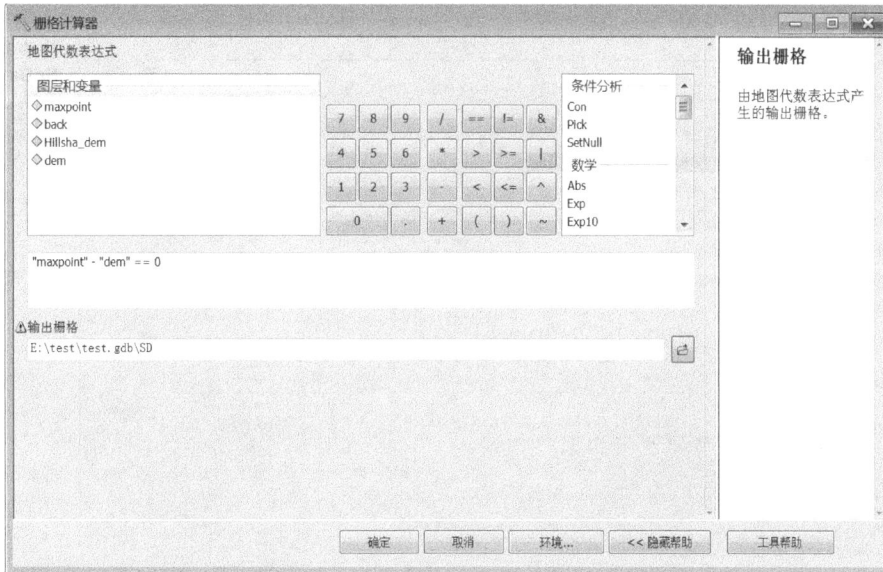

图 6 - 14

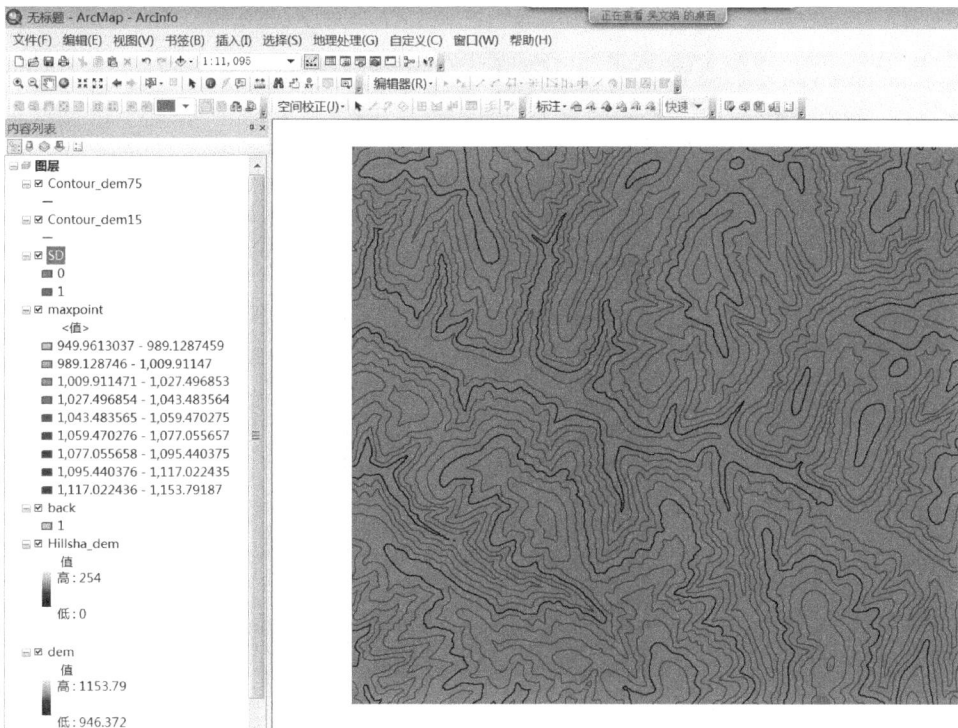

图 6 - 15

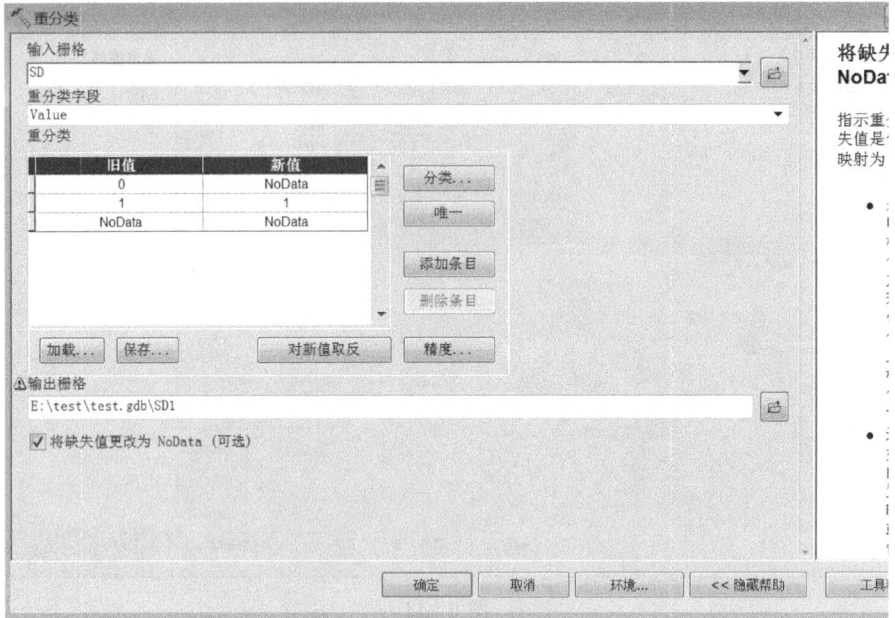

图 6 - 16

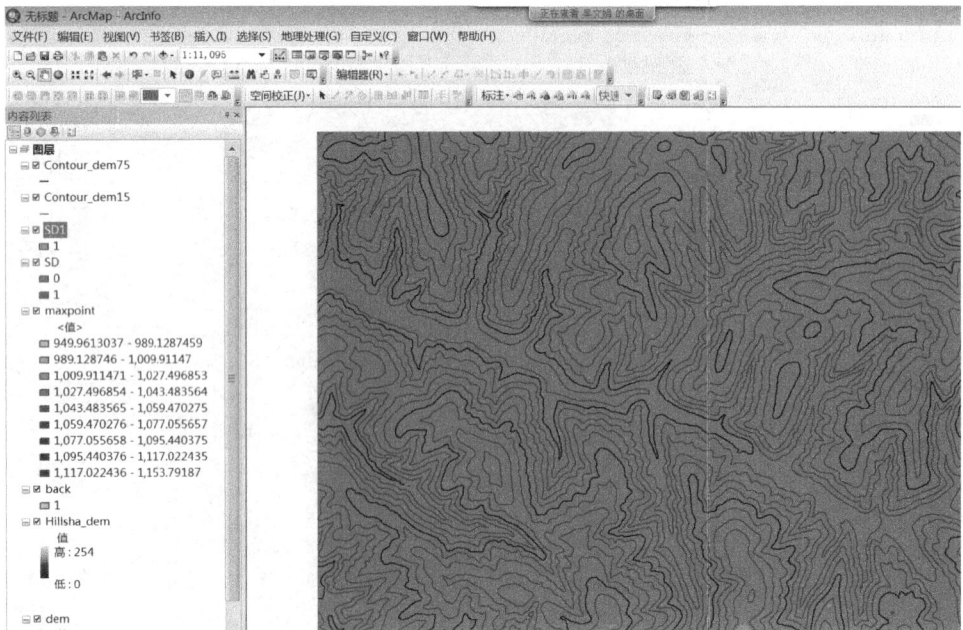

图 6 - 17

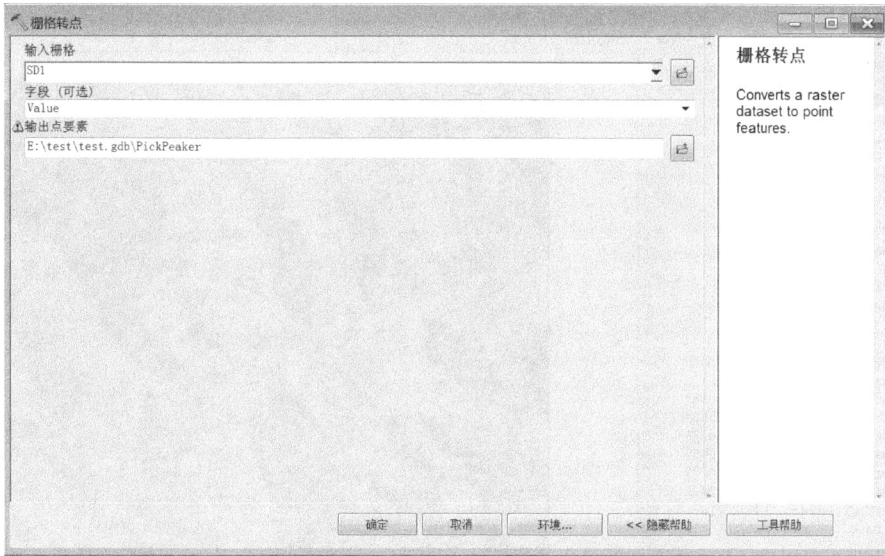

图 6-18

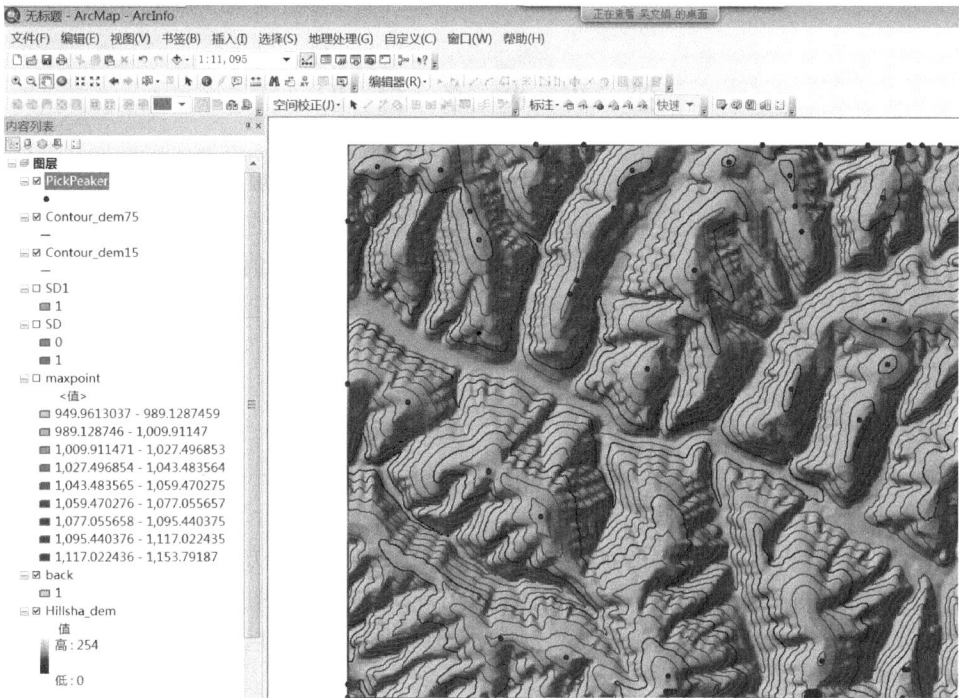

图 6-19

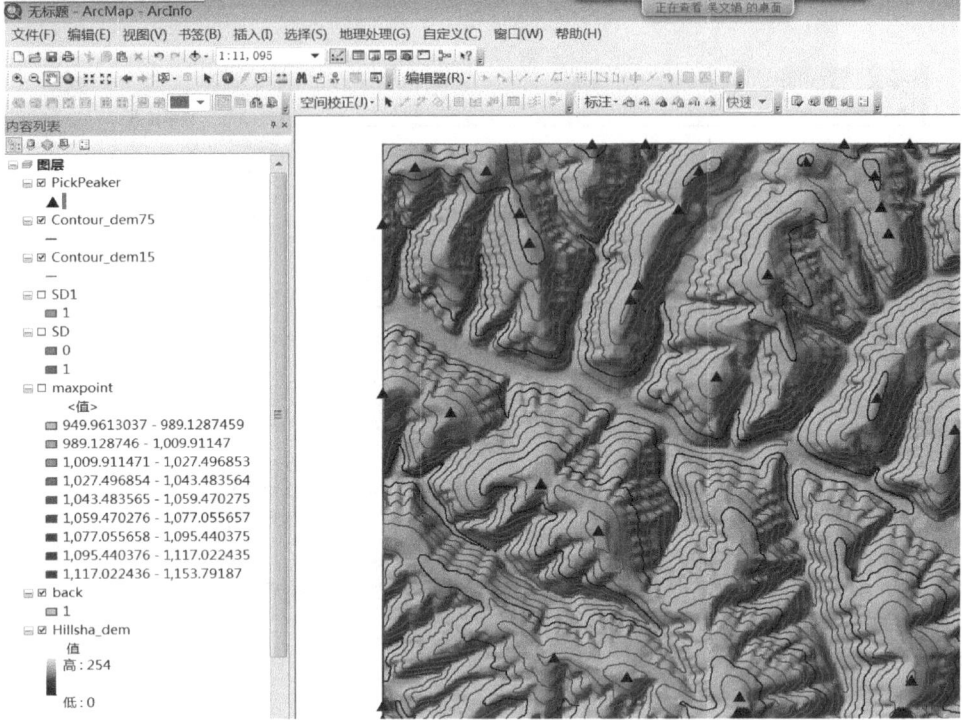

图 6 - 20

第二节　水　系　提　取

　　从 DEM 中自动提取自然水系的算法过程：依据水总是沿斜坡最陡方向流动的原理，确定 DEM 中每一个高程数据点的水流方向；然后根据高程数据点的水流方向数据来计算每一个高程数据点的上游给水区，再根据上游给水区高程数据，用阈值法确定属于水系的高程数据点；最后，根据水流方向数据，从水系源头开始，将整个水系追索出来（实验数据："第11 章 \ 水文分析"）。

　　步骤：

一、无洼地 DEM 生成

　　DEM 是比较光滑的地形表面模型，但由于 DEM 误差以及一些真实地形或特殊地形的影响，使得 DEM 表面存在一些凹陷的区域。在进行水流方向计算时，由于这些区域的存在，往往得到不合理的甚至错误的水流方向。因此，在进行水流方向的计算之前，应该首先对原始 DEM 数据进行洼地填充，得到无洼地的 DEM。洼地填充的基本过程是先利用水流方向数据计算出 DEM 数据中的洼地区域，并计算洼地深度，然后依据这些洼地深度设定填充阈值进行洼地填充。

　　（一）水流方向提取

　　水流的流向是通过计算中心格网与邻域格网的最大距离权落差来确定。对于每一格网。水流方向指水流离开此网格的指向。在 ArcGIS 中，通过对中心栅格的 1、2、4、8、16、32、64、128 等 8 个邻域栅格编码，中心栅格的水流方向便可由其中的某一值来确定。例

图 6-21

如，若中心栅格的水流流向左边，则水流方向赋值 16。启动 ArcToolbox，应用水文分析模块（Hydrology）下的流向确定（Flow Direction）命令，生成 8 方向水流流向图，如图 6-22、图 6-23 所示。

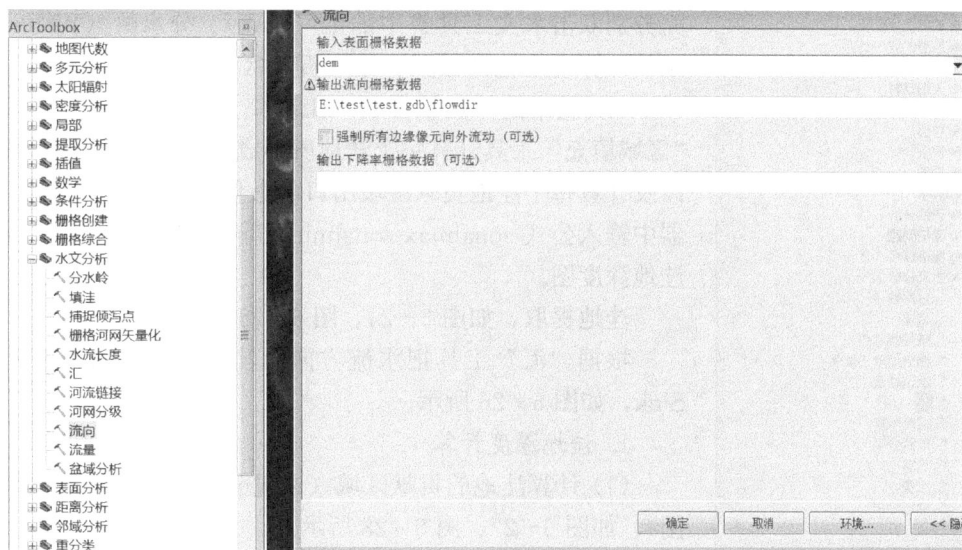

图 6-22

（二）洼地计算

洼地区域是水流方向不合理的地方，可以通过水流方向来判断哪些地方是洼地，并进行填充。但是，并非所有的洼地区域都是由于数据的误差造成的，有很多洼地是地表形态的真

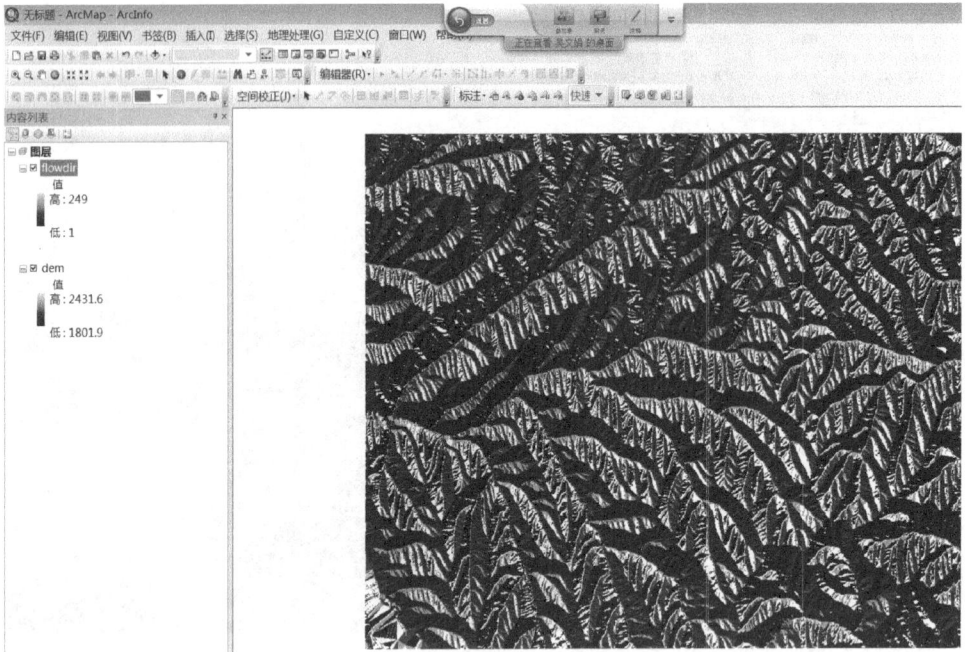

图 6 - 23

图 6 - 24

实反映。因此在进行洼地填充之前，必须计算洼地深度，判断哪些地区是由于数据误差造成的，而哪些地区又是真实的地表形态。然后，在洼地填充时，设置合理的填充阈值。基本过程先分别双击水文工具集中的汇（Sink）、分水岭（Watershed）工具计算出洼地区域图、洼地贡献区域图，打开 Spatial Analyst 工具箱中的"区域分析"工具集，分别利用"分区统计""区域填充"工具计算每个洼地所形成的贡献区域的最低高程，以及计算每个洼地贡献区域出口的最低高程，然后在栅格计算器中输入公式 zonalmax-zonalmin，输出栅格 sinkdep，计算出洼地深度图。

洼地提取，如图 6 - 24、图 6 - 25 所示。

根据"汇"工具把水流方向图洼地区域，输出汇栅格为 Sink，如图 6 - 26 所示。

1. 洼地深度计算

（1）计算洼地的贡献区域（通过分水岭生成洼地贡献区域图），如图 6 - 27、图 6 - 28 所示。

（2）计算每个洼地所形成的贡献区域的最低高程（Zonalmin），如图 6 - 29、图 6 - 30 所示。

图 6 - 25

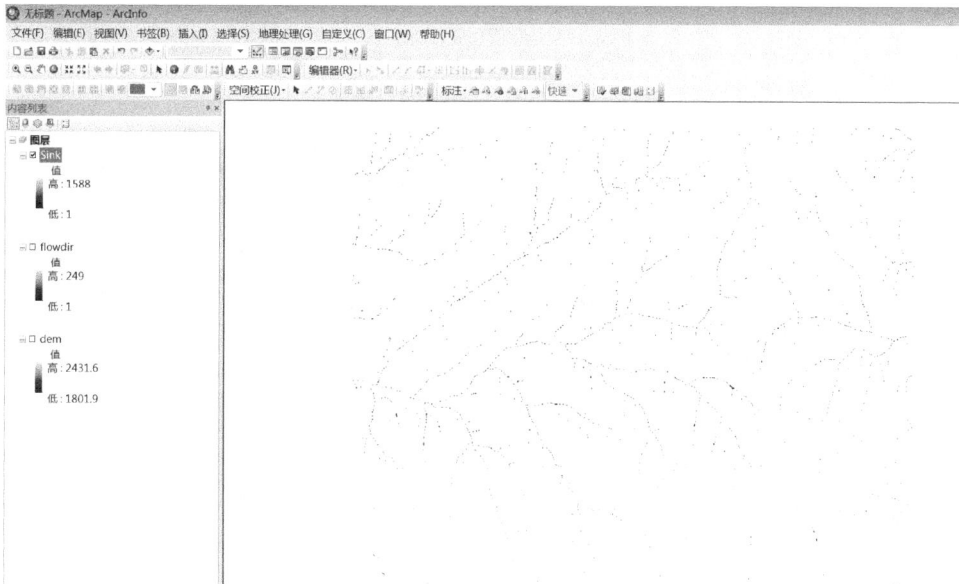

图 6 - 26

（3）计算每个洼地贡献区域出水口的最低高程即洼地水口高程（Zonalmax），如图 6 -
31、图 6 - 32 所示。

（4）计算洼地深度，进行地图栅格计算，公式为 Zonalmax-Zonalmin，输出栅格为 sink-
dep，如图 6 - 33 所示。

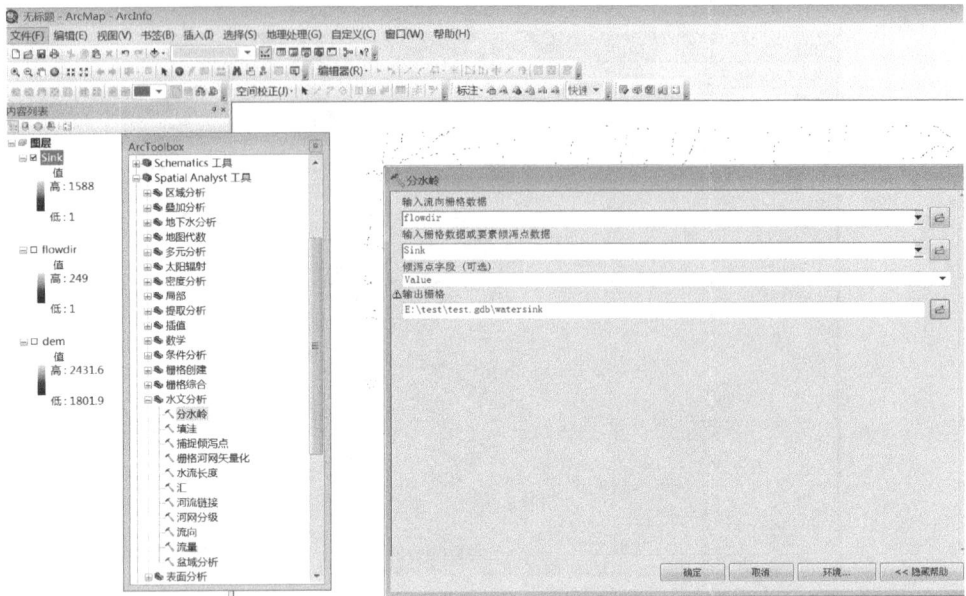

图 6-27

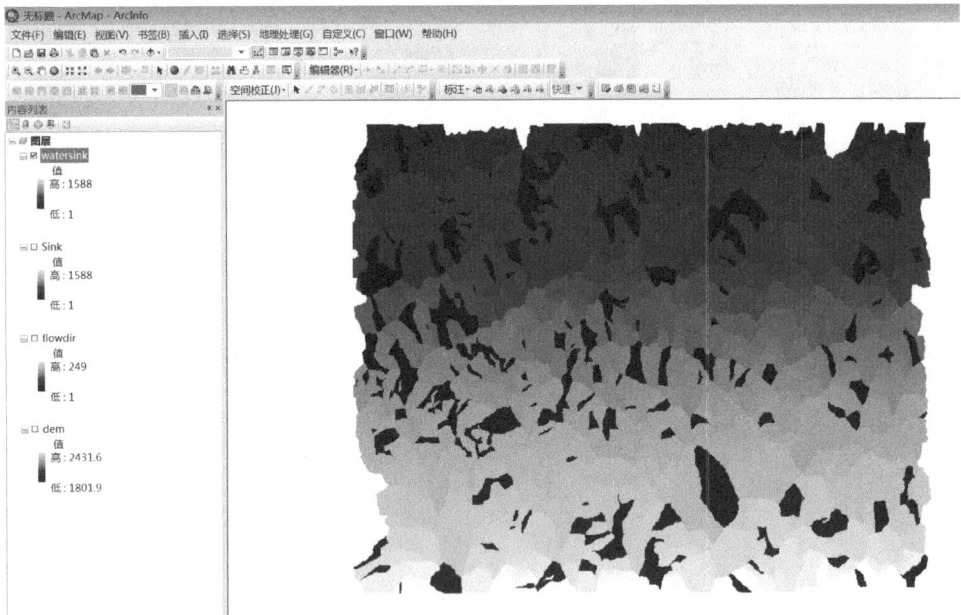

图 6-28

(三) 洼地填充

经过洼地提取后, 可以确定原始 DEM 上是否存在洼地, 若有洼地, 须进行填充。而洼地深度的计算为填充阈值的设置提供了依据, 系统默认条件下是不设阈值, 即所有的洼地区域都将被填平。参考洼地深度图, 结合小流域的实际地形, 不断调试将阈值设为 2500。

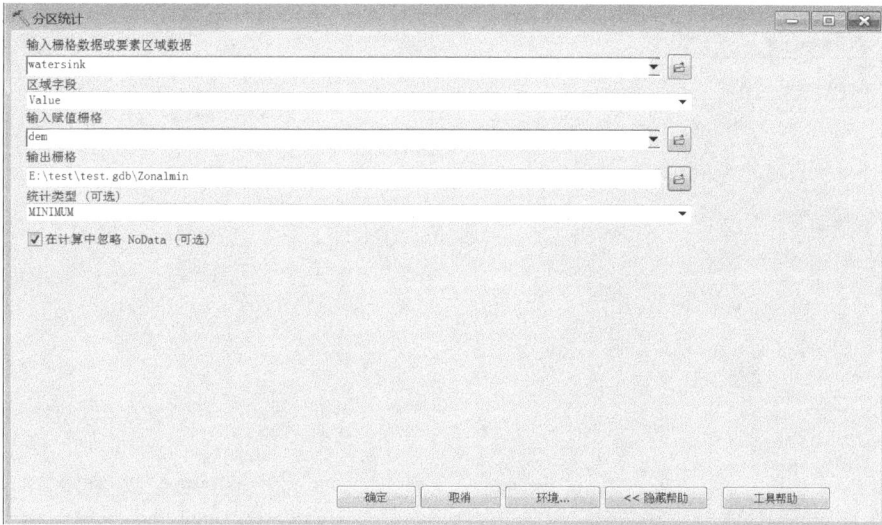

图 6 - 29

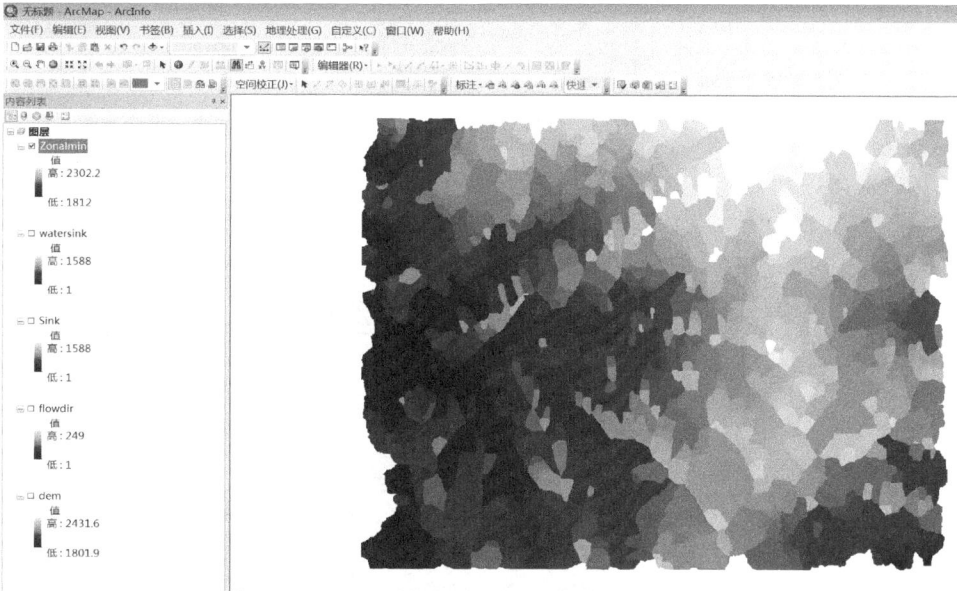

图 6 - 30

方法是双击水文分析工具集中的填洼（FILL）工具，选择需要进行洼地填充的原始DEM 数据，经过洼地填充生成的无洼地 DEM，如图 6 - 34、图 6 - 35 所示。

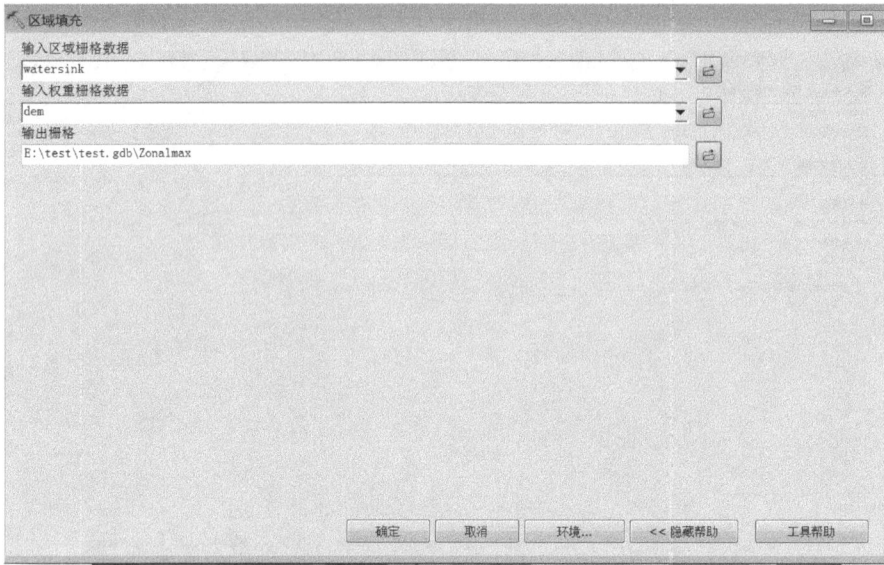

图 6 - 31

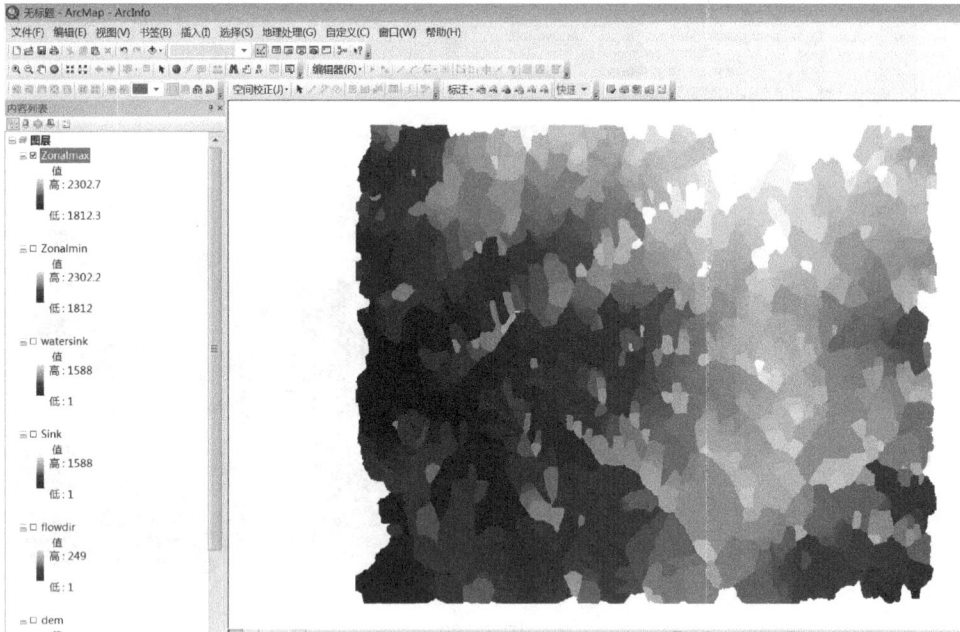

图 6 - 32

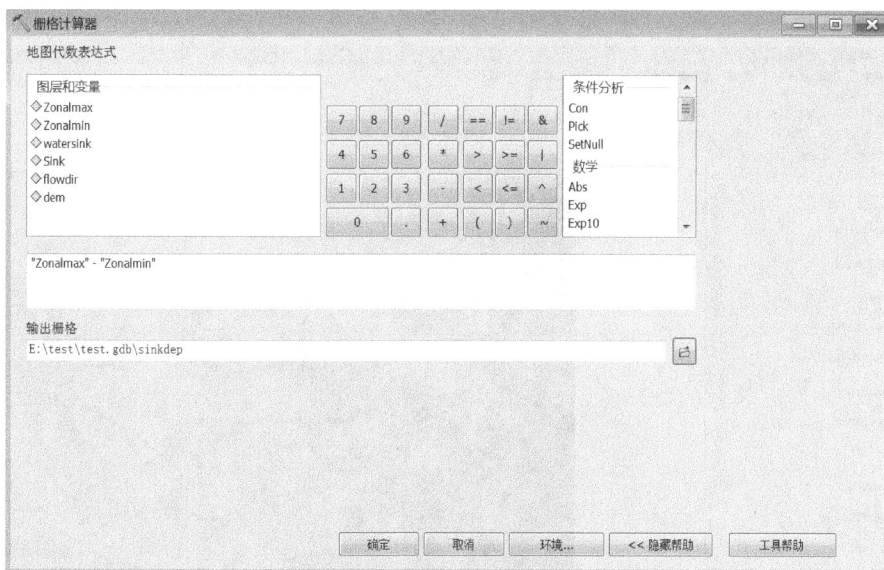

图 6 - 33

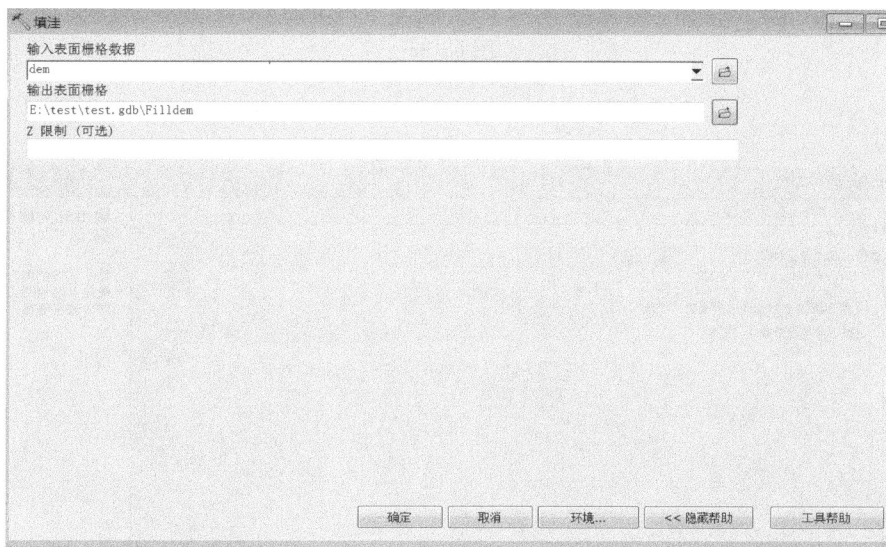

图 6 - 34

二、汇流累积量计算

在地表径流模拟过程中，汇流累积量是基于水流方向数据计算得到的。首先基于无洼地 DEM 生成水流方向图，利用该数据，双击水文分析工具集中的流量（Fill Accumulation）工具计算出汇流累积量数据。

（1）基于无洼地 DEM 生成水流方向图，如图 6 - 36、图 6 - 37 所示。

（2）基于无洼地 DEM 计算汇流累积量数据，如图 6 - 38、图 6 - 39 所示。

图 6 - 35

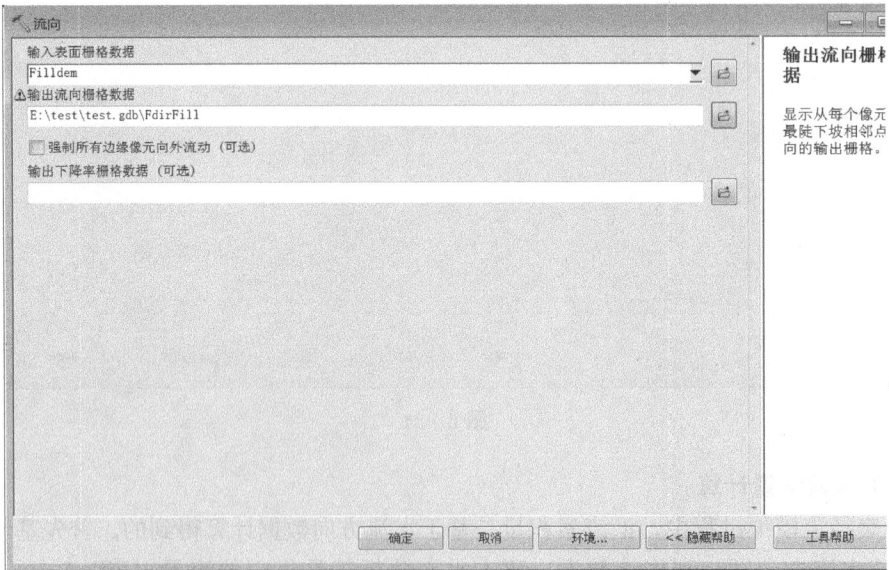

图 6 - 36

三、水流长度计算

水流长度是指地面上一点沿水流方向到流向起点（或终点）间的最大地面距离在水平面上的投影长度。它分为顺流计算及溯流计算两种，可通过双击水文分析工具集中的水流长度

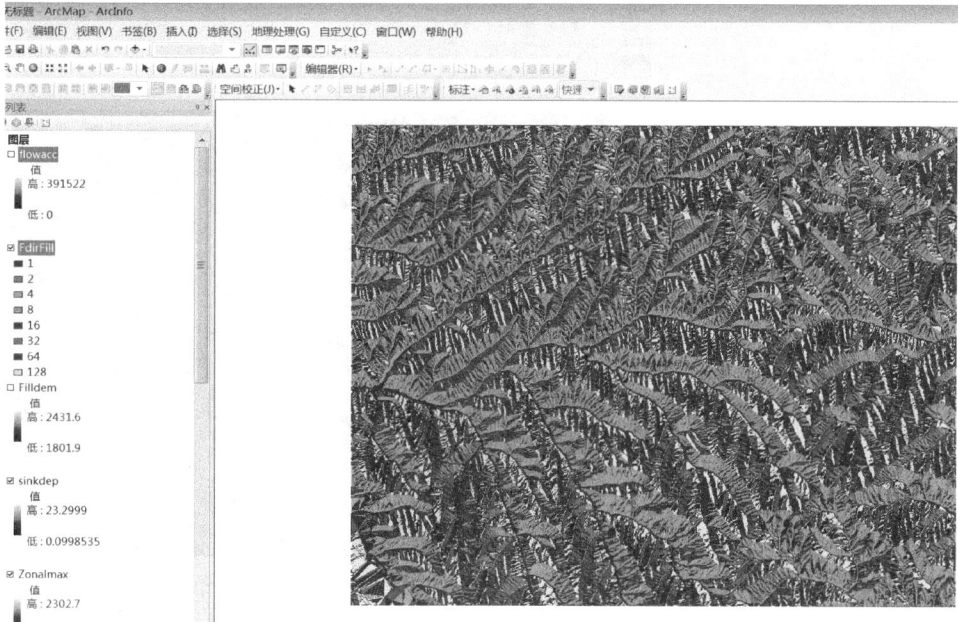

图 6 - 37

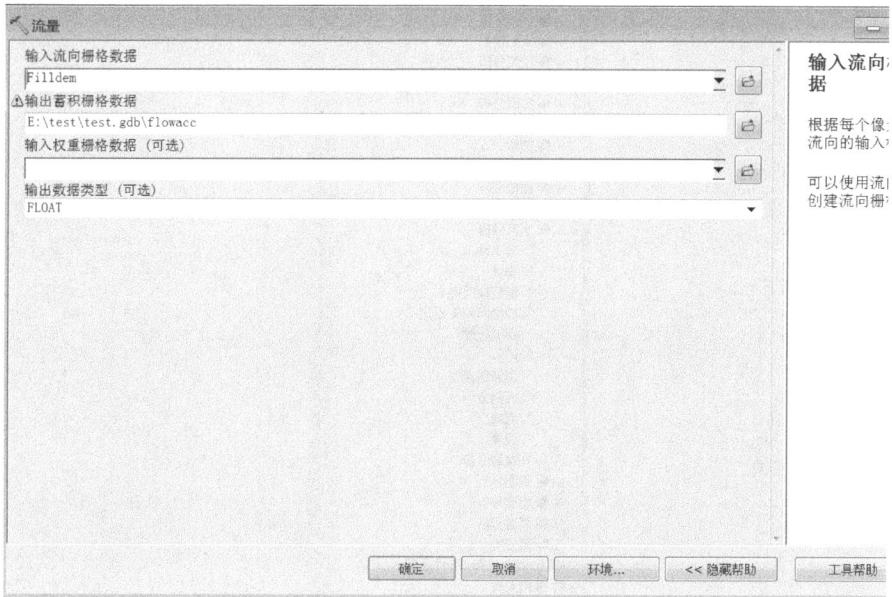

图 6 - 38

（Flow Length）工具实现，其中计算方向分别选择顺流计算 Downstream 或溯流计算 Up-stream。水流长度的提取和分析在水文学或水土保持工作中均具有很重要意义，因为水流长度直接影响地面径流的速度，进而影响地面土壤的侵蚀力，如图 6 - 40 所示。

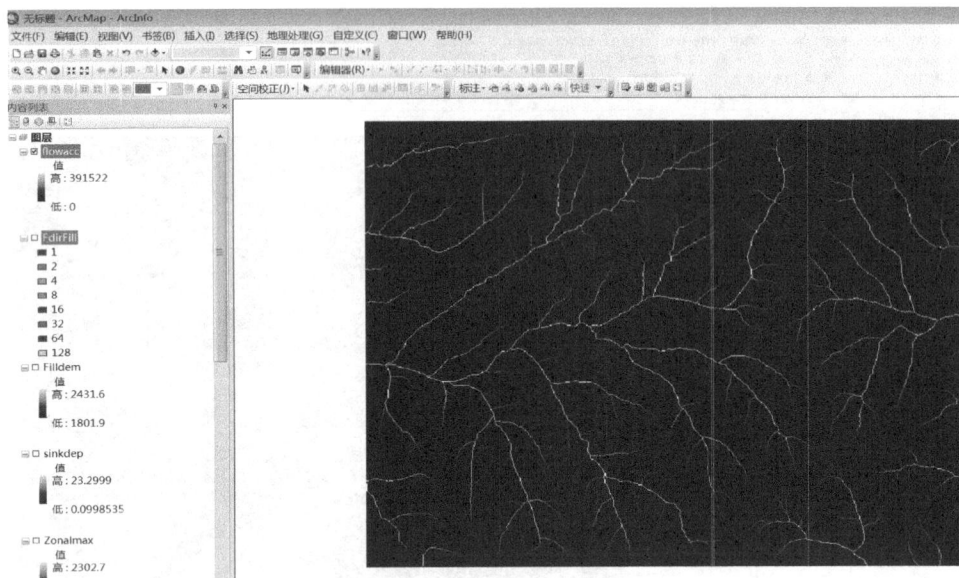

图 6 - 39

图 6 - 40

　　（1）顺流计算的水流长度，点击空间分析→水文分析→水流长度，选择顺流方向（DOWNSTREAM），如图 6 - 41 所示。

图 6-41

（2）溯流计算的水流长度，同上方法选择逆流方向（UPSTREAM），如图 6 - 42、图 6 - 43 所示。

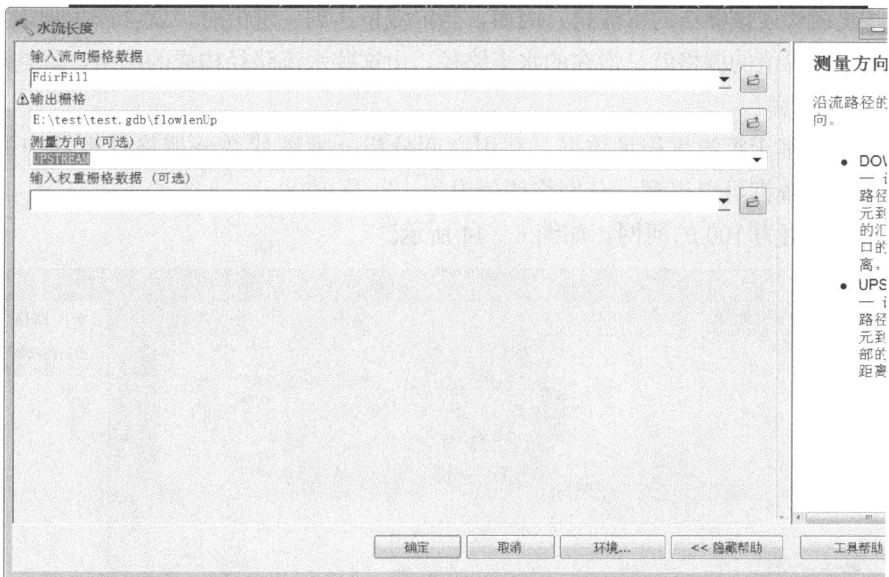

图 6-42

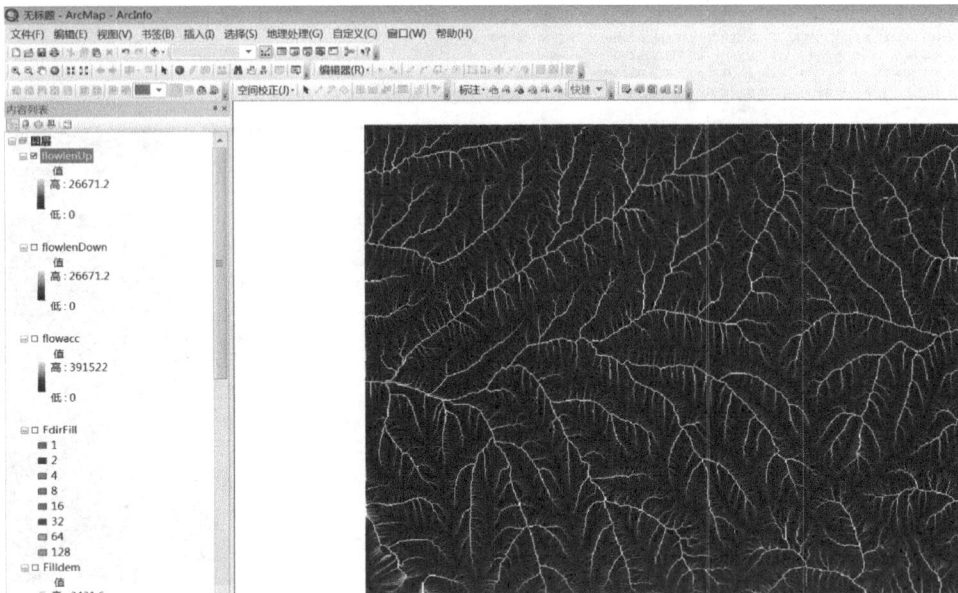

图 6-43

四、河网的提取

目前河网提取方法主要采用地表径流漫流模型。假设每一个栅格携带一份水流，那么栅格的汇流累积量就代表该栅格的水流量。因而，当汇流量达到一定值时，就会产生地表水流，所有汇流量大于临界值的栅格就是潜在的水流路径，由这些水流路径构成的网络，就是河网。

1. 河网的生成

河网的生成基于汇流累积量数据，利用空间分析→地图代数→栅格计算器中的 Con 命令进行有条件地查询可以得到，分别将阈值设为 100 及 1000。

（1）生成阈值为 100 的河网，如图 6-44 所示。

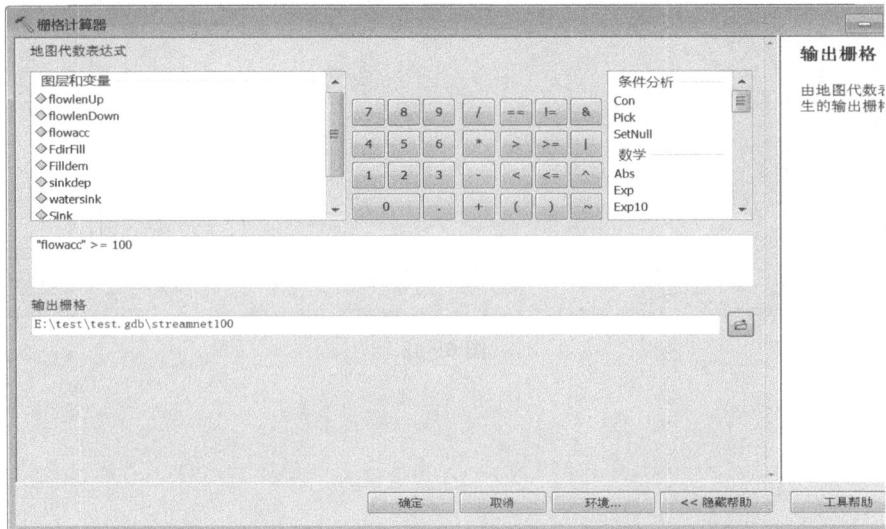

图 6-44

生成的 streamnet100 如图 6-45 所示。

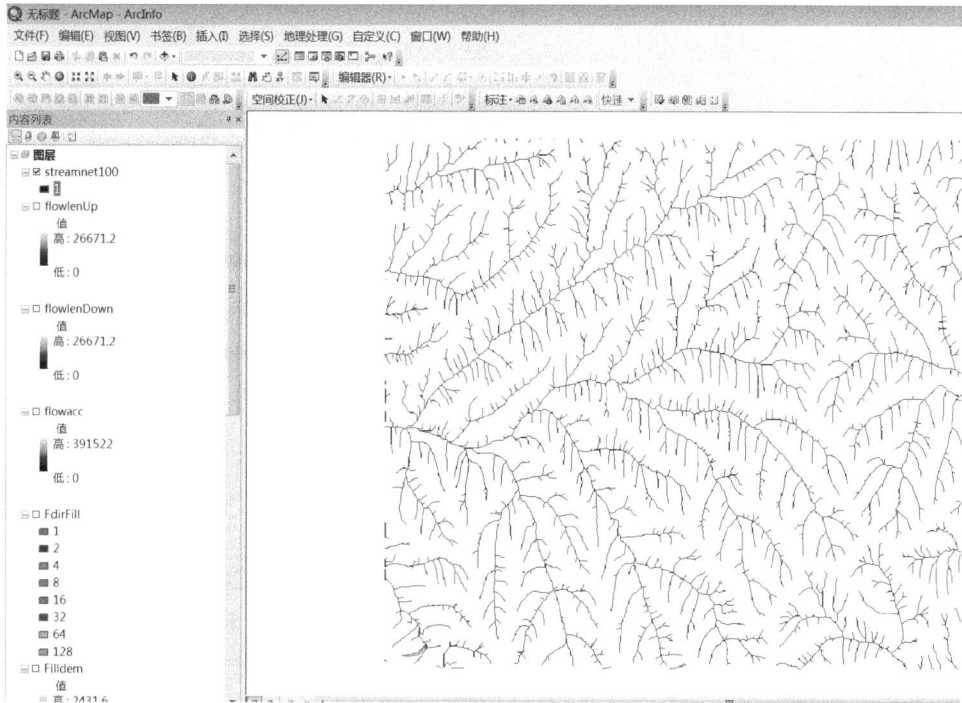

图 6-45

以上操作也可以利用栅格计算器的运算，以阈值设为 1000 为例，如图 6-46～图 6-48 所示。

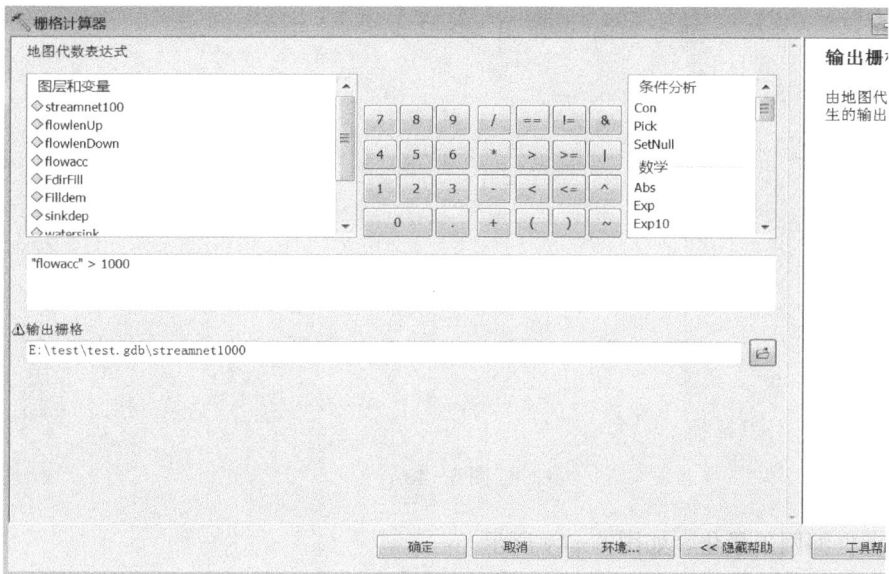

图 6-46

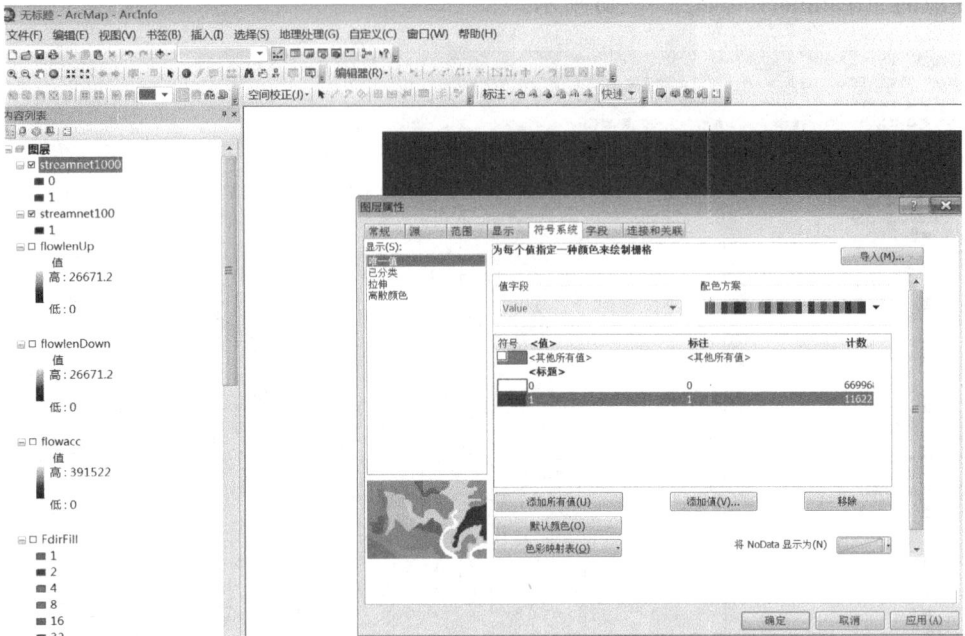

图 6 - 47

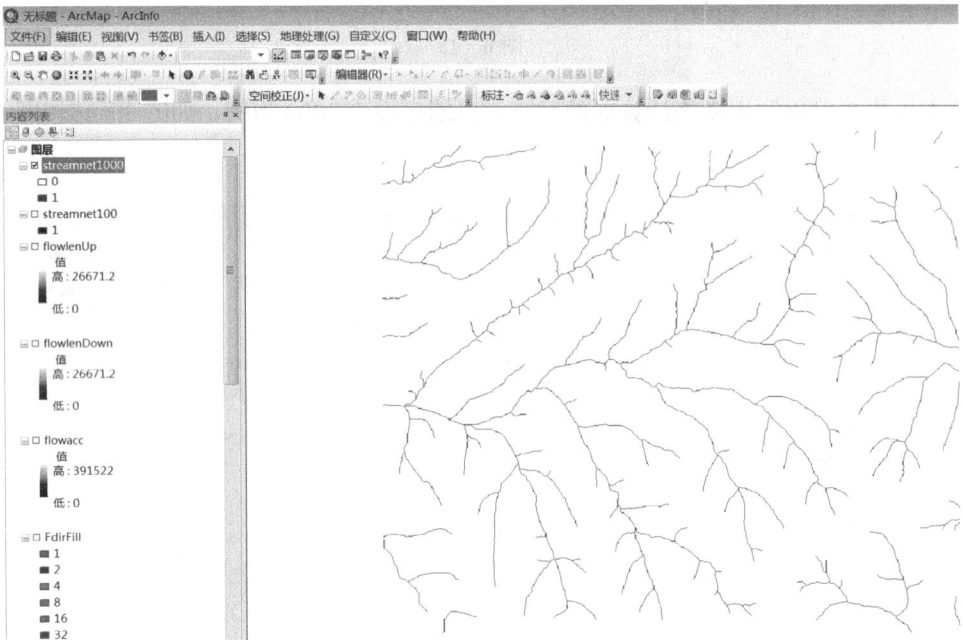

图 6 - 48

（2）栅格河网矢量化，如图 6 - 49 所示。

通过栅格河网矢量化，如图 6 - 50、图 6 - 51 所示。

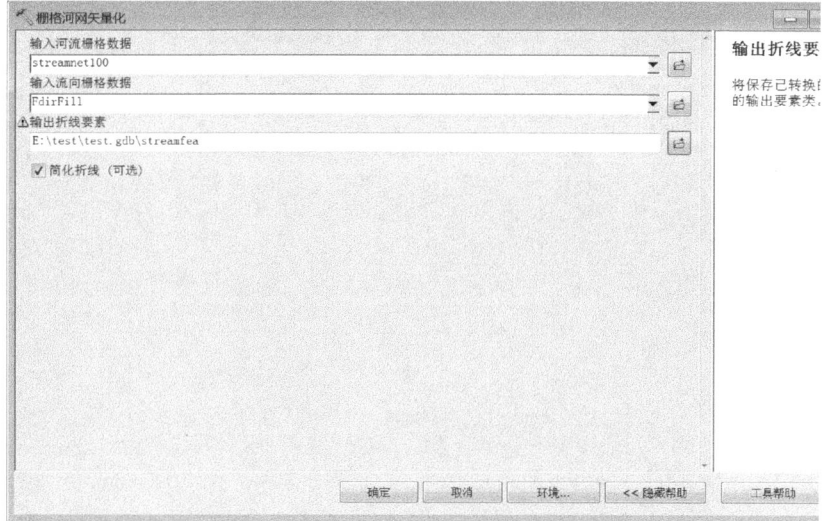

图 6-49　　　　　　　　　　　　　　　　　　图 6-50

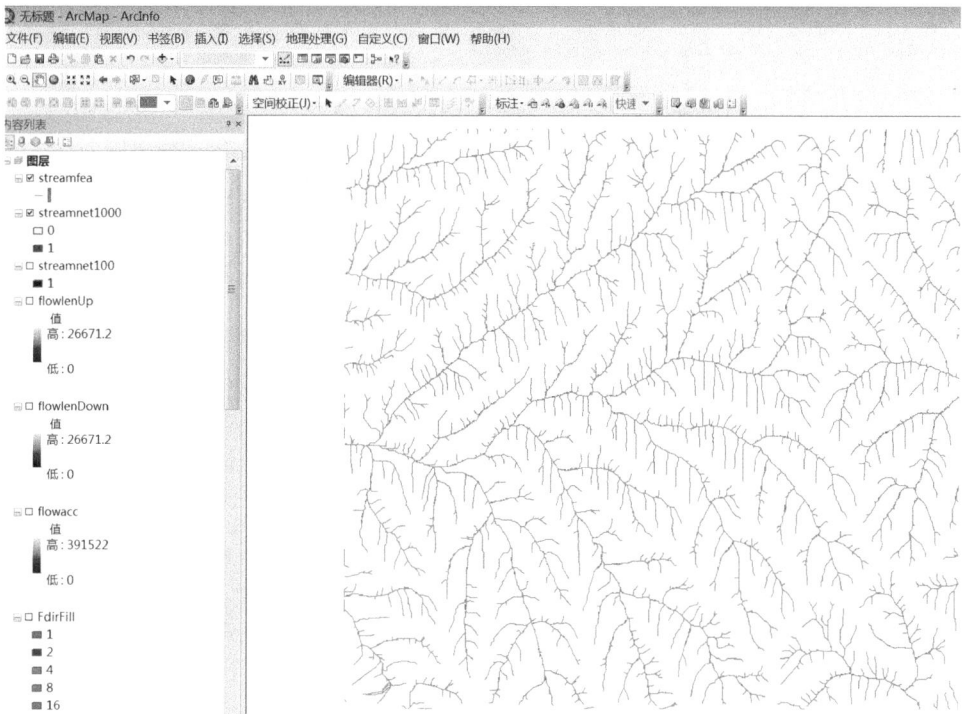

图 6-51

2. Stream Link 的生成

Stream Link 记录河网中结点之间的连接信息，它主要是记录河网的结构信息，其中每一条弧段连接着两个作为出水点或汇合点的结点。Stream Link 的生成可以通过双击水文分析工具集中的河流链接（Stream Link）工具实现，其属性表中记录着每个片段所包含的栅格个数信息，如图 6-52、图 6-53 所示。

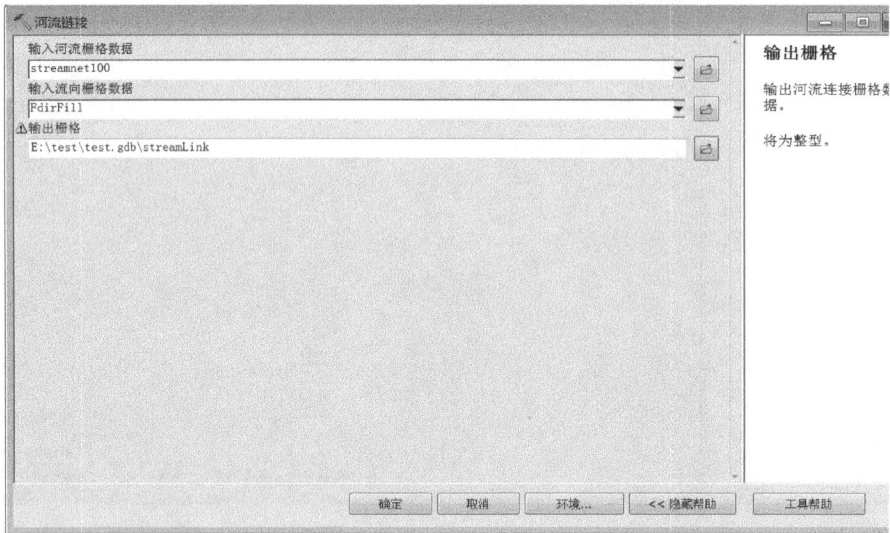

图 6-52

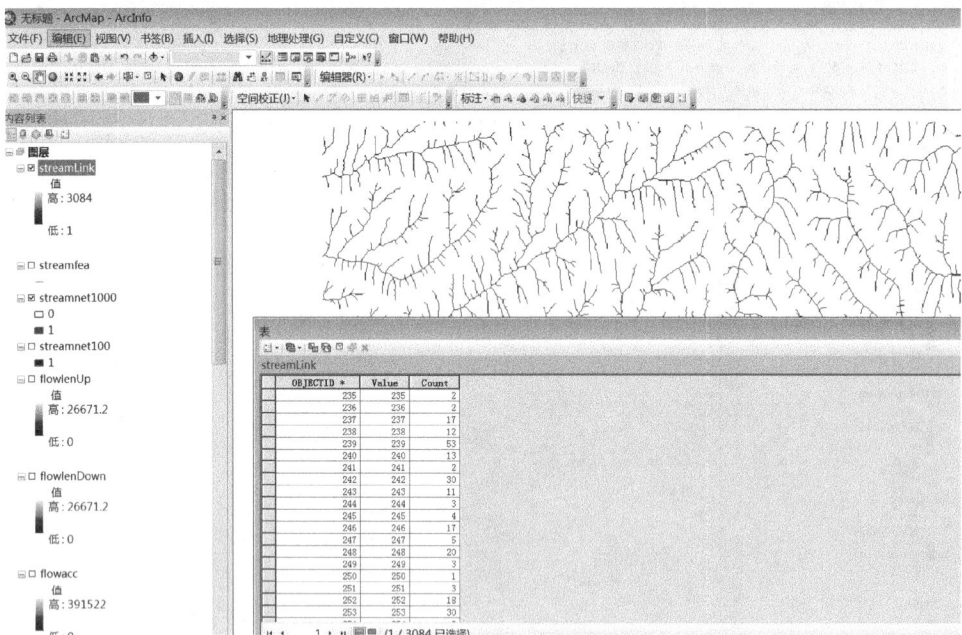

图 6-53

3. 河网分级

不同级别的河网所代表的汇流累积量不同，级别越高，汇流累积量越大，一般是主流，而级别较低的河网一般则是支流。点击水文分析工具集的 Stream Order 工具，可提供两种常用的河网分级方法：Strahler 分级和 Shreve 分级。

（1）河网 Strahler 分级，如图 6-54、图 6-55 所示。

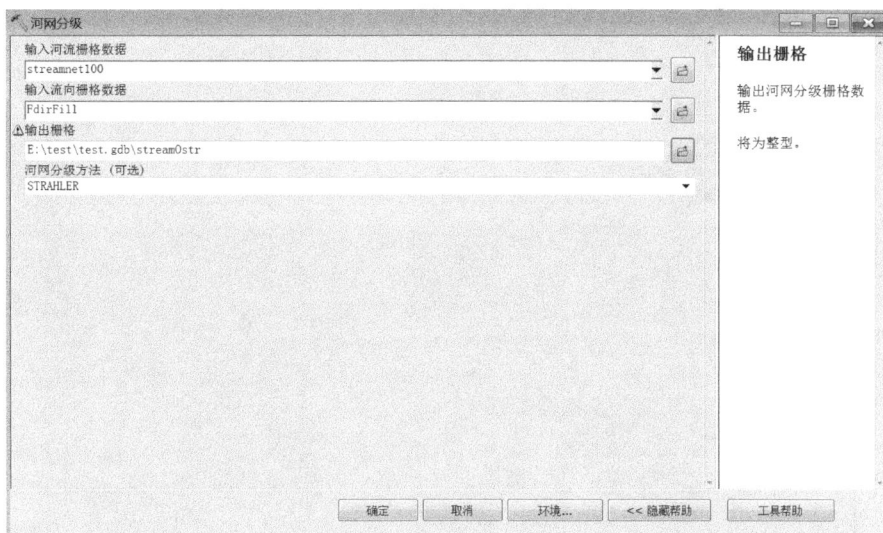

图 6-54

图 6-55

（2）河网 Shreve 分级，如图 6-56、图 6-57 所示。

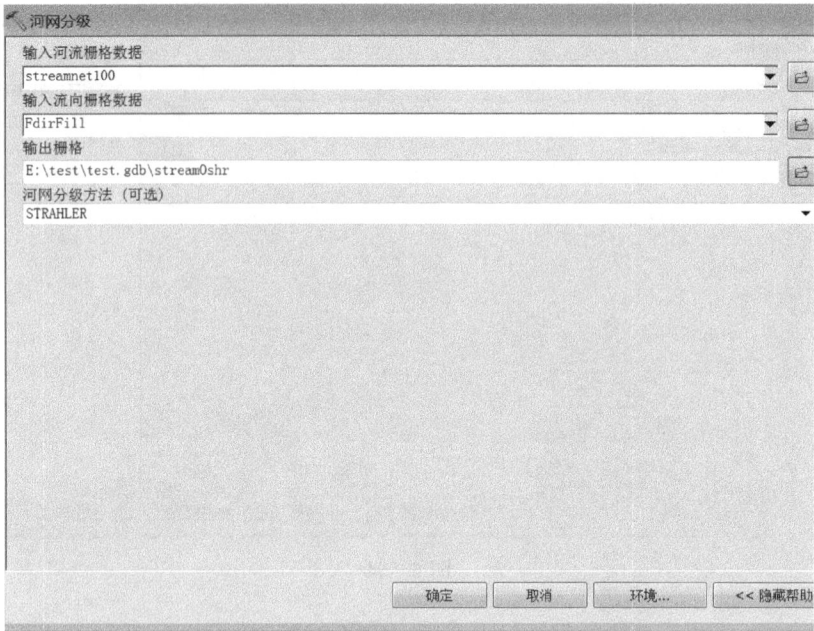

图 6-56

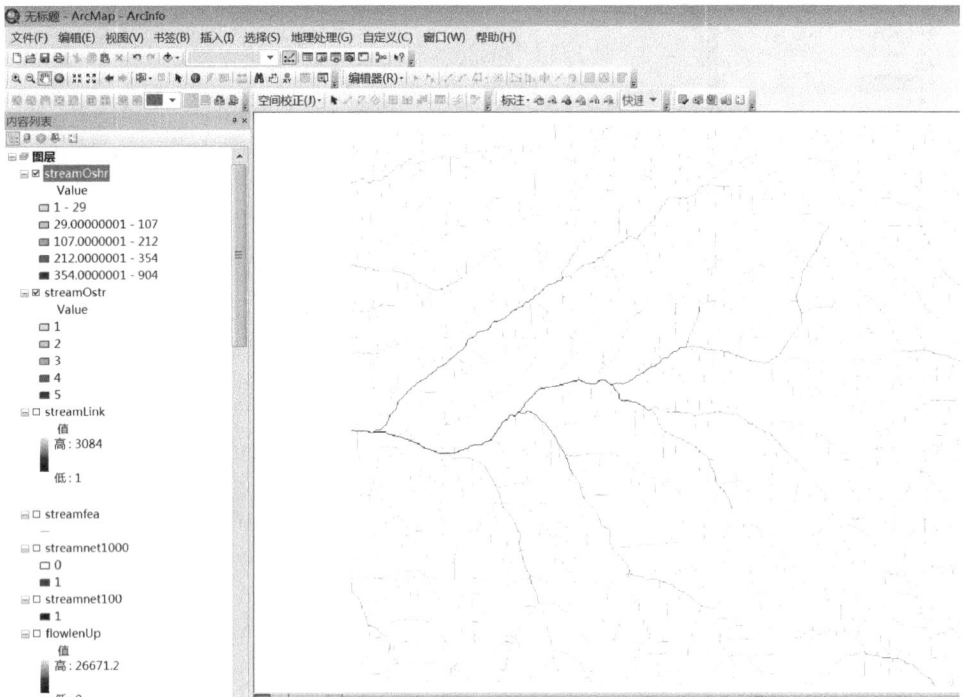

图 6-57

五、流域的分割

流域（watershed）又称集水区域，是指流经其中的水流和其他物质从一个公共的出水口排出从而形成的一个集中的排水区域。流域可以通过流域盆地（basin）、集水盆地（catchment）来描述。

1. 流域盆地的确定

流域盆地是由分水岭分割而成的汇水区域，可利用水流方向确定出所相互连接并处于同一流域盆地的栅格区域。点击水文分析工具集中的盆域分析工具可以计算出流域盆地图，如图6-58、图6-59所示。

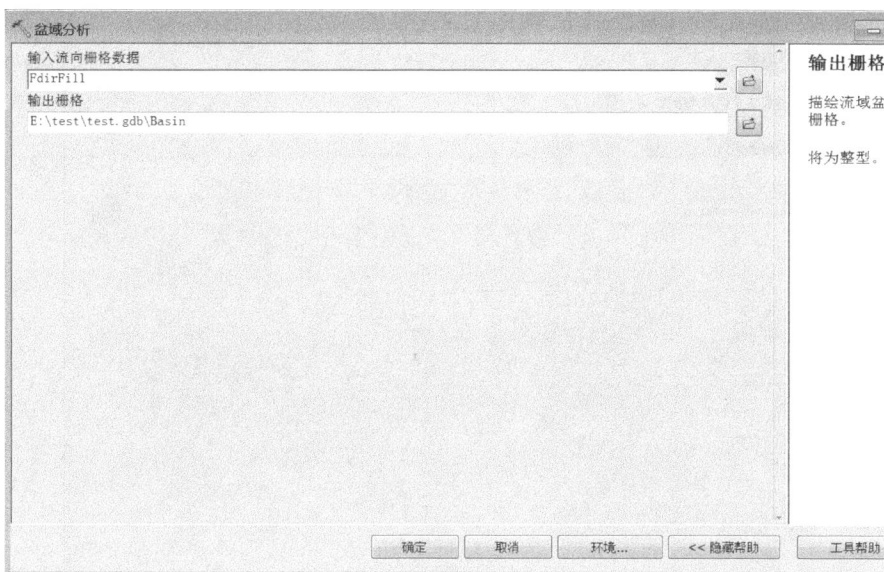

图6-58

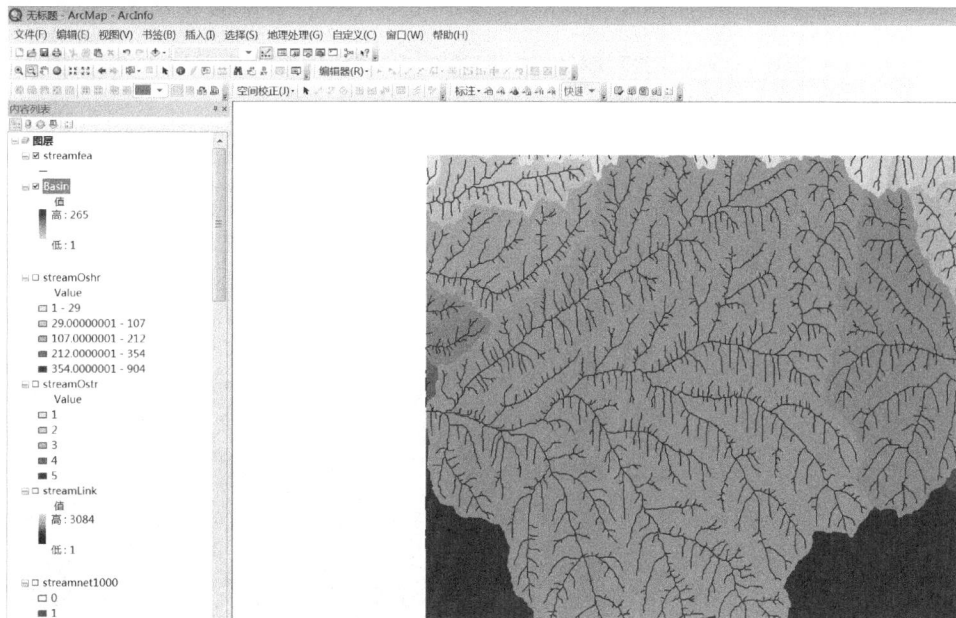

图6-59

2. 集水流域的生成

除用流域盆地来描述外，在水文分析中，经常基于更小的流域单元进行分析，首先通过水文分析工具集中的捕捉倾泻点（Snap Pour Point）工具寻找小级别流域的出水口位置，然后结合水流方向，点击水文分析工具集中的分水岭（Watershed）工具，分析搜索出该出水点上游所有流过该出水口的栅格，直至生成集水流域为止，对计算结果重新分级后可以更方便寻找感兴趣的流域研究区，如图 6 - 60、图 6 - 61 所示。

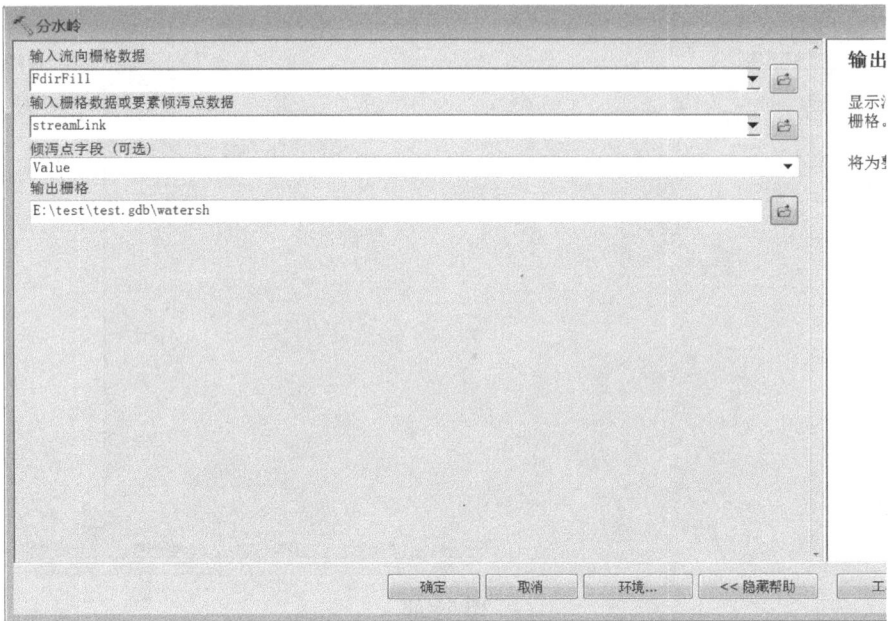

图 6 - 60

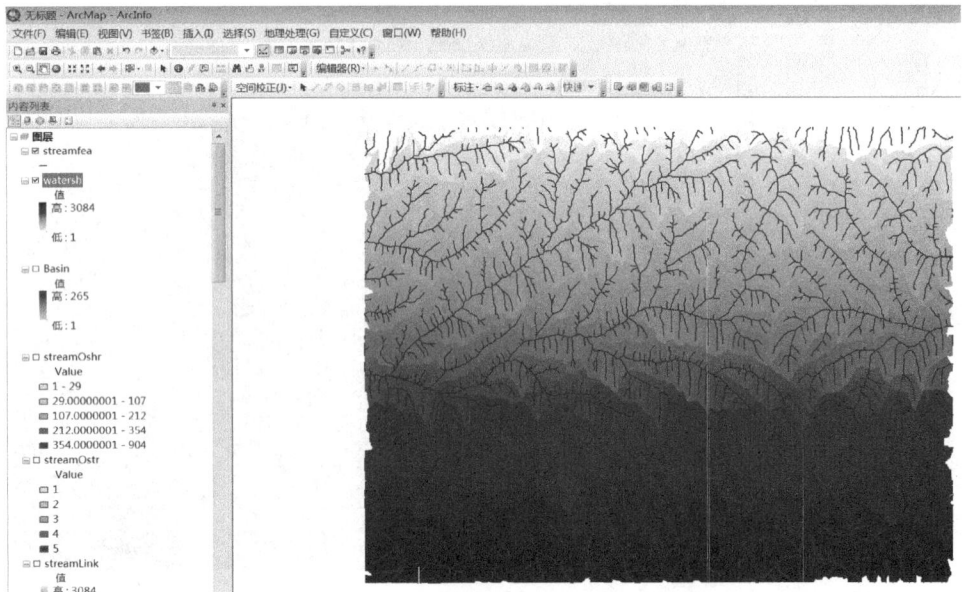

图 6 - 61

六、结果分析

目前，利用 DEM 数据，在 GIS 平台支持下可以快速准确地获取流域的河网结构，并可以根据汇流累积单元数的阈值来生成不同密度的河网。但对于阈值的选取，尚须进一步探究。

例如：阈值为 100 的矢量河网图与阈值为 1000 的矢量河网图对比，如图 6 – 62、图 6 – 63 所示。

图 6 – 62　　　　　　　　　　　　　　　　图 6 – 63

第七章　ArcGIS 网 络 分 析

ArcGIS Network Analyst 扩展模块用于构建网络数据集并对网络数据集执行分析。学习使用 Network Analyst 的最佳方法就是实践。在本教程的练习中，您将完成以下内容：

(1) 使用 ArcCatalog 根据存储在地理数据库中的要素类来创建和构建一个网络数据集。

(2) 为该网络数据集定义连通性规则和网络属性。

(3) 在 ArcMap 中，使用 Network Analyst 工具条执行各种网络分析。

(4) 学习如何使用 Network Analyst 地理处理工具创建用于自动分析的模型。

要使用本教程，您需要安装包含 Network Analyst 扩展模块的 ArcGIS，还需要将教程数据安装在系统的本地或共享网络驱动器中。

在本教程中：

练习1：创建网络数据集。

练习2：创建多方式网络数据集。

练习3：使用网络数据集查找最佳路径。

第一节　创建网络数据集

在本练习中，您将使用地理数据库 SanFrancisco 中的街道要素和转弯要素创建一个网络数据集。您还可以加入历史流量数据，以便求解取决于时间的路径。

(1) 单击开始→所有程序→ArcGIS→ArcCatalog 10 启动 ArcCatalog。

(2) 启用"网络分析"扩展模块：

1) 单击自定义→扩展模块，将打开扩展模块对话框。

2) 选中网络分析。

3) 单击关闭。

(3) 在标准工具栏中点击"连接到文件夹"按钮，将文件夹指向到实验数据所在的文件夹，如图 7-1 所示。

图 7-1

（4）在目录树中，展开 ... ＼ArcTutor＼Network Analyst＼Tutorial＞Exercise01＞SanFrancisco. gdb。

（5）单击交通要素数据集。要素数据集包含的要素类将列于 ArcCatalog 的内容选项卡上。

（6）右键单击交通要素数据集并单击新建→网络数据集，如图 7 - 2 所示。

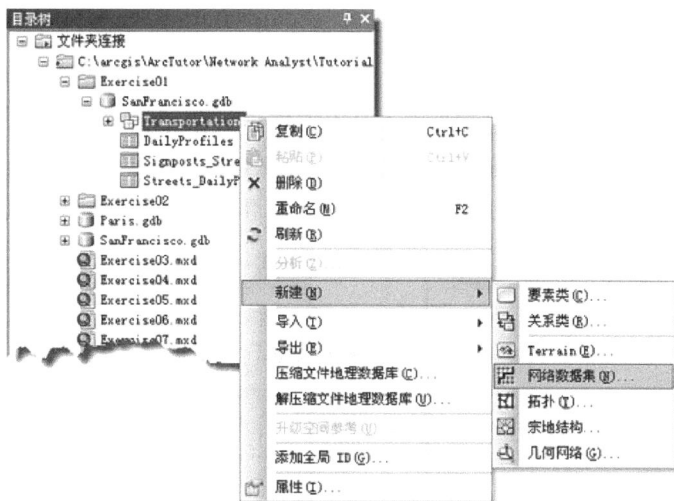

图 7 - 2

（7）输入网络数据集的名称 Streets _ ND，如图 7 - 3 所示。

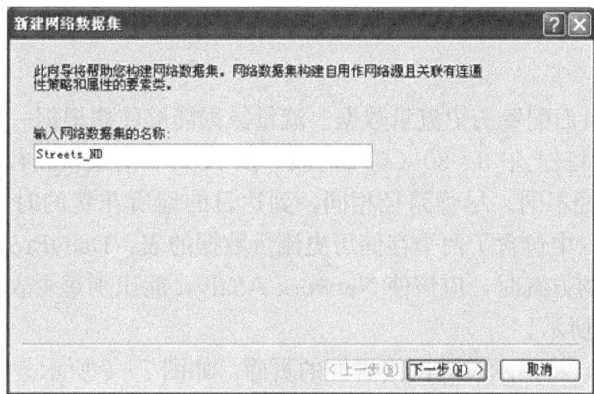

图 7 - 3

（8）单击下一步。

（9）选中街道要素类并将其作为网络数据集的源。

（10）单击下一步。

（11）选择"是"在此创建结构中创建转弯模型。

（12）选中〈通用转弯〉可添加默认转弯罚金，而选中 RestrictedTurns 可将它选为转弯要素源，如图 7 - 4 所示。

（13）单击下一步。

（14）单击连通性，将打开"连通性"对话框。可在此处为该网络设置连通性模型。对于此街道要素类，所有街道在端点处相互连接。

（15）确保街道的连通性策略已设置为端点。

（16）选择"确定"返回创建网络数据集向导。

（17）单击下一步。

（18）此数据集带高程字段，因此请确保选择使用高程字段选项。

Streets 要素类具有整数形式的逻辑高程值，存储在 F_ELEV 和 T_ELEV 字段中。例如，如果两个重合端点的字段高程值为 1，则边将连接。但是，如果一个端点的值为 1，另一个重合端点的值为 0（零），边将不会连接。ArcGIS Network Analyst 会识别此数据集中的字段名称并自动映射它们（只有整型字段可以用作高程字段），如图 7-5 所示。

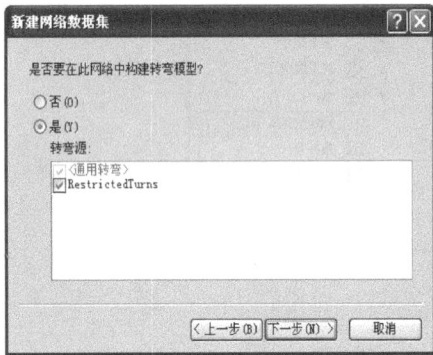

图 7-4

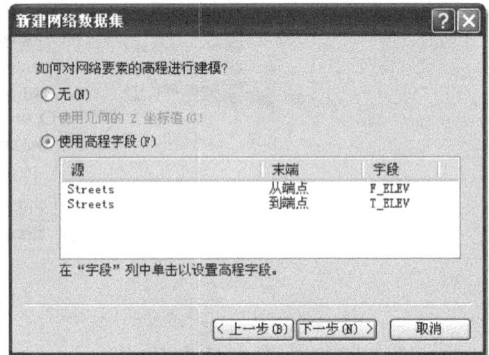

图 7-5

（19）单击下一步。

可以使用此向导页面配置历史流量数据。流量数据能够使您根据一周中的某天某时找到最快的路径。例如，周三上午 8：30（高峰时段）从 A 到 B 的最快路径可能与周日下午 1：00 这两点间的最快路径不同。尽管路径相同，到达目的地所花费的时间却也可能不同。地理数据库 SanFrancisco 中包含了两个存储历史流量数据的表：DailyProfiles 和 Streets_DailyProfiles。在设计表的方案时，应该使 Network Analyst 能识别每个表的角色并能自动配置历史流量，如图 7-6 所示。

（20）单击下一步，将显示设置网络属性的页面，如图 7-7 所示。

（21）单击 Meters 行将其选中，然后单击赋值器检查网络属性的值是如何确定的，将打开赋值器对话框，如图 7-8 所示。

（22）在属性下拉列表中，每次单击一种属性类型，检查赋值器的类型和源要素类的值。

（23）单击"确定"按钮返回创建网络数据集向导。

以下步骤中，您将添加一个新属性来限制在创建自 RestrictedTurns 要素类的转弯元素上方移动。

（24）单击添加，打开添加新属性对话框。

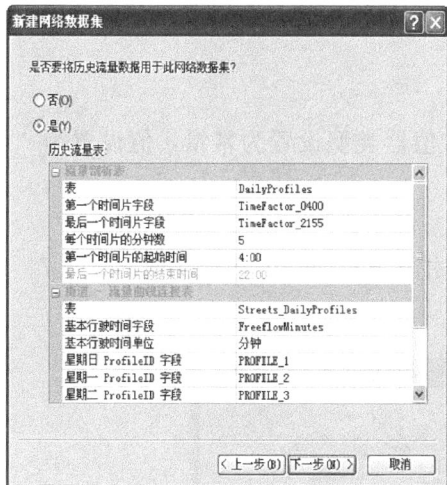

图 7-6

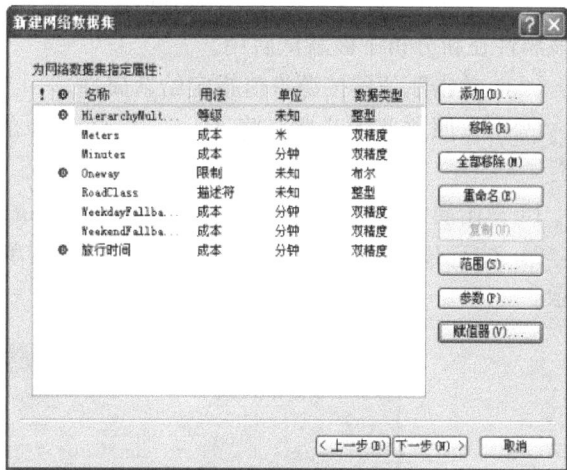

图 7-7

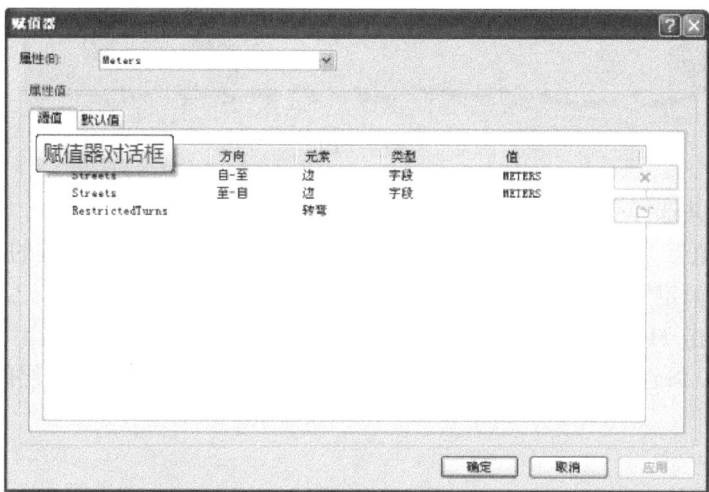

图 7-8

（25）在名称字段中键入 RestrictedTurns。

（26）对于使用类型，请选择限制。

注 意

已选中默认情况下使用。此限制将在创建新的网络分析图层时默认使用。如果想在执行分析时忽略限制，可以在设置分析时禁用它，如图 7-9 所示。

图 7-9

（27）单击确定。新的属性 RestrictedTurns 将添加到属性列表。中间带 D 的蓝色圆圈表示该属性在新分析中被默认启用。

（28）单击赋值器按源将值指定给新属性。

（29）按照这些子步骤，将 RestrictedTurns 的赋值器类型设置为常量，值设置为"受限"：

1）单击属性下拉列表，并选择 RestrictedTurns。

2）对于 RestrictedTurns 行，在类型列下方单击并从下拉列表中选择常量，如图 7-10 所示。

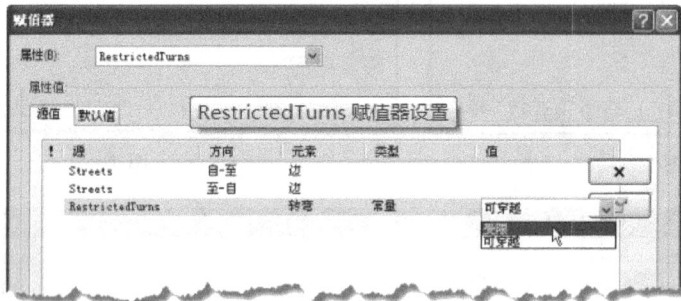

图 7-10

3）单击值列并选择受限。

街道源的赋值器为空，因此当使用此限制时这些街道源仍然是可穿过的。

（30）单击"确定"按钮返回创建网络数据集向导。

（31）右键单击 HierarchyMultiNet 行，然后选择默认情况下使用。

蓝色符号将从属性中移除。这意味着使用此网络数据集创建分析图层时不会默认使用等级。

（32）单击下一步。

（33）单击"是"设置方向，如图 7-11 所示。

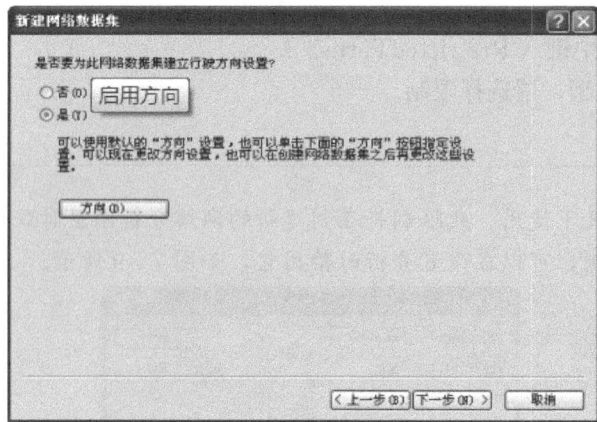

图 7-11

（34）在常规选项卡上，确保主要行的名称字段将自动映射到 NAME。

NAME 字段包含旧金山街道的名称，它们将用于生成驾驶方向，结果应该类似于如图 7 - 12 所示。

图 7 - 12

（35）单击"确定"按钮返回创建网络数据集向导。

（36）单击下一步。

（37）单击完成，如图 7 - 13 所示。

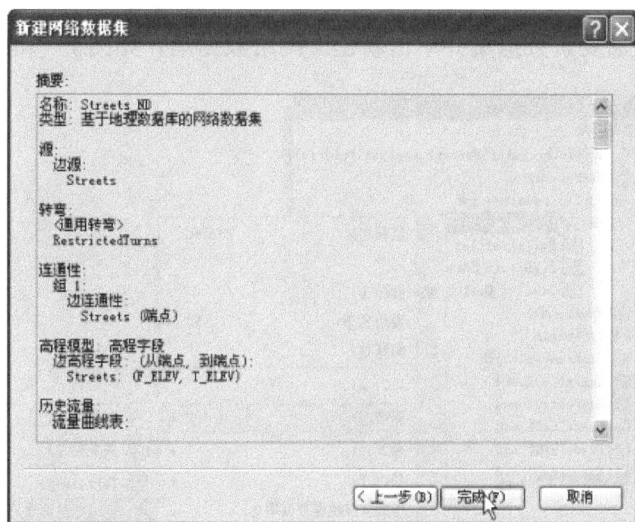

图 7 - 13

（38）单击是。新的网络数据集 Streets _ ND 及系统交汇点要素类 Streets _ ND _ Junctions 已添加到 ArcCatalog。

（39）关闭 ArcCatalog。

第二节　创建多方式网络数据集

练习 1 演示如何为单一交通模式创建网络；但是，旅行者和通勤者通常使用几种交通方式，如在人行道上步行、在道路网上行驶以及搭乘火车。货物也会以多种交通方式运送，如火车、轮船、卡车和飞机。在本练习中，您将从要素数据集中的多个要素类创建多方式网络数据集。

1. 启动"新建网络数据集"向导

（1）单击开始>所有程序>ArcGIS>ArcCatalog 10 启动 ArcCatalog。

（2）启用"网络分析"扩展模块：

1）单击自定义>扩展模块，将打开扩展模块对话框。

2）选中网络分析。

3）单击关闭。

图 7 - 14

（3）在标准工具栏中点击"连接到文件夹"按钮，将文件夹指向到实验数据所在的文件夹，如图 7 - 14 所示。

（4）在目录树中，展开 ... \ Arc-Tutor \ Network Analyst \ Tutorial>Exercise01>SanFrancisco. gdb。

（5）单击交通要素数据集。要素数据集包含的要素类将列于 ArcCatalog 的内容选项卡上。

（6）右键单击交通要素数据集并单击新建>网络数据集，如图 7 - 15 所示。

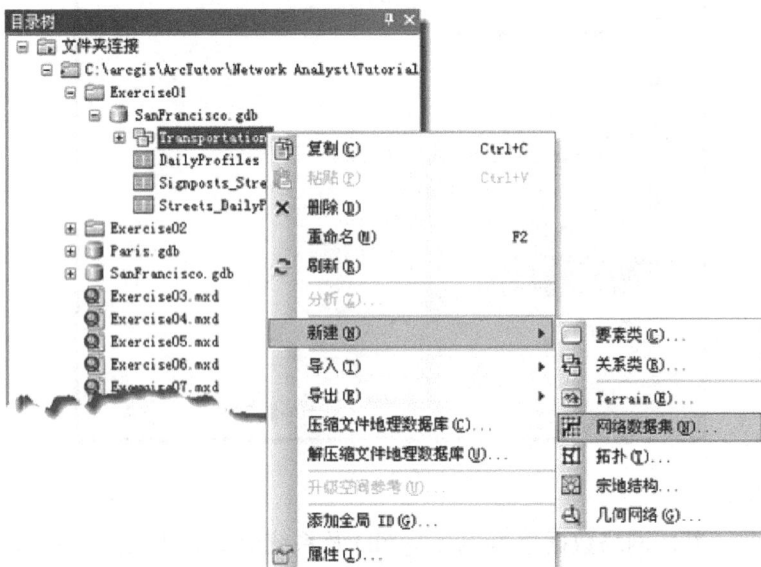

图 7 - 15

2. 命名网络并选择源要素类

（1）输入 ParisMultimodal＿ND 作为您的网络数据集的名称，如图 7－16 所示。

（2）单击下一步。将显示用于选择加入到网络数据集中的要素类的向导页。

（3）单击全选选择要作为源加入到网络中的所有要素类，如图 7－17 所示。

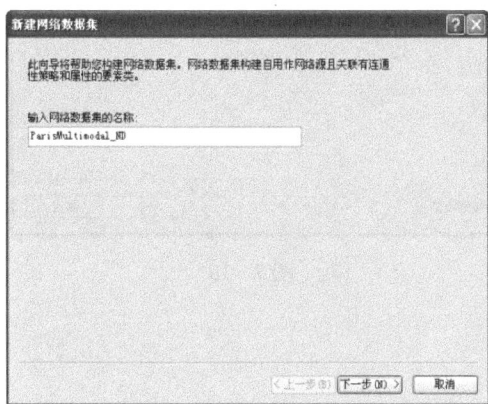
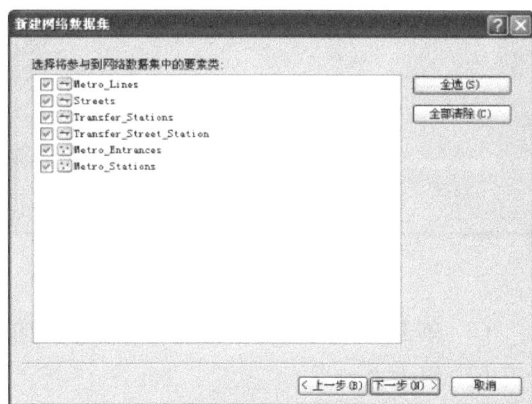

图 7－16   图 7－17

（4）单击下一步。

（5）选择"是"在此创建结构中创建转弯模型。

尽管此网络不存在任何转弯要素类，选择是将允许网络数据集支持通用转弯并为您提供在创建网络后随时添加转弯要素的选项，如图 7－18 所示。

（6）单击下一步，将显示设置连通性页面。

3. 设置连通性和高程策略

建立 ArcGIS Network Analyst 中的连通性要从定义连通性组开始。每个边源只能被分配到一个连通性组中，每个交汇点源可被分配到一个或多个连通性组中。一个联通性组中可以包含任意数量的源。网络元素的连接方式取决于元素所在的连通性组。例如，对于创建自两个不同源元要素类的两个边，如果它们处在相同连通性组中，则可以进行连接。如果处在不同连通性组中，除非用同时参与了这两个连通性组的交汇点连接这两个边，否则不可以连接这两个边。

您将通过以下步骤创建连通性组：

（1）单击连通性以设置网络的连通性模型，将打开连通性对话框。

（2）单击组列数向上箭头一次可将连通性组的数量增加到 2，将在连通性组表中创建第二个连通性组的列，连通性组 1 代表地铁系统，组 2 代表街道网络。

（3）单击 Streets 行并选中标注为 2 的列下的复选框将 Streets 源移动到连通性组 2。

（4）单击 Metro＿Entrances 行并选中标注为 2 的列下的复选框以在组 1 和组 2 中包含源要素类。地铁入口是街道与通向地铁站的人行道之间的转移点。Metro＿Entrances 的每个要素与街道要素类的折点重合。但是，街道要素类具有端点连通性策略。由于地铁入口需要在重合折点处连接到街道，因此必须将 Metro＿Entrances 设置为覆盖街道的默认端点连通性。

（5）将 Metro＿Entrances 行的连通性策略从遵循改为覆盖，如图 7－19 所示。

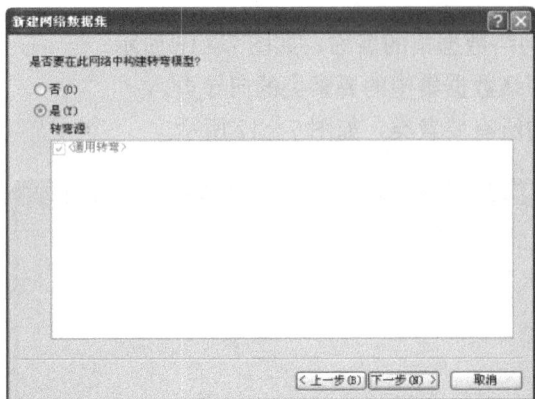

图 7 - 18

图 7 - 19

（6）单击"确定"返回创建网络数据集向导。

（7）单击下一步。

（8）如果网络数据中没有高程数据，选择"无"，如图 7 - 20 所示。

（9）单击下一步，向导将显示网络数据集的属性，如图 7 - 21 所示。

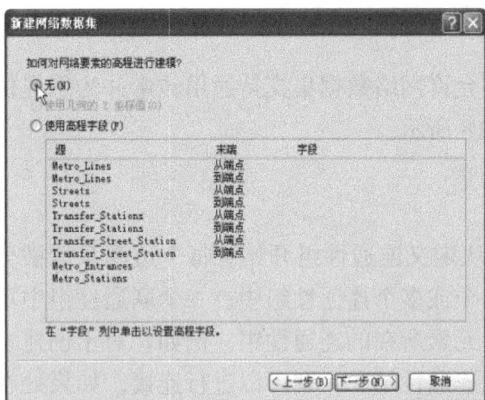

图 7 - 20

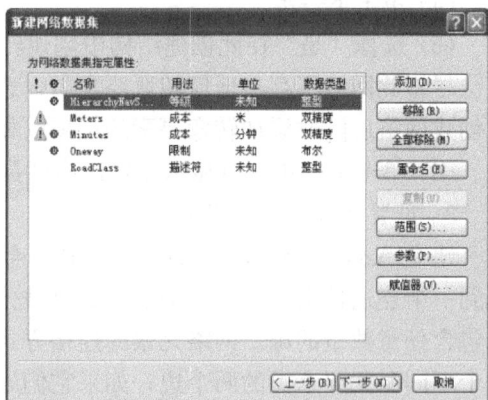

图 7 - 21

4. 移除属性

Network Analyst 将自动为巴黎的街道数据配置五个属性：HierarchyNavStreets、Meters、Minutes、Oneway 和 Road Class。尽管您可能会保留网络数据集的等级属性，但以下步骤还是要简要地说明如何通过移除 HierarchyNavStreets 来移除网络属性：

（1）单击 HierarchyNavStreets。

（2）单击移除，现在网络只剩下四个属性。

5. 验证和创建网络属性

此网络数据集的一个目标是构建行人时间和驾驶时间的模型。在执行网络分析时，这允许您在两个时间成本中进行选择。例如，您可以选择回答"在街道上步行并搭乘地铁的行人从 A 点到 B 点的最快路径是那条？"或者"驾车行驶的人的最快路径是哪条？"要做到这一点，必须设置两个时间成本属性：PedestrianTime 和 DriveTime。

Network Analyst 在源数据中自动检测到的 Minutes 属性代表行驶时间，因此您可以将它改为更适合的名称。

（1）选择 Minutes 行，单击重命名，输入 DriveTime，然后按 Enter 键，如图 7 - 22 所示。接下来，您将创建 PedestrianTime 属性。

（2）单击添加。

将打开添加新属性对话框。

（3）在名称文本框中输入 PedestrianTime。

（4）将使用类型设置为成本。

（5）将单位改为分钟。

（6）将数据类型设置为双精度，如图 7 - 23 所示。

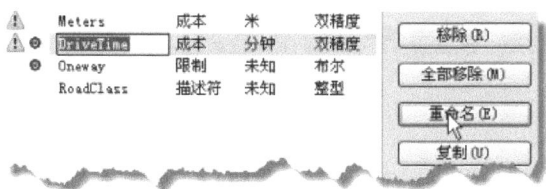
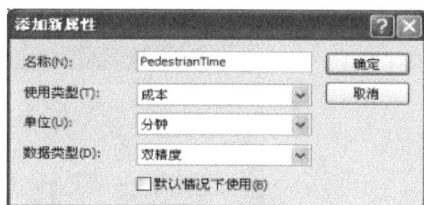

图 7 - 22　　　　　　　　　　　　　　　　　图 7 - 23

（7）单击确定。将关闭添加新属性对话框，并在属性列表中添加 PedestrianTime。

三种成本属性（Meters、DriveTime 和 PedestrianTime）具有黄色的警告符号，提示您赋值器存在的潜在问题，赋值器可指定网络属性值的计算方式。

在以下三部分中，您将要配置赋值器。

6. 配置 Meters 赋值器

您将在本部分和以下几部分中设置各种赋值器。Meters 赋值器会计算网络中边的距离成本。

（1）选择 Meters，然后单击赋值器，如图 7 - 24 所示。

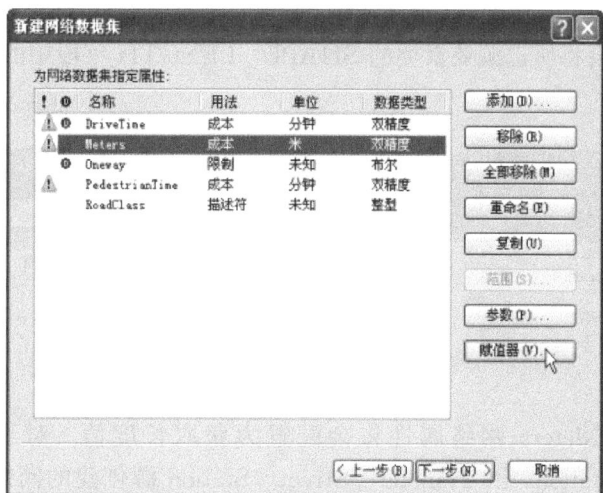

图 7 - 24

将打开赋值器对话框。您可以在此处查看和编辑赋值器类型以及它在网络中的每个源的值。您可以看到交汇点和转弯源始终具有一个关联的赋值器，而边源具有两个：每个行驶方向（"自-至"和"自-至"方向）一个。

ArcGIS Network Analyst 会检查所有源要素类并尝试自动为 Meters 属性指定赋值器。在本例中，它发现 Metro_Lines 和 Streets 源具有名为 Meters 的字段，因此它将赋值器设置为从这些字段中提取值。相同的长度值将会指定给边源的"自-至"和"至-自"方向。

Network Analyst 无法在 Transfer_Stations 和 Transfer_Street_Station 源中找到 meters 的字段。因此，将显示警告符号来表示存在潜在问题。

（2）在按住 Shift 键的同时，单击 Transfer_Stations 自-至行并单击 Transfer_Street_Station 至-自行，将选中四个带有警告符号的行。

（3）右键单击任何所选行并单击类型→字段，如图 7-25 所示。

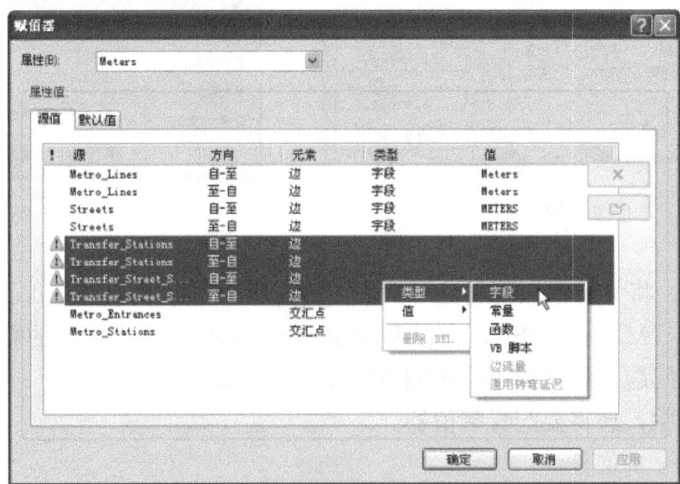

图 7-25

警告符号会变为红色错误符号，表示未完成向字段赋值器分配值。

（4）在仍然选中四行的情况下，右键单击任意一行并单击值→SHAPE_LENGTH，如图 7-26 所示。这样会将所选源要素类的 SHAPE_LENGTH 字段中的值指定给 Meters 属性关联的网络边要素。

图 7-26

（5）单击应用。Meters 网络属性将会配置为获取长度值。对于从 Metro_Lines、Streets、Transfer_Stations 和 Transfer_Street_Station 源创建的网络要素，属性值将分别提取自其 Meters、METERS、Shape_Length 和 SHAPE_LENGTH 字段。

7. 配置 DriveTime 和 Oneway 赋值器

因为汽车只在街道上行驶，各种源的赋值器也应作相应设置。

（1）从属性下拉列表中，选择 DriveTime。

Streets 源的 DriveTime 值已由 Network Analyst 自动填充；但是，其他边源会显示警告符号，因为它们没有被指定值。这些源需要标记为受限。地铁站也需要限制，以防止新网络分析对象放在那里。

（2）确保选中了所有带警告符号的行（Metro_Lines、Streets、Transfer_Stations）和（Transfer_Street_Station）如果尚未选中，可通过单击一行并在按住 Ctrl 键的同时单击其他行来选中它们。

（3）按住 Ctrl 键并单击 Metro_Stations 将它添加到所选内容中。

（4）右键单击任一所选行并单击类型→常量，如图 7-27 所示。

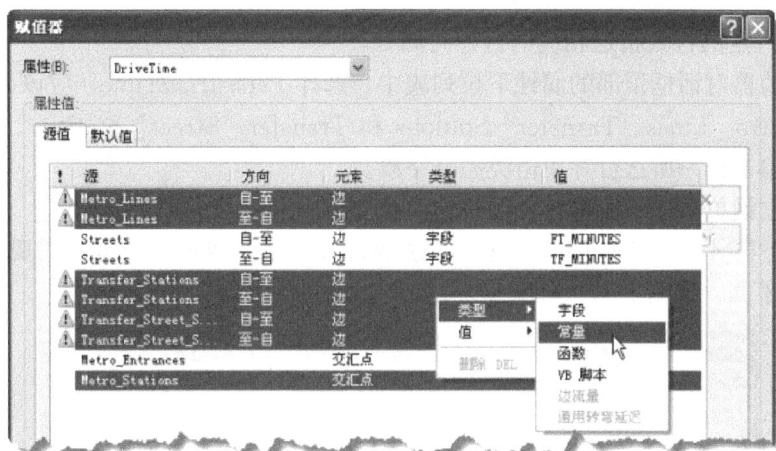

图 7-27

其余行仍然为选中状态，它们的赋值器类型同样会更改为常量。

（5）再次右键单击任一所选行，但是这次单击值→属性，将出现常量值输入框。

（6）输入-1 并按 Enter 键。

全部所选行的值将更改为-1。Network Analyst 将所有成本值为-1 的元素视为受限。因此，将 DriveTime 属性用作网络分析中的阻抗时，这些源是不可遍历的，如图 7-28所示。

图 7-28

（7）单击应用。Oneway 属性与 DriveTime 属性关联性较弱，因为它对驾驶员必须遵守的单向交通约束建模。此后，当使用 DriveTime 作为成本执行分析时，您应该启用单向约束，以便生成的路径考虑单向街道。此外，在对行人的移动建模时，您不应使用单向约束，因为行人可自由朝其选择的方向行走。

（8）从赋值器对话框顶部的属性下拉列表中，选择 Oneway。属性值框目前显示 Oneway 网络属性的赋值器，它已被自动指定 Streets 源的值。与地铁系统相关的源不需要单向约束。

（9）单击任一 Streets 行并单击赋值器属性按钮。您将看到用于确定街道是否为单向的表达式。

（10）单击取消返回到赋值器对话框。

8. 配置 PedestrianTime 赋值器

PedestrianTime 网络属性表示行人在网络中行走花费的时间。在本组步骤中，您将为搭乘地铁或沿街行走的行人指定相应的行程时间。

（1）从赋值器对话框顶部的属性下拉列表中，选择 PedestrianTime。应该已选中以下源所在的行：Metro_Lines、Transfer_Stations 和 Transfer_Street_Station。

（2）右键单击任一所选行并单击类型→字段。

（3）再次右键单击任一所选行，但是这次单击值→TRANSITTIM。

TRANSITTIM 字段将存储使用交通系统的行人的时间成本。街道也需要行人时间值，但是计算方式不同，如图 7 - 29 所示。

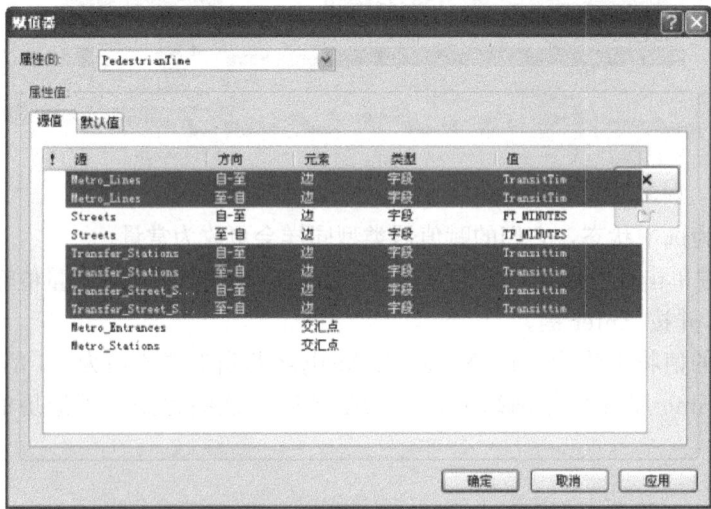

图 7 - 29

（4）单击 Streets 自-至行选中它。按住 Ctrl 键并单击 Streets 至-从行选中这两行。

（5）右键单击任一所选行并单击值→属性，将打开字段赋值器对话框。

对于 Streets 源，PedestrianTime 的值是行走时间。假设行人的行走速度是 3km/h，则行走时间（min）应为［Meters］* 60/3000，其中［Meters］是包含以米为单位的边长的属性。

（6）双击字段 METERS 将它移动到值＝文本框并在字段赋值器中完成表达式［METERS］* 60/3000 的输入，如下所示。

（7）单击验证确保表达式正确；如有错误，应予以修复，如图 7 - 30 所示。

（8）单击确定返回到赋值器对话框，如图 7 - 31 所示。

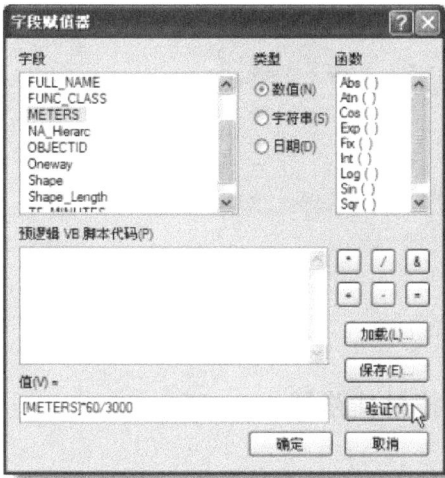

图 7 - 30

图 7 - 31

（9）点击"确定"按钮返回创建网络数据集向导。

（10）单击下一步。

9. 配置方向

当在网络数据集中计算路径时，您能够在算出结果的同时得出行驶方向。网络数据集必须至少具有一个带文本属性（用于记录街道名称信息）和距离属性（用于显示需要下一个相关行进策略之前边源所经过的距离）的边源。

（1）点击"是"设置方向。

（2）在常规选项卡上，单击源下拉列表并选择 Streets，如图 7 - 32 所示。

图 7 - 32

（3）在街道名字段列表中，单击主要选中它。

（4）单击名称列并选择 FULL NAME，如图 7‐33 所示。

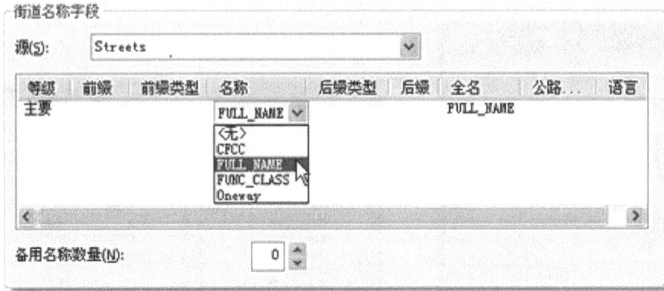

图 7‐33

第三节　使用网络数据集查找最佳路径

在本练习中，您将找到以预定顺序访问一组停靠点的最快路径。

（1）如果在 ArcMap 中打开了 Exercise03.mxd，请跳到步骤 6。

（2）单击开始→所有程序→ArcGIS→ArcMap 10 启动 ArcMap。

（3）在 ArcMap‐启动对话框中，单击现有地图→浏览更多，将弹出打开 ArcMap 文档对话框。

（4）浏览至 C：\ ArcGIS \ ArcTutor \ Network Analyst \ Tutorial，这是本教程数据的默认安装位置。

（5）双击 Exercise03.mxd，将在 ArcMap 中打开该地图文档。

（6）启用"网络分析"扩展模块。

1）单击自定义→扩展模块，将打开扩展模块对话框。

2）选中网络分析。

3）单击关闭，如果未显示 Network Analyst 工具条，则需要添加该工具条。

（7）点击自定义→Toolbars→Network Analyst，将 Network 工具条添加到 ArcMap 中，如图 7‐34 所示。

图 7‐34

如果未显示 Network Analyst 窗口，则需要添加该窗口。

（8）在 Network Analyst 工具条上，单击显示/隐藏 Network Analyst 窗口按钮。

1. 创建路径分析图层

（1）在 Network Analyst 工具条上，单击 Network Analyst，然后单击新建路径，如图 7‐35所示。

路径分析图层将被添加到 Network Analyst 窗口中。网络分析类（停靠点、路径、点障碍、线障碍和面障碍）为空，如图 7‐36 所示。

分析图层也将被添加到内容列表窗口中，如图 7‐37 所示。

图 7 - 35

图 7 - 36

图 7 - 37

2. 添加停靠点

接下来，您将添加路径访问的停靠点。

（1）在 Network Analyst 窗口中，单击停靠点（0），将选择停靠点，这表示它是活动的网络分析类。

（2）在 Network Analyst 工具条中，单击创建网络位置工具。使用创建网络位置工具单击地图，会将网络分析对象添加到活动的网络分析类。

（3）单击街道网络中的任何位置可定义新的停靠点位置，如图 7 - 38 所示。

ArcGIS Network Analyst 会计算最近的网络位置并用定位符号符号化停靠点。该停靠点会一直选中，除非放置另一个停靠点或清除选择内容。

定位的停靠点还将显示数字 1。所有停靠点都具有一个唯一的数字，表示路径将要访问停靠点的顺序。还应注意：Network Analyst 窗口中的停靠点类现在将列出一个停靠点，如图 7 - 39 所示。

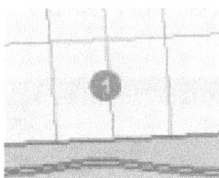

图 7 - 38

图 7 - 39

（4）在街道上的任何位置或街道附近添加两个以上的停靠点，如图 7－40 所示。

图 7－40

新停靠点的编号为 2 和 3。

第一个停靠点将视为起始点，最后一个将视为目的地，如图 7－41 所示。

通过在 Network Analyst 窗口中单击停靠点并将其拖动到列表中的另一个位置可以更改停靠点的顺序。

如果停靠点不处于网络中，它将带有一个未定位符号。（但是，如果使用默认设置，可能需要将停靠点放置在距最近的街段 5 公里外，才不会定位到它），如图 7－42 所示。

可以移动未定位停靠点使其靠近网络来定位它。如果停靠点位于网络中，但位置错误，可以将停靠点移动到正确位置。

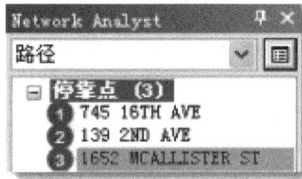
图 7－41

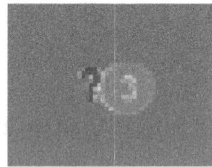
图 7－42

（5）要移动停靠点，可遵循以下子步骤：

1）在 Network Analyst 工具条上，单击选择/移动网络位置工具。

2）单击停靠点选中它。

3）再次单击停靠点并将其拖动到新位置，如图 7－43 所示。

3. 设置分析参数

接下来，您将指定基于行程时间（分钟）来计算路径、在任何地点允许 U 形转弯以及必须遵守单行道和转弯限制。

（1）单击 Network Analyst 窗口中的分析图层属性按钮，如图 7－44 所示。

图 7－43

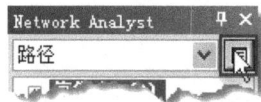
图 7－44

将打开图层属性对话框。

（2）单击分析设置选项卡。

（3）确保将阻抗设置为旅行时间（分钟）。此网络数据集具有与"旅行时间（分钟）"属性相关的历史流量数据。如果选择通过选中使用开始时间并填充它下面的三个字段来输入开始时间，Network Analyst 将根据该时间和历史流量速度查找最快路径。或者，它将根据街道长度和速度限制的函数查找最快路径。

（4）选中使用开始时间，然后输入具体的时间和日期或星期：

1）对于时间，请输入要离开第一个停靠点的时间。

2）单击星期或具体日期：如果选择星期，请指定星期日和星期六之间的任一天，或者选择今天以使用系统的当前日期设置。如果选择具体日期，请在文本框中输入一个日期或单击下箭头打开用于选择日期的日历。

（5）取消选中应用时间窗。可以为停靠点指定时间窗，并使 ArcGIS Network Analyst 尝试查找遵循这些时间范围（应在这些时间范围内访问某个停靠点）的路径。

（6）取消选中重新排序停靠点以查找最佳路径。通过取消选中此属性，Network Analyst 会根据指定的停靠点顺序找到最佳路径。这通常称为流动推销员问题（TSP）。如果选中此属性，Network Analyst 会查找访问停靠点的最佳路径和最佳顺序。

（7）单击交汇点的 U 形转弯下拉箭头，然后选择允许。

（8）单击输出 Shape 类型下拉箭头，然后选择具有测量值的实际形状。

（9）确保已选中应用等级和忽略无效的位置复选框。

（10）在约束条件框中，确保已选中 RestrictedTurns 和 Oneway 选项。

（11）在指示框架中，确保距离单位设置为英里，选中使用时间属性，且将时间属性设置为旅行时间（分钟）。

分析设置选项卡应与下图相似，但是，您的使用开始时间属性可能会不同，如图 7-45 所示。

图 7-45

（12）单击确定。

4. 计算最佳路径

（1）在 Network Analyst 工具条上，单击求解按钮 ，路径要素将出现在地图显示中，以及 Network Analyst 窗口的路径类中，如图 7 - 46 所示。

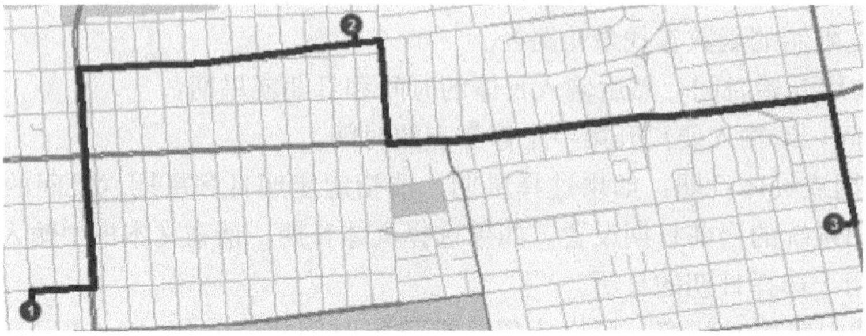

图 7 - 46

如果显示警告消息，则表示停靠点可能位于受限制的边上。使用 Network Analyst 工具条上的选择/移动网络位置工具 ，尝试移动一个或多个停靠点。

（2）在 Network Analyst 工具条上，单击指示窗口按钮 ，将打开指示对话框。

（3）在方向对话框最后端的列中，单击名为地图的其中一个链接，将显示行进策略的插图，如图 7 - 47 所示。

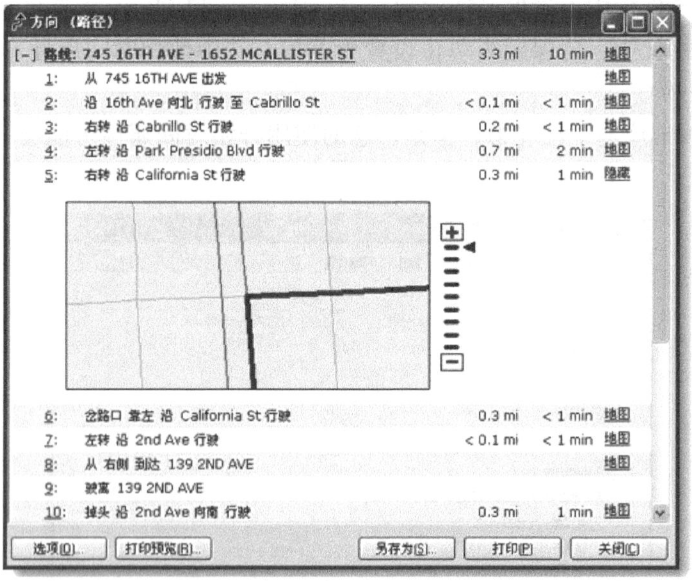

图 7 - 47

（4）单击关闭。

5. 添加一个障碍

在本节中，您将在路径中添加障碍来表示路障，然后找出去往目的地的备选路径。

步骤:

(1) 单击窗口→放大镜,将打开放大镜窗口。

(2) 单击放大镜窗口的标题栏并拖动窗口将其重新定位在路径上,如图 7-48 所示。

(3) 在 Network Analyst 窗口中的点障碍 (0) 下,单击限制 (0)。

(4) 在 Network Analyst 工具条上,单击创建网络位置工具 。

(5) 在放大镜窗口中,单击路径上的任意位置来放置一个或多个障碍,如图 7-49 所示。

图 7-48

图 7-49

(6) 在 Network Analyst 工具条上,单击求解按钮 。将计算出避开该障碍的新的备选路径。

(7) 关闭放大镜窗口。

6. 保存路径

路径分析图层当前存储在内存中,因此如果退出 ArcMap 不保存,分析将丢失。但是,如果保存地图文档,分析图层将随它一同保存。您还可以导出数据。一个选项是将整个分析图层导出到 LYR 文件。分析属性和对象将存储在 LYR 文件内。另一个选项是使用导出数据命令将分析的子图层保存为要素类。下一组步骤将显示如何将路径的子图层导出到要素类。

(1) 在 Network Analyst 窗口中,右键单击路径 (1),然后单击导出数据,如图 7-50 所示,将打开导出数据对话框。

(2) 在输出要素类文本框中,输入或浏览到要保存结果的位置,如 C:\ ArcGIS \ ArcTutor \ NetworkAnalyst \ Tutorial \ SanFrancisco. gdb \ Exercise3 _ Route。

(3) 单击确定,路径的要素将保存到指定的工作空间。

(4) 当提示将导出的数据作为图层添加到地图中时,请单击否。

(5) 如果不打算继续做其他练习,请退出 ArcMap。单击否放弃任何更改。

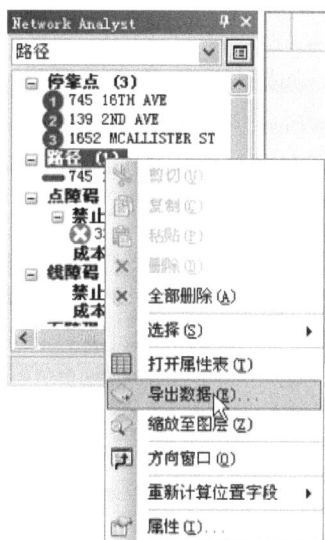

图 7-50

（6）如果打算继续做其他练习，请按照以下子步骤操作。

1）单击文件→新建，将打开新建文档对话框。

2）单击确定。

3）系统提示保存更改时，单击否。

7．计算服务区

在本练习中，将创建一系列面，用来表示在指定时间内从一个设施点可达到的距离。这些面也称为服务区面。将针对位于巴黎的六个仓库计算 3、5、10 分钟服务区。

还将查找每个服务区中有多少个商店。将标识出应重新定位的仓库，以更好地为这些商店提供服务。而且，还将创建一个"起始-目的地"成本矩阵，用于将货物从仓库交付给距离仓库 10 分钟车程范围内的所有商店。此矩阵用作物流、交货和路线分析等的输入。

（1）如果在 ArcMap 中打开了 Exercise05.mxd，请跳到步骤 6。

（2）单击开始→所有程序→ArcGIS→ArcMap10 启动 ArcMap。

（3）在 ArcMap－启动对话框中，单击现有地图→浏览更多。

（4）浏览至 C：\ ArcGIS \ ArcTutor \ Network Analyst \ Tutorial，这是本教程数据的默认安装位置。

（5）双击 Exercise05.mxd，将在 ArcMap 中打开该地图文档。

（6）启用"网络分析"扩展模块。

1）单击自定义→扩展模块，将打开扩展模块对话框。

2）选中网络分析。

3）单击关闭，如果未显示 Network Analyst 工具条，则需要添加该工具条。

（7）点击自定义→Toolbars→Network Analyst，将 Network 工具条添加到 ArcMap 中，如图 7－51 所示。

图 7－51

如果未显示 Network Analyst 窗口，则需要添加该窗口。

8．创建服务区分析图层

在 Network Analyst 工具条上，单击 Network Analyst，然后单击新建最近设施点，如图 7－52 所示。

图 7－52

最近设施点分析图层即被添加到 Network Analyst 窗口中。网络分析类（设施点、事件点、路径、点障碍、线障碍和面障碍）为空，如图 7 - 53 所示。

分析图层也将被添加到内容列表窗口中，如图 7 - 54 所示。

图 7 - 53

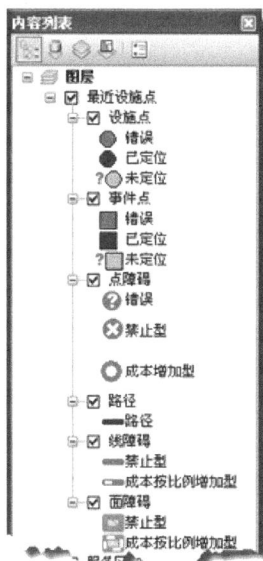

图 7 - 54

9. 添加设施点

接下来，将仓库添加为要生成服务区面的设施点。

（1）在 Network Analyst 窗口中，右键单击设施点（0），然后选择加载位置，如图 7 - 55 所示，将打开加载位置对话框。

（2）在加载位置下拉列表中，选择仓库，如图 7 - 56 所示。

（3）单击确定，将在地图中显示六个设施点。

（4）在 Network Analyst 窗口中，单击设施点（6）旁的加（＋）号，查看加载设施点列表，如图 7 - 57 所示。

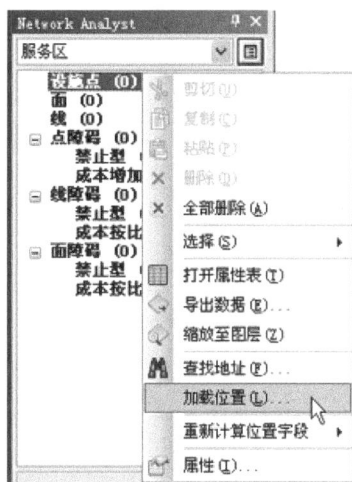

图 7 - 55

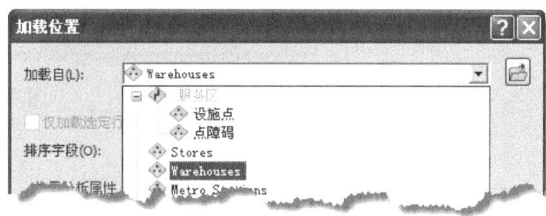

图 7 - 56

10. 设置分析参数

接下来，将指定基于行驶时间（使用分钟）计算服务区。将对每个设施点的三个服务区面进行计算，一个是 3 分钟，一个是 5 分钟，另一个是 10 分钟。将指定行驶方向为驶离设施点，而不是驶向设施点，不允许 U 形转弯，且必须遵守单行线限制。

（1）单击 Network Analyst 窗口中的分析图层属性按钮，如图 7 - 58 所示，将打开图层属性对话框。

图 7 - 57

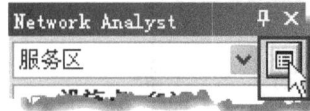

图 7 - 58

（2）单击分析设置选项卡。

（3）确保将阻抗设置为行驶时间（分钟）。

（4）在默认中断文本框中输入 3 5 10。

（5）在方向下，单击离开设施点。

（6）从交汇点的 U 形转弯下拉列表中选择不允许。

（7）选中忽略无效的位置。

（8）在限制列表中选中单向，此时，分析设置选项卡应如图 7 - 59 所示。

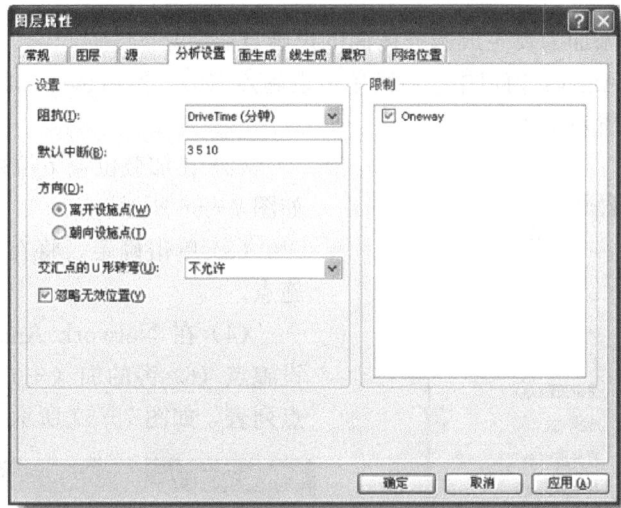

图 7 - 59

（9）单击面生成选项卡。

（10）确保选中生成面。

（11）对于面类型，单击概化，详细的面更准确，但生成这样的面需要更长的时间。

（12）取消选中修剪面选项，这是一个修剪外部面的后处理过程，用于移除凸出部分，但是运行时间较长。

（13）单击叠置查看多个设施点选项，每个设施点会形成单独的面。一个设施点的面可能会与附近的另一个设施点的面相互重叠。

（14）单击环显示叠置类型，将从较大中断的面中排除较小中断的区域。

（15）单击应用保存设置。

（16）单击线生成选项卡。

（17）取消选中生成线。

（18）单击确定。

11. 运行计算服务区过程

（1）在 Network Analyst 工具条上，单击求解按钮。

服务区面即会出现在地图和 Network Analyst 窗口中，这些面是透明的，便于您查看其下面的街道。不过，您要将分隔值更改为由亮变暗，而不是通过增加距离来将其更改为暗变亮。

（2）在内容列表窗口中，右键单击面子图层，然后选择属性。

（3）单击符号系统选项卡。

（4）单击符号字段名，然后选择翻转符号（确保单击-而不是右键单击-符号，否则会出现一个不同的快捷菜单），如图 7 - 60 所示。

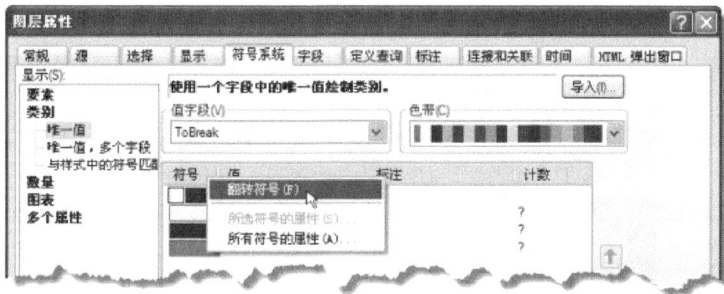

图 7 - 60

（5）单击确定。外部和内部服务区中断用于切换颜色，使得 10 分钟中断所覆盖的区域更清晰，如图 7 - 61 所示。

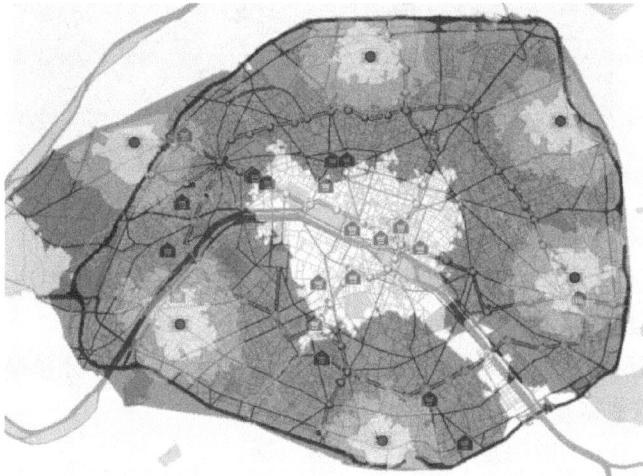

图 7 - 61

第八章 三维可视化

第一节 三维场景简介

一、三维简介

ArcGIS 3D 分析扩展模块是 ArcGIS 桌面产品（ArcView，ArcEditor 和 ArcInfo）的三维可视化和分析扩展模块。这个可选的 ArcGIS 3D 分析扩展模块包含两个专用的三维可视化应用程序：ArcScene 和 ArcGlobe。

ArcScence 是基于内存的应用，主要完成小场景的三维数据可视化。

ArcGlobe 提供交互式全球海量地理数据三维可视化可以实现全球，地方和街道数据一级级无缝转换。

二、启动 ArcGlobe

点击**开始→所有程序→ArcGIS→ArcGlobe 10**，如图 8－1 所示。

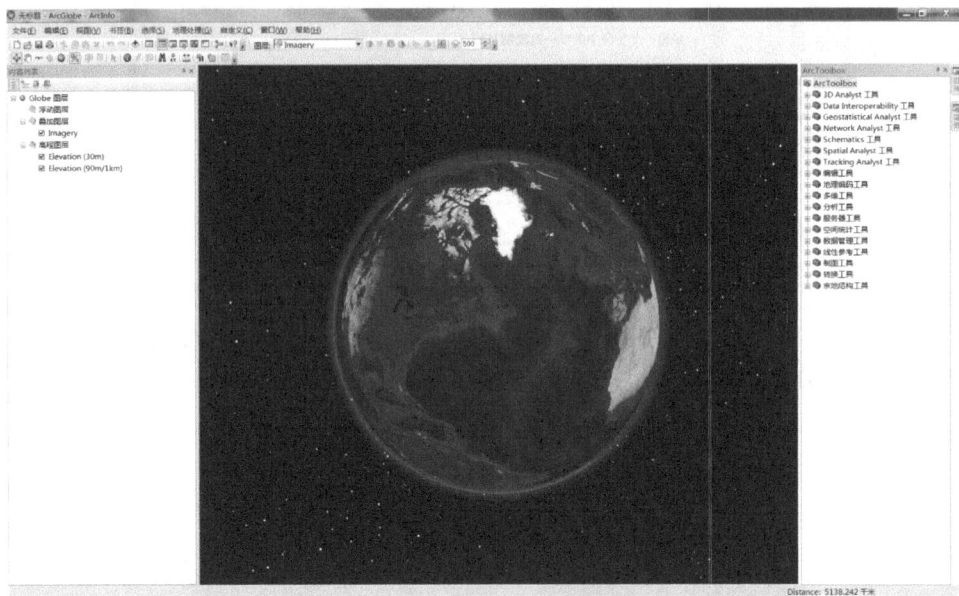

图 8－1

当打开第一次 ArcGlobe 时，会发现已经有在目录表中的一些图层，这些自动层是由 ArcGISOnline 的在线数据：

（1）Imagery 图层是在线的影像数据（包括全球 1km 至 15m 分辨率数据、全美 1m 数据、局部 1m 分辨率数据）。

（2）Elevation（30m）图层是全球 30m 地形数据。

（3）Elevation（90m/1km）图层是全球 90m 地形数据。

三、设置起始图层

通过菜单自定义（Customize）→ArcGlobe 选项（ArcGlobe Options）→默认图层（Default layers）选项卡可以设置启动时的默认图层，如图 8-2 所示。

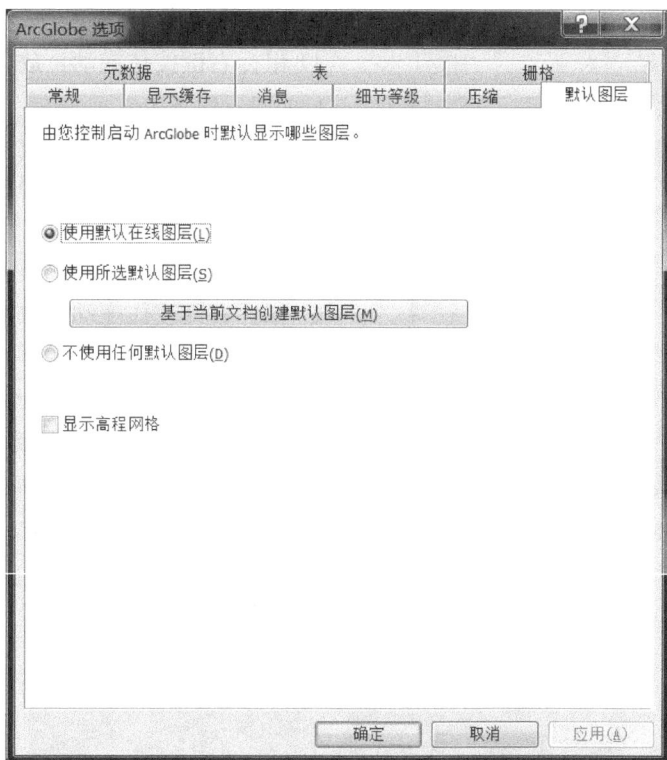

图 8-2

（1）使用（Use default online layers）。

（2）使用所选默认图层［在线默认图层（Use my choice of default layers）］。您也可以加载 ArcGlobeData 目录下面 ArcGlobe 的自带数据。

（3）不使用任何图层（Don't use any default layers）。

四、三维导航

在三维导航中有两个比较重要的概念：相机/观察者 Camera（observer）和目标 Target，所有的三维导航都是通过控制观察者和目标来完成，如图 8-3 所示。

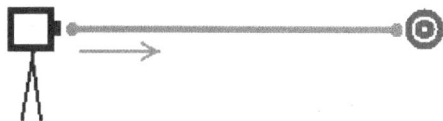

图 8-3

通过导航工具 ![icon] 完成主要三维导航控制，它包含地球模式（Global mode）和地表模式（Surface mode）两个模式，可以通过导航模式 ![icon] 工具进行切换。

（1）地球模式——锁定目标位置，以地球的中心，创建一个顶视图查看您的数据。

（2）地表模式——允许目标位置移动，创建一个三维斜试图查看您的数据。

两种模式下都可以使用鼠标左键、中键、右键完成导航控制。

（1）地球模式下：

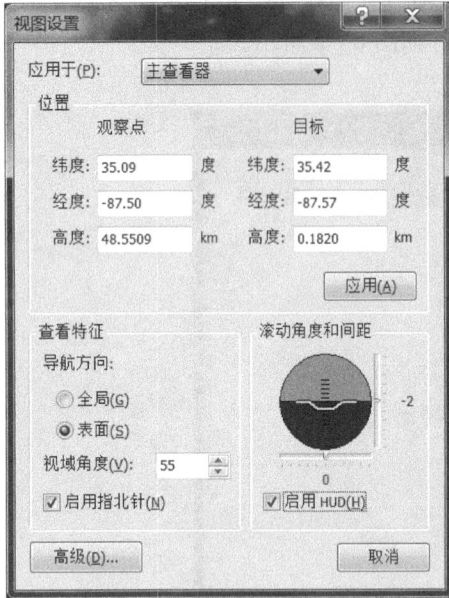

图 8－4

1）鼠标左键按住拖动：漫游操作。

2）鼠标滚轮按住拖动：漫游操作并且切换到地表模式。

3）滚动鼠标中间滚轮：放大/缩小操作。

4）鼠标右键按住拖动：放大/缩小操作。

（2）地表模式下：

1）鼠标左键按住拖动：改变视角。

2）鼠标滚轮按住拖动：漫游并且切换到地表模式。

3）滚动鼠标中间滚轮：放大/缩小操作。

4）鼠标右键按住拖动：放大/缩小操作。

五、指南针

通过菜单视图（View）→视图设置（View Setings）可以设置观察者和目标数值，如图 8－4 所示。通过启用指北针（Enable North Arrow）设置指北针是否显示，如图 8－5 所示。

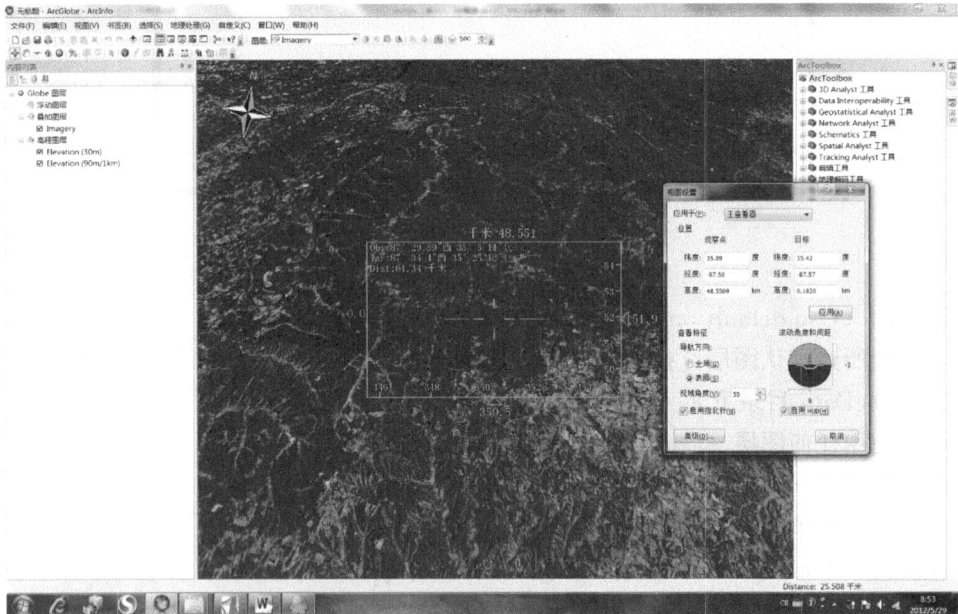

图 8－5

六、全屏设置

通过菜单自定义（Customize）→ArcGlobe 选项（ArcGlobe Options）→常规（General）选项卡中的全图观察者位置（Full View Observer Position）可以设置全图时的位置信息，如图 8－6 所示。效果如图 8－7 所示。

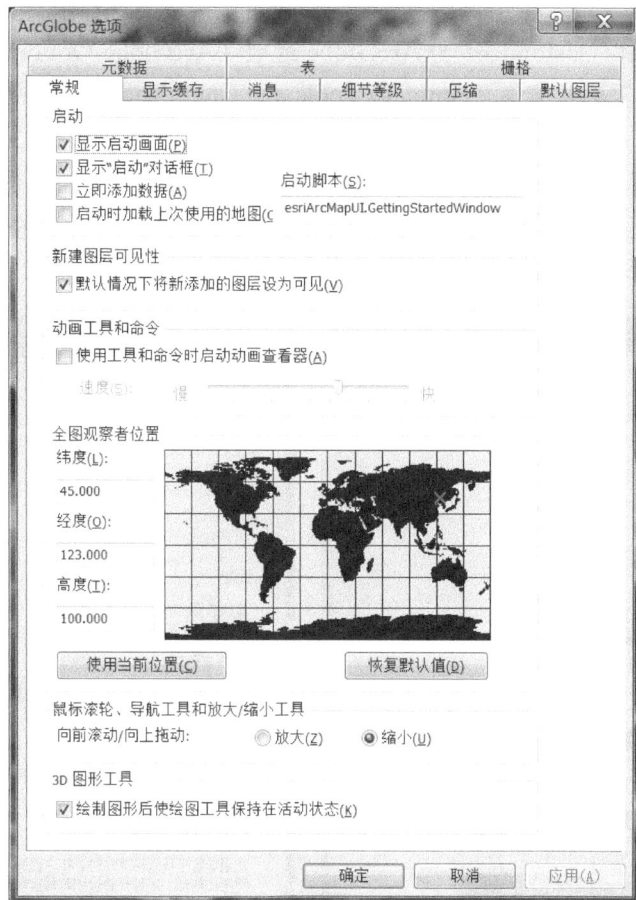

图 8-6

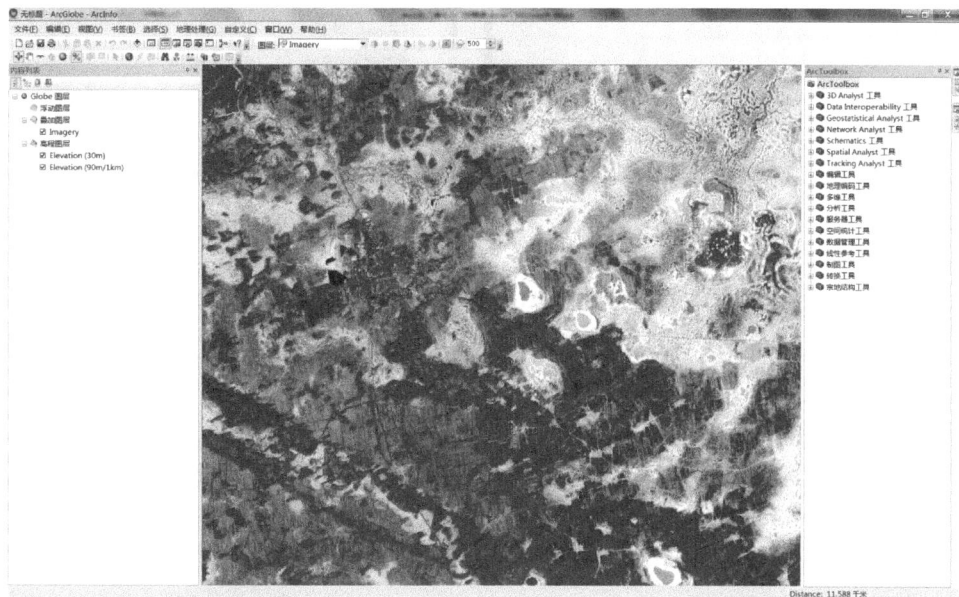

图 8-7

七、启动画设置

通过菜单自定义（Customize）→ArcGIobe 选项（ArcGlobe Options）→常规（General）选项卡中的动画工具和命令（Animate Tools and Commands）可以激活动画功能，并且可以设置动画的速度，如图 8 - 8 所示。

八、惯性设置

通过菜单视图（View）→Globe 属性（GlobeProperties）→常规（General）选项卡中的启用动画旋转（Enable Animated Rotation）可以启用惯性功能，如图 8 - 9 所示。

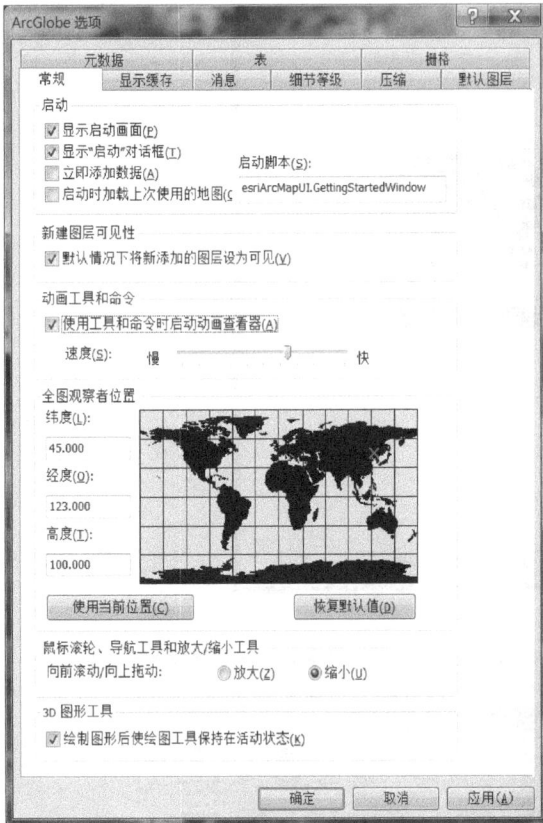

图 8 - 8   图 8 - 9

小窍门：在导航模式下 CTRL＋SHIFT＋鼠标左键可以完成惯性模式切换。

小窍门：在启用惯性时，可以利用漫游工具 或者鼠标滚轮键实现地球的任意惯性旋转。

九、星空大气层

通过菜单视图（View）→Globe 选项（GlobeProperties）→背景（Backround）选项卡中的环境设置（Environment Setings）中，如图 8 - 10 所示。

雾（Fog）可以设置是否显示雾；点击高级（Advanced）按钮，可以设置雾的浓度，如图 8 - 11 所示。

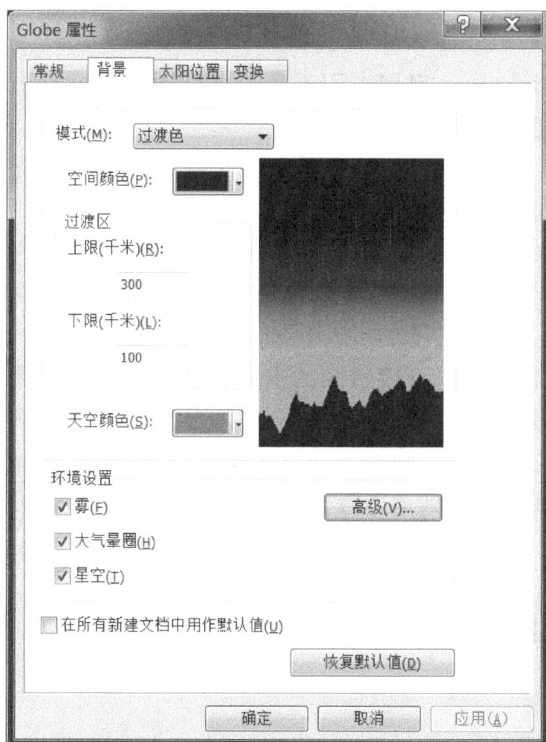

图 8 - 10

大气晕圈（Atmospheric halo）可以设置是否显示大气晕圈；星空（Starts）可以设置是否显示星空；另外，模式（Mode）面板中的参数可以对天空模式和颜色进行设置。

十、太阳光

通过菜单视图（View）→Globe 选项（GlobeProperties）→太阳位置（Sun Position）选项卡中的启用太阳照明（Enable sun lighting）可以设置是否启用太阳光功能。通过设置绝对太阳位置（Set absolute sun position）可以设置太阳照射的绝对位置，如图 8 - 12 所示。

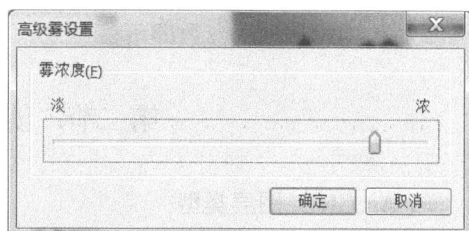

图 8 - 11

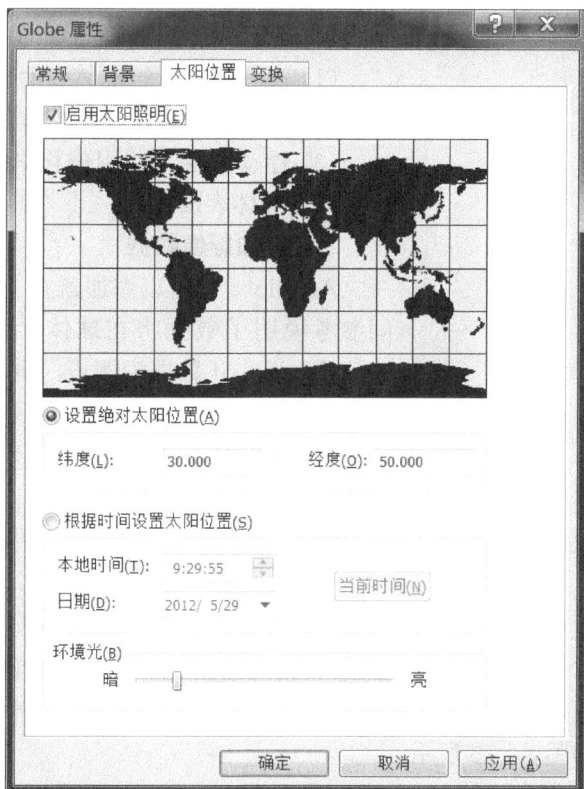

图 8 - 12

通过根据时间设置太阳位置（Set sun position based on time）可以依据时间设置太阳照射的位置。

小窍门：选中启用太阳照明（Enable sun lighting）启用太阳光后，可以通过鼠标点击示意图的地图位置，设置大概的太阳位置，黄色点就是太阳。

小窍门：选中启用太阳照明（Enable sun lighting）启用太阳光后，可以通过环境光（Ambient light）的滑动条设置整个场景明亮程度，改善建筑物暗淡的效果。

视觉是理解空间最有用的感觉，因此三维 GIS 在很大程度上也依赖视觉表现提供更为丰富逼真（具有相片质感）的信息，各种用户结合自己相关的经验与理解就可以做出准确而快速的空间决策。

特别地，三维可视化能使人们只有抽象概念而难以直接感知的空间现象现实化和直观化。三维 GIS 是将原来在二维数据置于三维场景下进行数据可视化、空间分析。对于 Arc-GIS 而言创建三维场景跟创建三维场景类似：三维场景的数据加载方式跟 ArcGIS 二维的操作方式一样，创建三维可视化场景仅仅需要将我们获取到地理数据加载到三维场景之中，设定一些加载模式和显示参数即可。

第二节　创建三维可视化场景

一、ArcGlobe 图层类型

ArcGlobe 的图层类型有别于 ArcMap，在 ArcGlobe 共有三种类型的图层，即高程图层（Elevation layers）、叠加图层（Draped layers）和浮动图层（Floating layers），如图 8-13 所示。

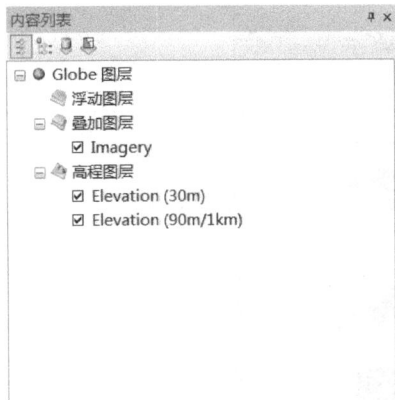

图 8-13

（1）高程图层：给球体表面提供地形数据。

（2）叠加图层：覆盖在球体表面。

（3）浮动图层：使用偏移来显示数据，该图层高出或低于球体表面。

二、添加影像数据

ArcGlobe 中可以添加建立了空间参考的影像，空间参考说明了数据将在球体上显示的具体位置。以 Philadelphia. tif 数据为例子，演示加载影像数据过程：

（1）点击文件添加按钮✚。

（2）定位到包含想要添加的影像数据所在的文件夹。单击想要添加的图层，单击添加（Add），如图 8-14 所示。

（3）在坐标转换提示窗口（Geographic Coordinate Systems Warning），可以自定义要转。

换的坐标系统，也可以选择系统默认的坐标系统。ArcGlobe 支持投影的动态转换，这里按系统默认设置，单击 Close 结束。如果加载的数据位 WGS84 的坐标，则不会弹出坐标系提示窗口。影像会被默认添加至 Draped layers 中，作为叠加在球体表面的图层而被添加到球体地形的表面，如图 8-15 所示。

图 8 - 14

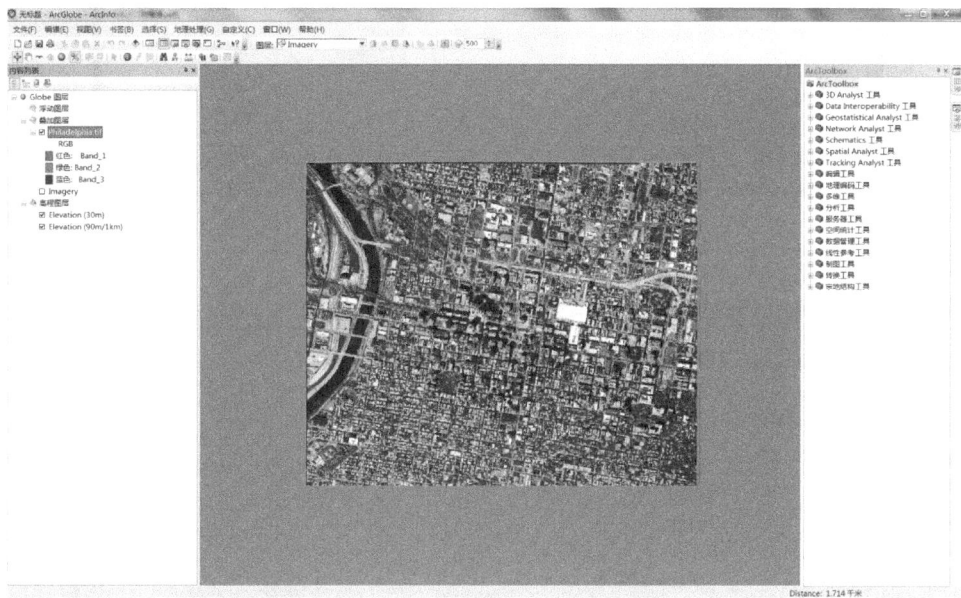

图 8 - 15

三、影像数据设置

（1）如果添加多幅公共的范围影像，要想较高分辨率的影像在显示时取得优先显示权，可以拖动影像在图层中的上下位置来确定显示的先后，还可以通过在图层上右键单击→属性（Properties）。打开图层属性（Layer Properties）属性对话框，在 Globe 常规（Globe General）选项卡中设置距离范围（GlobeRange）来设置图层显示范围，如图 8 - 16 所示。

（2）如果影像有黑色区域存在，可以在符号系统（Symbology）选项卡中设置显示背景值（Display Background Value）为透明色，如图 8 - 17 所示。

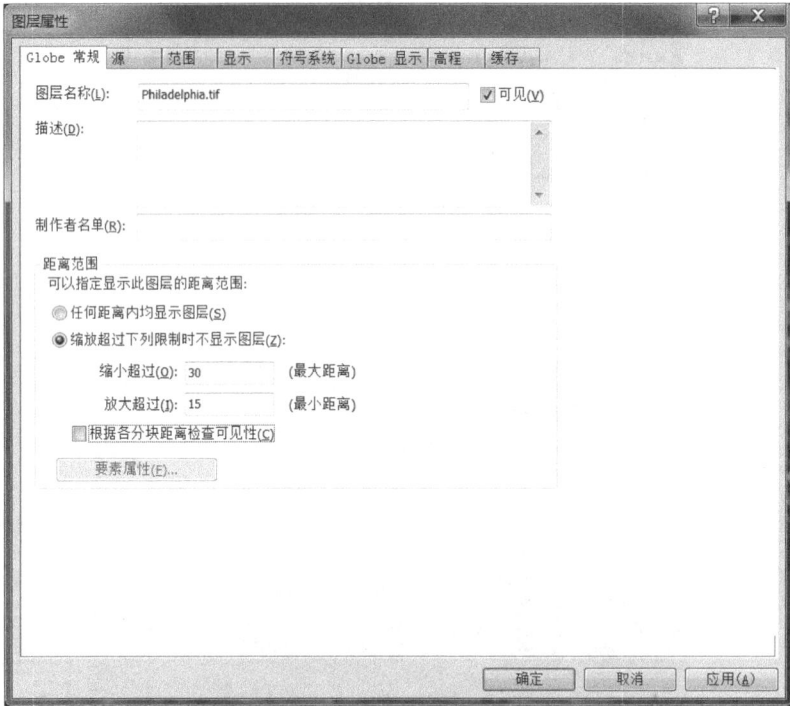

图 8 - 16

图 8 - 17

四、添加地形数据

地形是代表一个逻辑表面的一个或多个高程图层。地形数据作为具有高程的栅格数据，可以定义球体地形，作为叠加图层的。以 DEM1Meter 数据为例子，演示加载地形数据过程，如图 8-18 所示。

（1）点击文件添加按钮✚。

（2）定位到包含想要添加的地形数据所在的文件夹。单击想要添加的图层，单击添加（Add）。

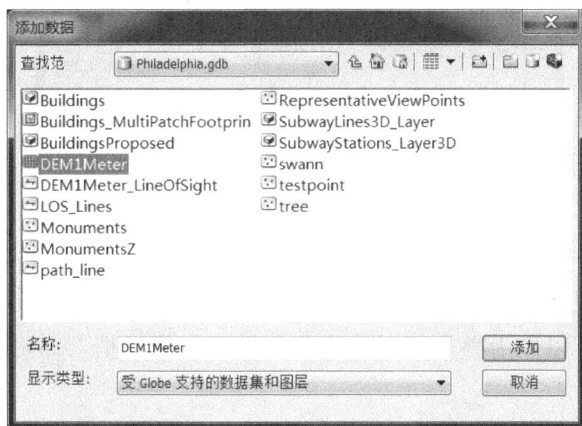

图 8-18

（3）在数据添加向导窗口（Add Data Wizard）中，Layer Type 中有两个选项，如图 8-19 所示。

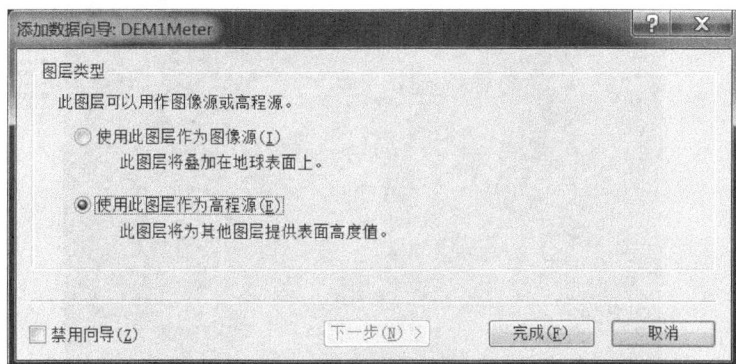

图 8-19

使用此图层作为图像源（Use this layer as image source），地形数据会被当成影像加载至 叠加图层（Draped layers）中；使用此图层作为高程源（Use this layer as elevation source），地形数据会作为三维场景中的高程数据源加载至高程图层（Elevation layers）。

这里选择使用此图层作为高程源（Use this layer as elevation source）。

（4）在坐标转换提示窗口（Geographic Coordinate Systems Warning），可以自定义要转换的坐标系统，也可以选择系统默认的坐标系统。ArcGlobe 支持投影的动态转换，这里按系统默认设置，单击 Close 结束，如图 8 – 20 所示。

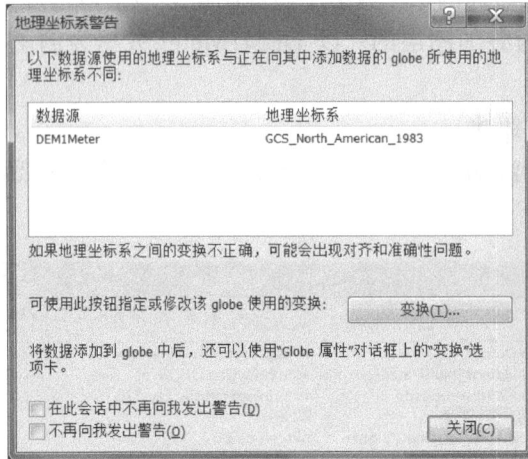

图 8 – 20

地形数据会作为球体高程图层的一个高程数据源被添加进 Globe 中。加载后可以看到地形的变化，地形数据可以作为叠加图层的高程，打开影像数据，即可以看到地表的高低起伏，如图 8 – 21 所示。

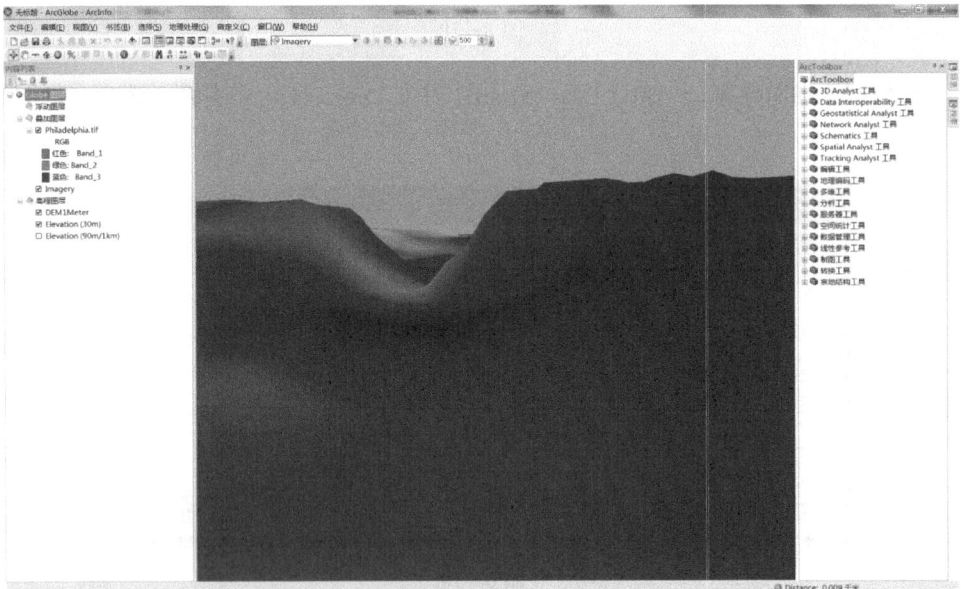

图 8 – 21

五、地形数据设置

（1）设置夸张显示。在高程数据上右键属性（Properties）打开图层属性（Layer Properties）对话框。在高程（Elevation）选项卡中，可以设置地形的夸张倍数，如图 8 – 22 所示。

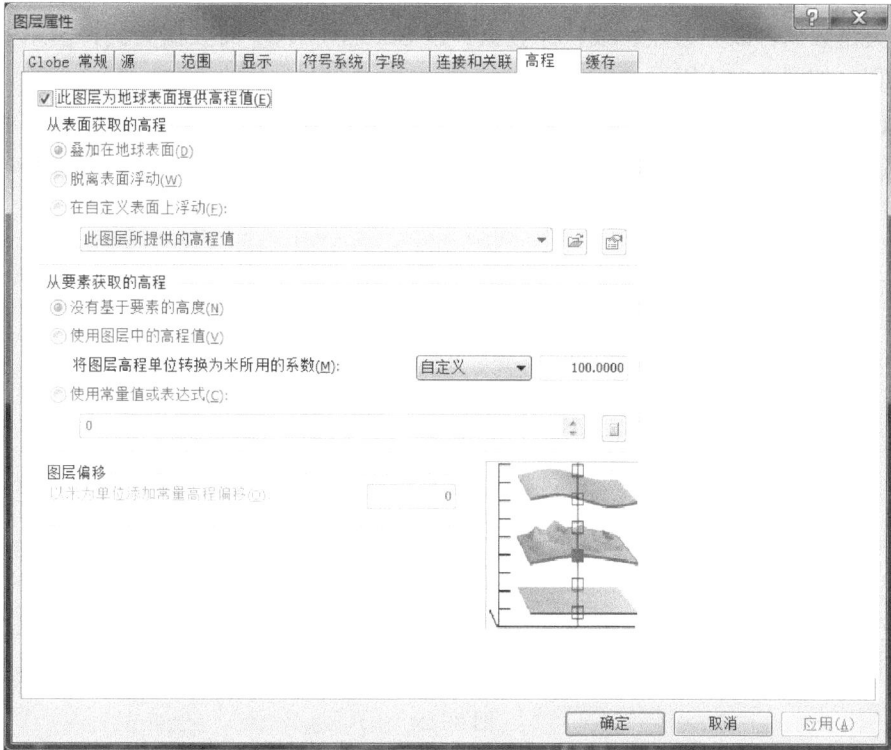

图 8-22

设置完成后，可以看到夸张后的地形显示效果，如图 8-23 所示。

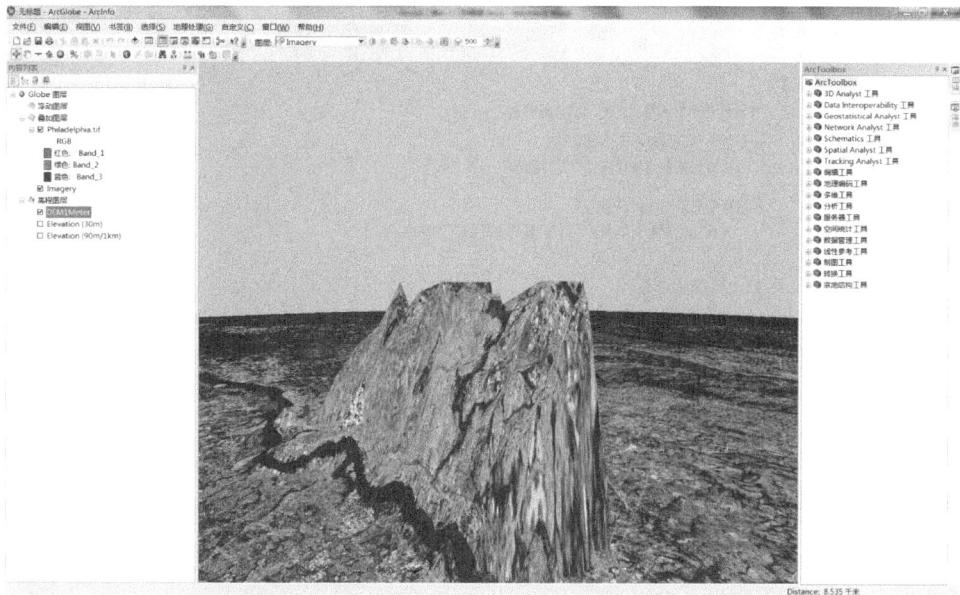

图 8-23

六、添加矢量数据

基本矢量数据可以分为点、线、面数据。以 StatesWGS84 面数据为例，演示是加载矢量数据过程，如图 8-24 所示。

（1）点击文件添加按钮➕。

（2）定位到包含想要添加的矢量数据所在的文件夹。单击想要添加的图层，单击添加（Add）。

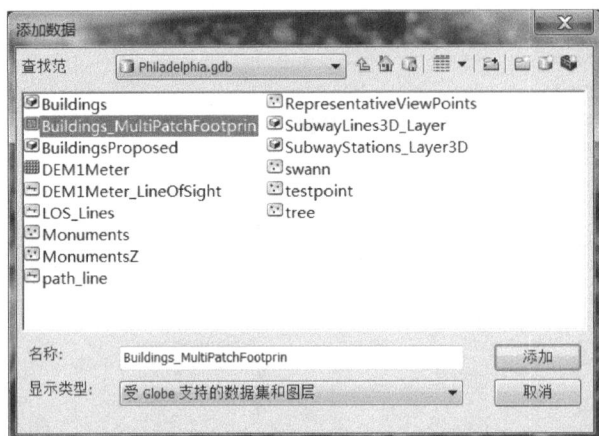

图 8-24

（3）面图层不会弹出要素选项（Feature Option）对话框，如果选择了点和线的矢量文件，在数据添加向导窗口（Add Data Wizard）中，Feature Option 给用户提供了两种选择，如图 8-25 所示。

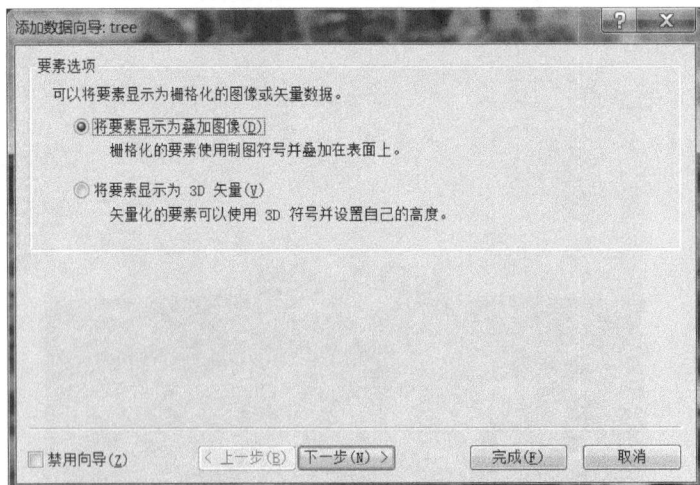

图 8-25

1）将要素显示为叠加影像（Display features as draped image）。

2）将要素显示为 3D 矢量（Display features as 3D vectors）。

（4）在数据添加向导窗口（Add Data Wizard），无论选择的矢量文件是点文件、线文件，还是面文件都会要求选择典型比例尺（typical scale）和可视范围（Visibility range）。这里按照系统默认的设置，单击下一步，如图 8 - 26 所示。

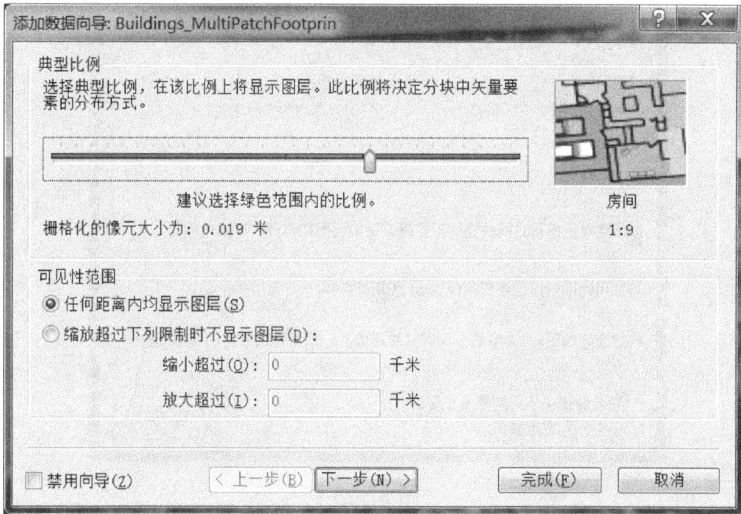

图 8 - 26

（5）在数据添加向导窗口（Add Data Wizard），无论选择的矢量文件是点文件、线文件，还是面文件都会要求选择 Symbol size。系统提供两种选择，一种是以现实单位显示符号（Display symbols in real world units），另一种是以点为单位显示符号（Display symbols in point units）。这里按照系统默认的设置，单击下一步，如图 8 - 27 所示。

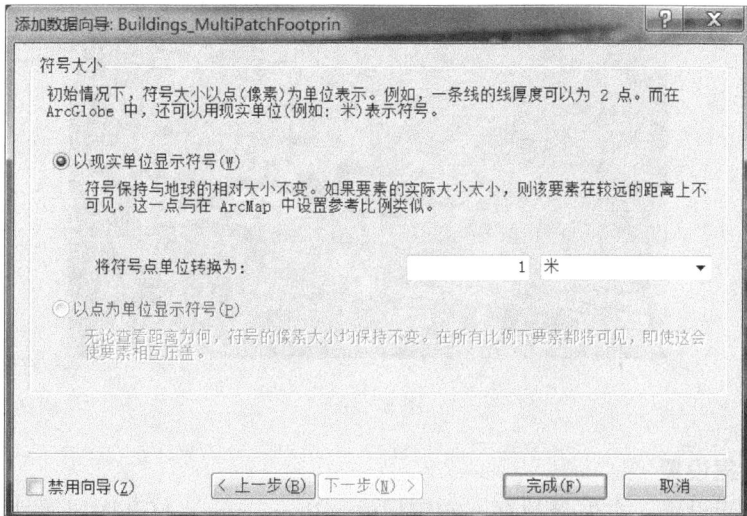

图 8 - 27

（6）在坐标转换提示窗口（Geographic Coordinate Systems Warning），如图 8 - 28 所示。可以自定义要转换的坐标系统，也可以选择系统默认的坐标系统。系统默认的坐标系统是 WGS84，如果加入的矢量文件的地理坐标为 WGS84，则不会弹出该窗口。矢量数据会作为叠加在球体表面的图层而被添加到球体地形的表面，如图 8-29 所示。

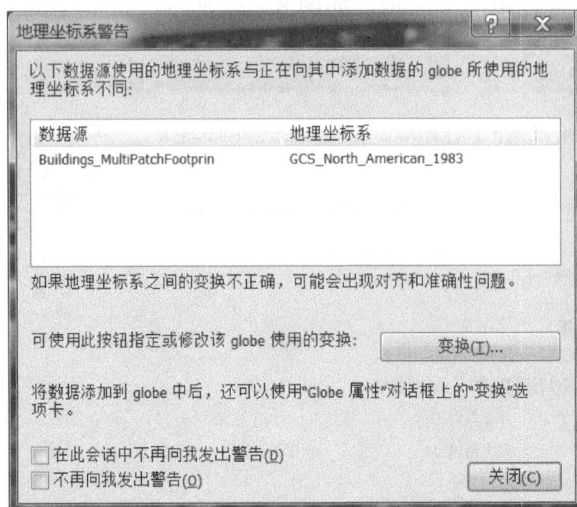

图 8-28

图 8-29

七、矢量数据设置

（1）矢量显示设置。在矢量数据上右键属性（Properties）打开图层属性（Layer Properties）对话框。在符号系统（Symbology）选项卡中，可以设置矢量的符号化，跟二维一体化符号修改方式，如图 8-30 所示。

点击高级（Advanced）下拉框，这里我们设置按照 HSEHLD 1 F 字段设置透明，如图 8-31 所示，显示效果如图 8-32 所示。

图 8 - 30

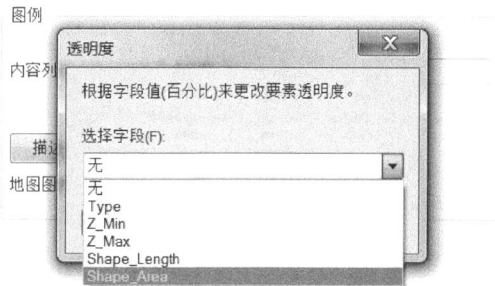

图 8 - 31

（2）面数据不显示填充设置。在符号系统（Symbology）选项卡中，点击符号（Symbol），弹出 Symbol Selector 对话框。再此对话框中可以对面的符号进行修改，如图 8 - 33 所示。

这里我们选择 Fill Color 为 No Color，选择 Outline Color 为黄色，如图 8 - 34 所示。

八、添加文字数据

以 BuildingsAnno 数据为例子，演示加载文字注记数据过程：

（1）点击文件添加按钮✚。

图 8 - 32

图 8 - 33

图 8 - 34

（2）定位到包含想要添加的文字注记数据所在的文件夹。单击想要添加的图层，单击添加（Add），如图 8 - 35 所示。

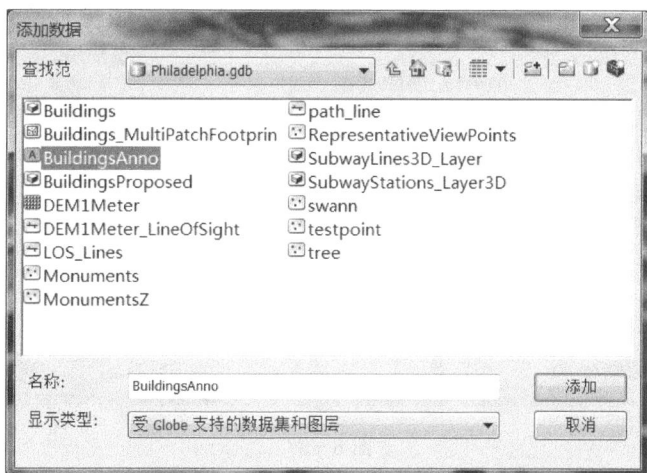

图 8 - 35

（3）在数据添加向导窗口（Add Data Wizard）中，有两种选择将要素显示为叠加影像（Display features as draped Image）和将要素显示 3D 矢量（Display features as 3D vectors），选择将要素显示为 3D 矢量（Display features as 3D vectors），点击下一步，如图 8 - 36 所示。

（4）在数据添加向导窗口（Add Data Wizard）中，设置典型比例尺（typical scale）和可视范围（Visibility range）。这里按照系统默认的设置，如图 8 - 37 所示。

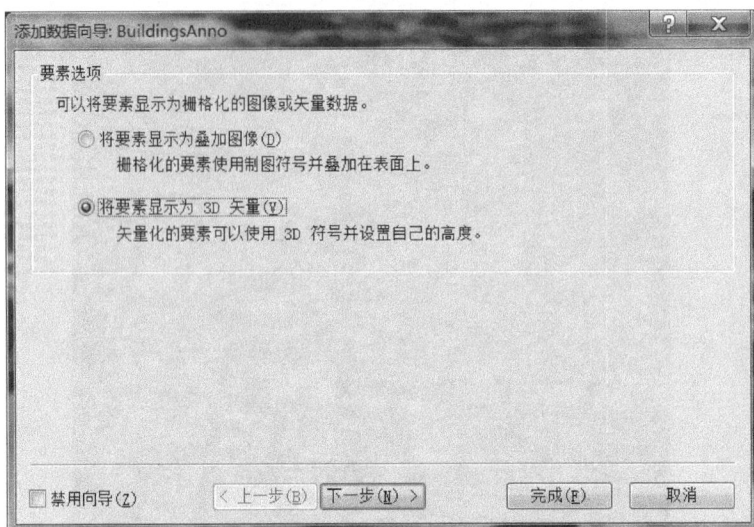

图 8 - 36

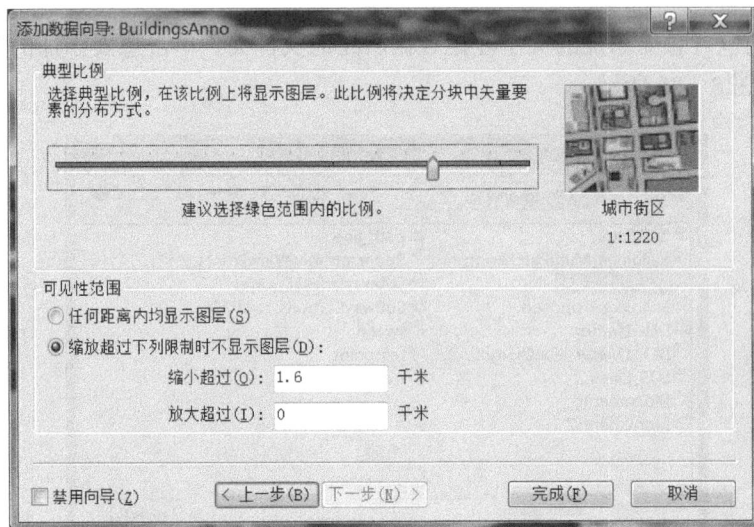

图 8 - 37

（5）单击完成后，查看文字效果。3D Vector 方式文字为三维立体显示效果，如图 8 - 38 所示。

九、文字数据设置

（1）文字符号化显示设置。在数据上右键属性（Properties）打开图层属性（Layer Properties）对话框。在符号系统（Symbology）选项卡中，可以设置文字注记的颜色，如图 8 - 39 和图 8 - 40 所示。

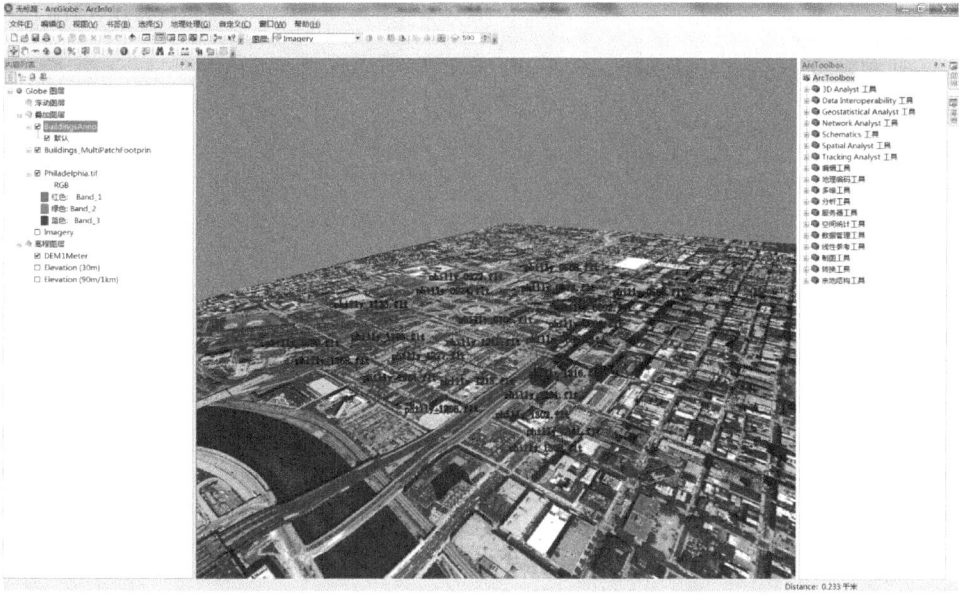

图 8 - 38

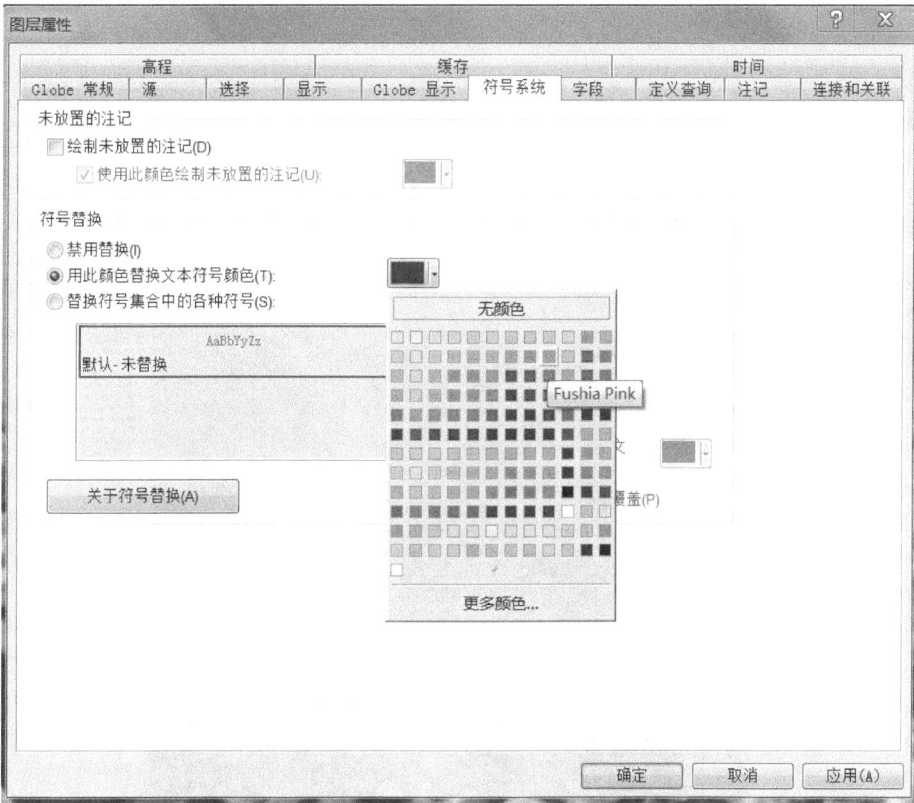

图 8 - 39

图 8 - 40

点击完成后查看效果，如图 8 - 41 所示。

图 8 - 41

（2）切换显示模式。在 Globe 显示（Globe Display）选项卡中，通过选中栅格化要素图层（Raster Feature Layer）使文字切换为 Darped 模式，点击完成后，查看显示效果，如图 8-42 所示。由于栅格显示显示可视范围太大时，由于采样原因，文字有白边现象，因此 Draped 方式显示文字，需要设置一定的可视范围。

图 8-42

（3）图层关联。在显示（Display）选项卡中，通过关联图层（Associated Layer）选择关联图层。图层关联后，当关闭关联的图层时，文字图层将一起关闭，如图 8-43 所示。

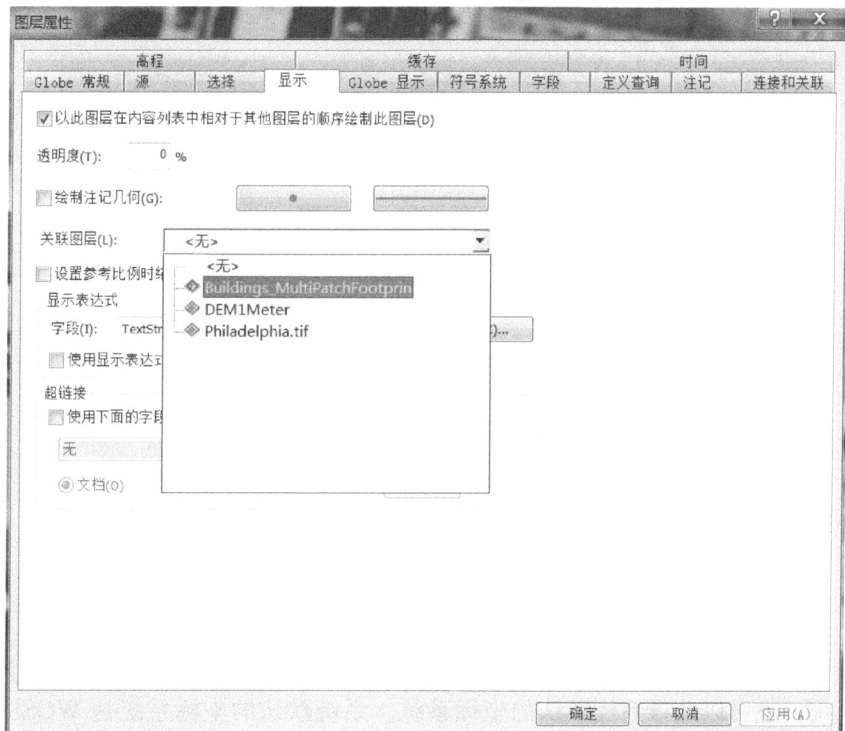

图 8-43

十、添加模型数据

三维模型数据分为两种：一种为简单纹理数据，另一种为复杂纹理数据。简单纹理数据可以从建筑轮廓面矢量数据通过拉伸设置获得，也可以加载转换后的 Multipatch 数据。以 Buildings 数据为例，演示是加载复杂纹理模型数据过程：

（1）点击文件添加按钮✚。

（2）定位到包含想要添加的模型数据所在的文件夹。单击想要添加的图层，单击添加（Add），如图 8 - 44 所示。

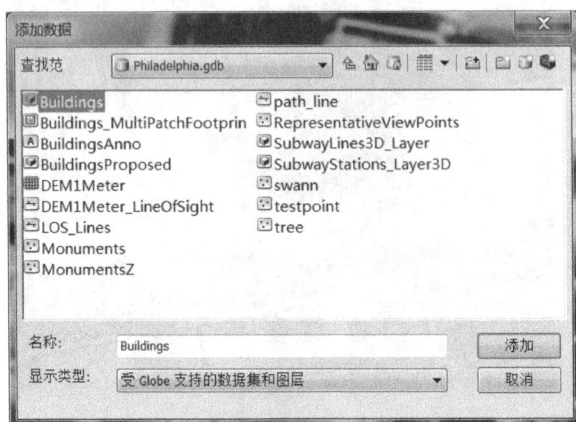

图 8 - 44

（3）在数据添加向导窗口（Add Data Wizard），选择典型比例尺（typical scale）和可视范围（Visibility range）。这里按照系统默认的设置，单击下一步，如图 8 - 45 所示。

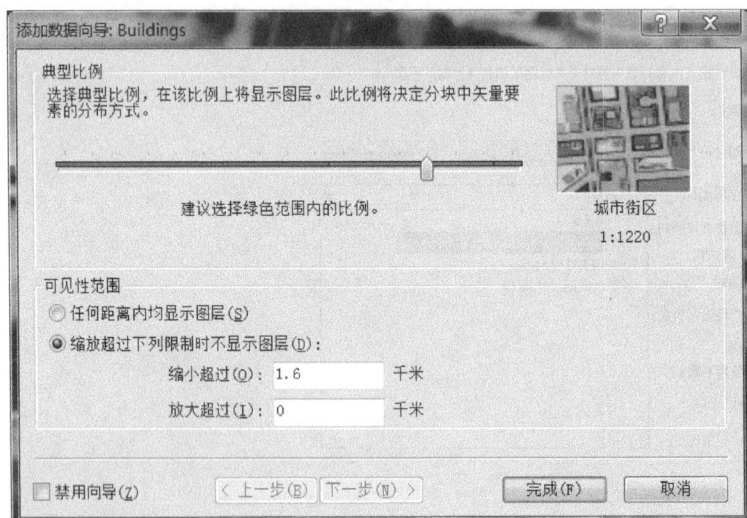

图 8 - 45

（4）在坐标转换提示窗口（Geographic Coordinate Systems Warning），可以自定义要转换的坐标系统，也可以选择系统默认的坐标系统。系统默认的坐标系统是 WGS84，如果加入的矢量文件的地理坐标为 WGS84，则不会弹出该窗口。这里选择系统默认的坐标系统，单击 Close，如图 8 – 46 所示。

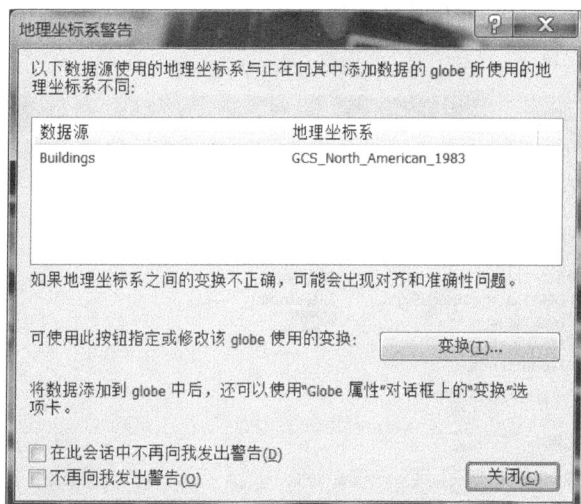

图 8 – 46

（5）模型数据会被默认为浮动图层（Floating layers）加入 ArcGlobe 中，用户可以根据需要，把模型数据移至叠加图层（Drapped layers），但是不能移至高程图层（Elevation layers），如图 8 – 47 所示。

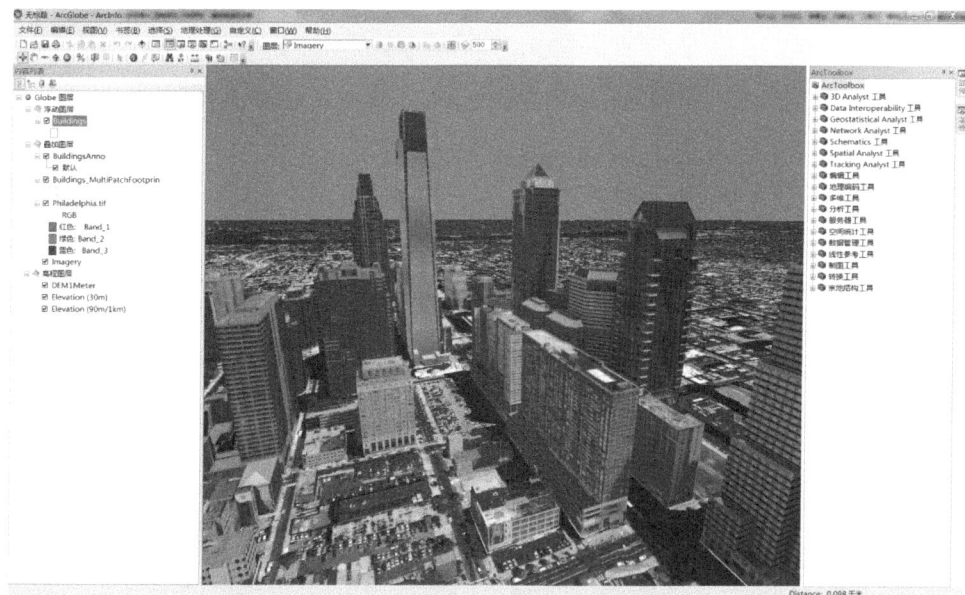

图 8 – 47

十一、添加城市街景部件

在 ArcGlobe 的三维场景中，用户也可以添加城市街景部件，以增加场景的真实感。城市街景部件包括电线杆、消防栓、树、花、汽车、飞机等，通常这些城市街景部件是以要素类中的点文件存储的。以 tree 数据为例，演示是加载街景部件数据过程：

（1）点击文件添加按钮 ✚。

（2）定位到包含想要添加的模型数据所在的文件夹。单击想要添加的图层，单击添加（Add），如图 8-48 所示。

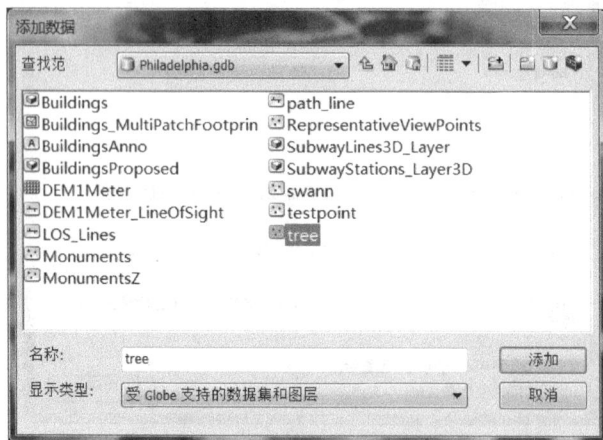

图 8-48

（3）在数据添加向导窗口（Add Data Wizard）中，有两个选项：将要素显示为叠加图像（Display features as draped image）和将要素显示为 3D 矢量（Display features as 3D vectors）。这里选择将要素显示为 3D 矢量（Display features as 3D vectors），单击下一步，如图 8-49 所示。

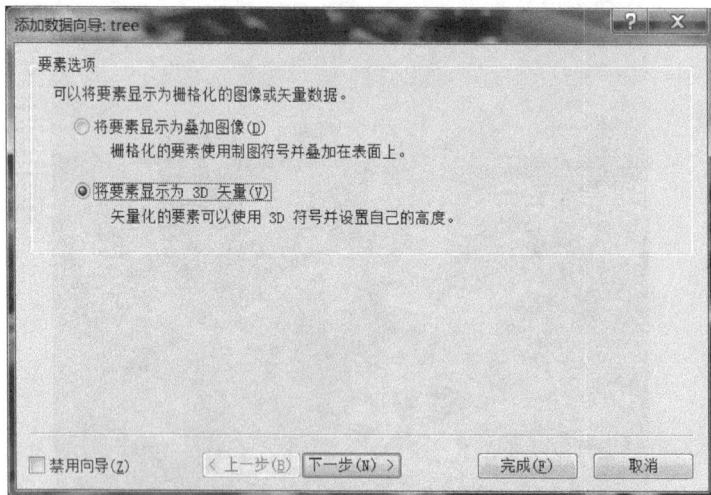

图 8-49

（4）在数据添加向导窗口（Add Data Wizard），设置典型比例尺（typical scale）和可视范围（Visibility range）。这里按照系统默认的设置，单击下一步，如图 8-50 所示。

（5）在数据添加向导窗口（Add Data Wizard），选择符号大小（Symbol size）。系统提供两种选择：一种是以现实单位显示符号（Display symbols in real world units），另一种是

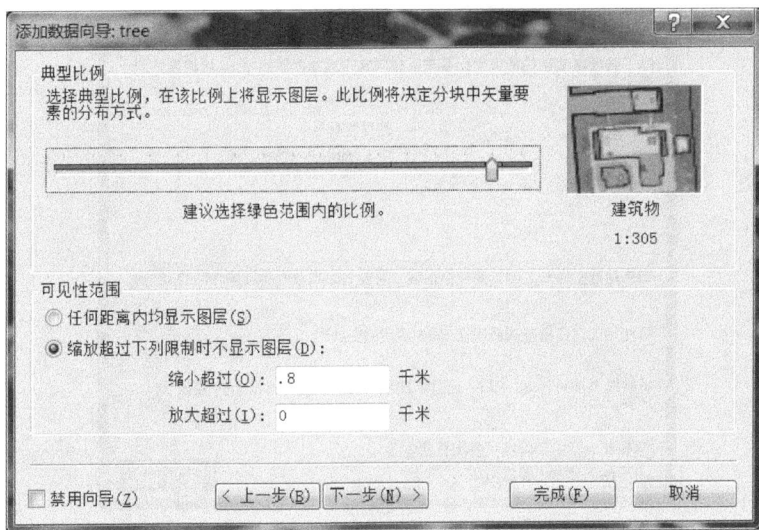

图 8 - 50

以点为单位显示符号（Display symbols in point units）。这里按照系统默认的设置，单击下一步，如图 8 - 51 所示。

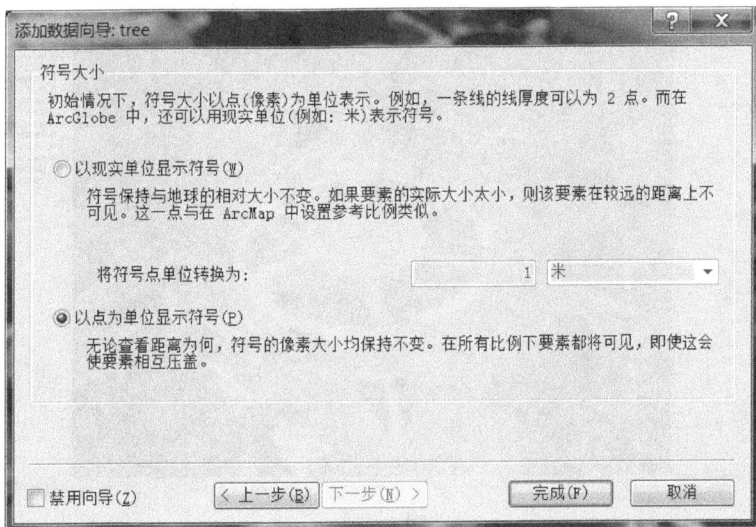

图 8 - 51

（6）在坐标转换提示窗口（Geographic Coordinate Systems Warning），可以自定义要转换的坐标系统，也可以选择系统默认的坐标系统。系统默认的坐标系统是 WGS84，如果加入的矢量文件的地理坐标为 WGS84，则不会弹出该窗口。这里选择系统默认的坐标系统，单击 Close，如图 8 - 52 所示。

城市街景部件会作为叠加在球体表面的图层而被添加到球体地形的表面，如图 8 - 53 所示。

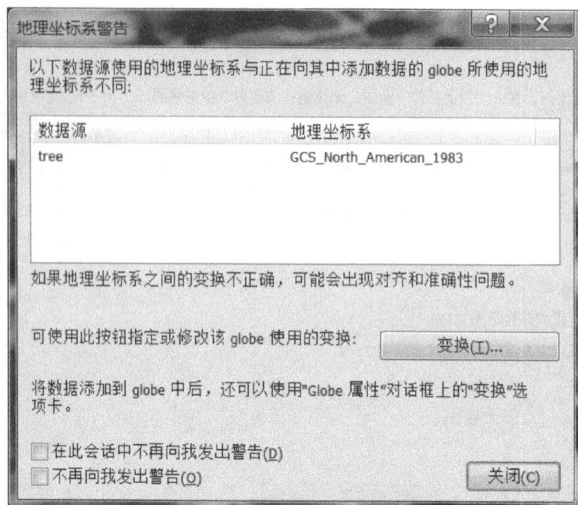

图 8 - 52

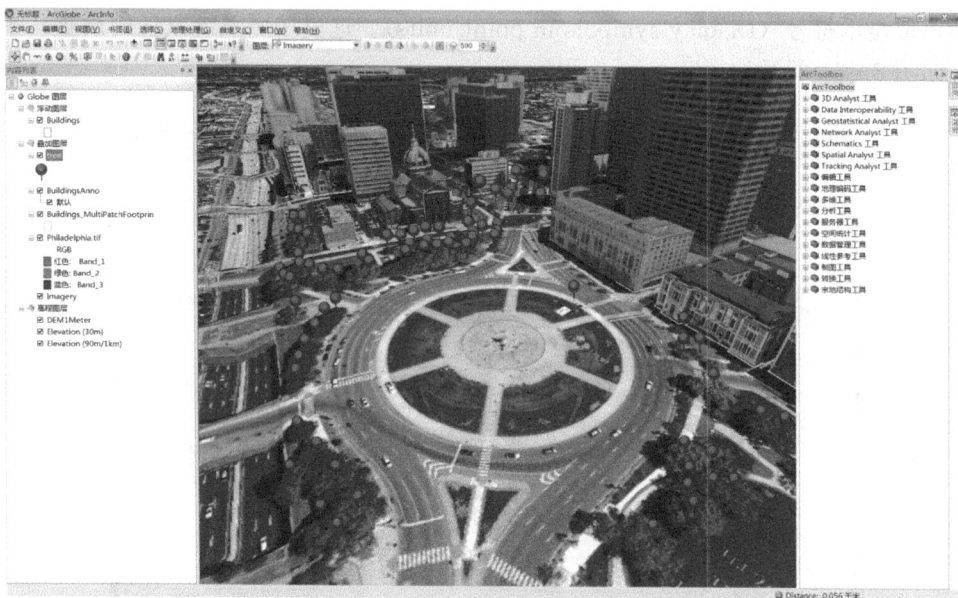

图 8 - 53

（7）在 Table of Contents 中点击气球符号，弹出符号选择器（Symbol Selector）对话框。可以按照关键词搜索树符号，如图 8 - 54 所示。

（8）设置合适的大小以及颜色、显示效果，如图 8 - 55 所示。

十二、街景部件数据设置

（1）导入外部模型。在符号选择器（Symbol Selector）对话框中，点击编辑符号（Edit Symbol）弹出符号属性编辑器（Symbol Property Editor）对话框，如图 8 - 56 所示。

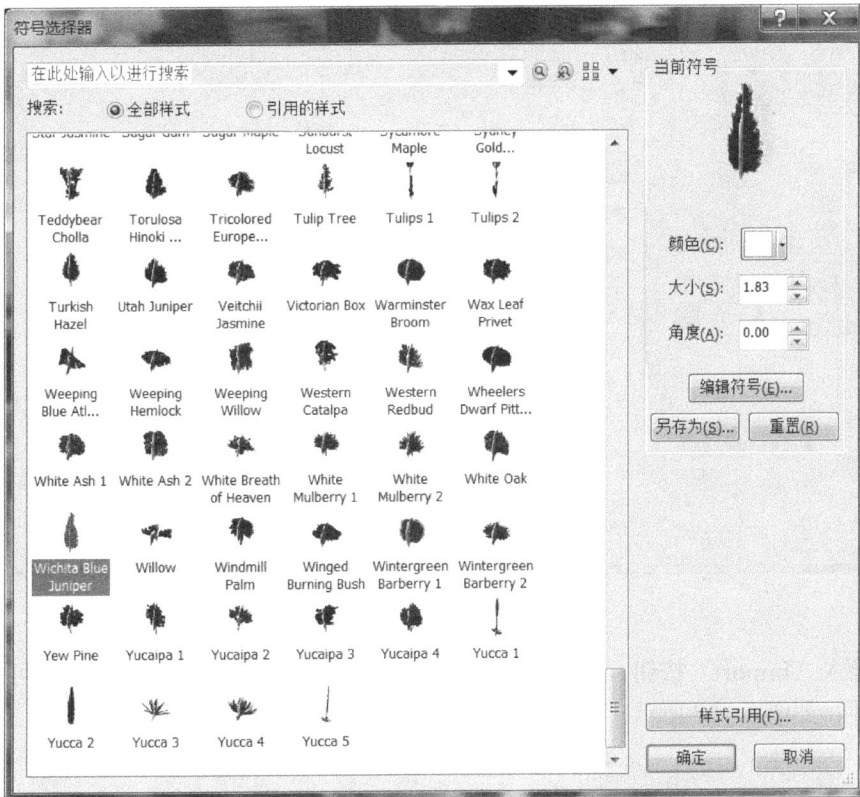

图 8 - 54

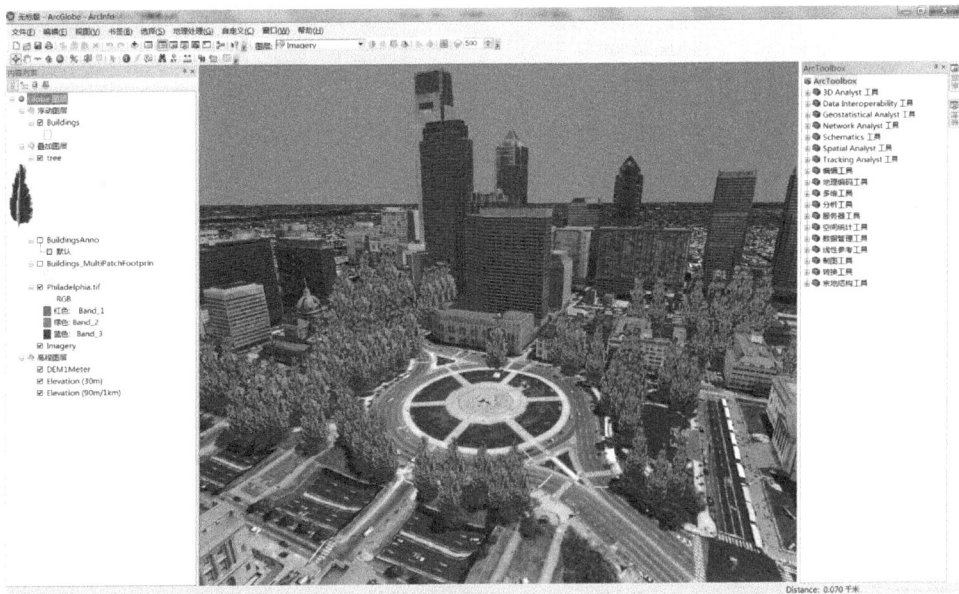

图 8 - 55

图 8-56

　　点击导入（Import）按钮，弹出打开（Open）对话框，如图 8-57 所示。可以导入外部模型文件，如图 8-58 所示。

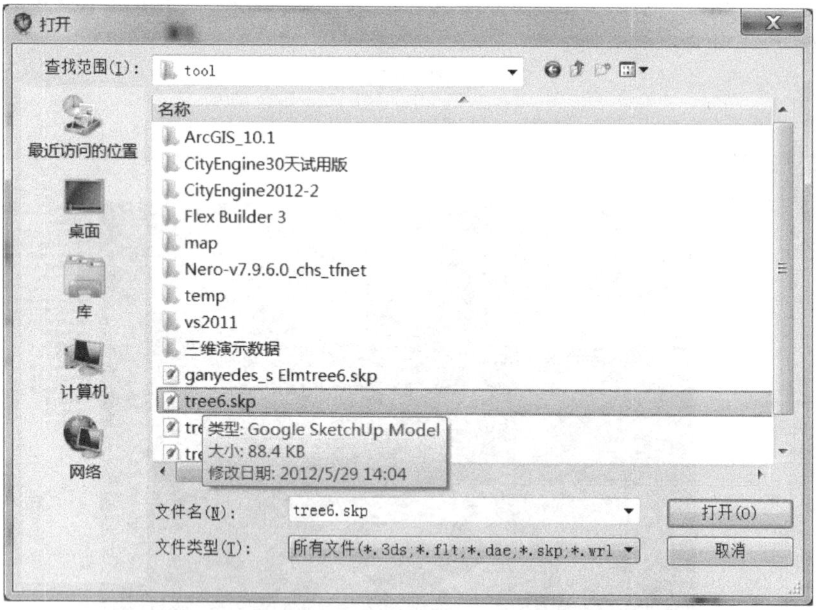

图 8-57

　　（2）符号大小根据距离改变。在 Globe 选项（Globe Display）选项卡中，选中随距离缩放 3D 符号（Scale 3D Symbol with distance）即可实现符号大小根据距离改变，如图 8-59 所示。

图 8-58

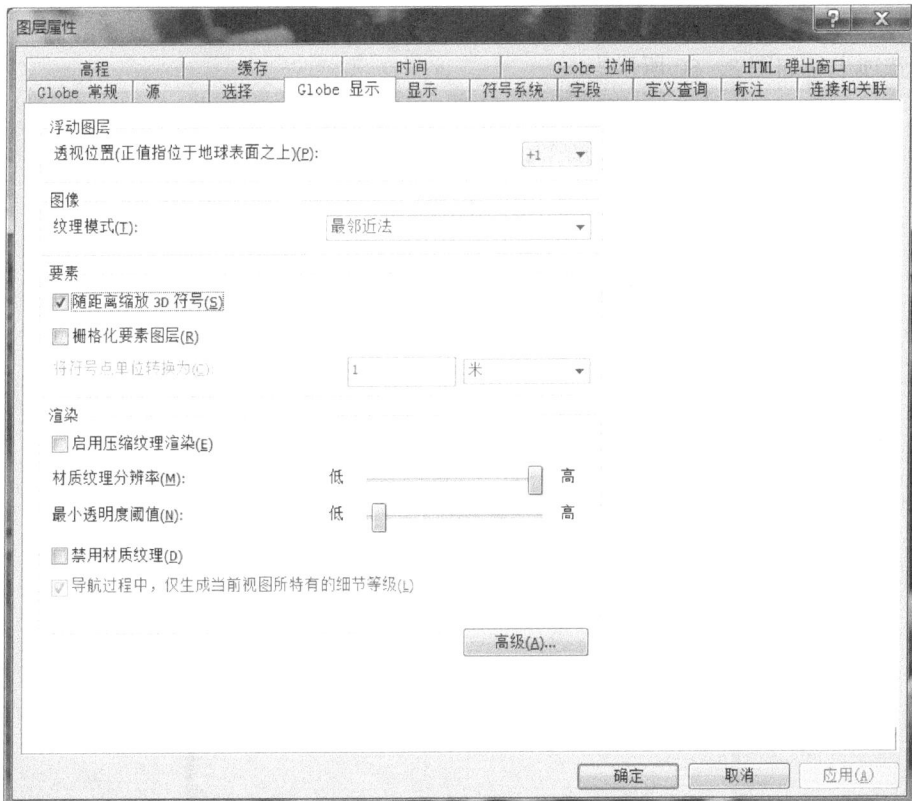

图 8-59

第三节　三维性能优化

逼真的三维表示不仅具有多种细节层次的几何表达，还提供具有相片质感的表面描述如逼真的材质和纹理特征以及其他相关的属性信息。大量栅格数据与矢量数据的集成应用导致数据量急剧增加，"海量"一词则是对此最形象的描述，这里的"海量"是指远远超出计算机核心内存容量的数据量。针对三维可视化交互的实时性要求，对海量数据的有效调度已经成为三维 GIS 的关键技术之一。

对于 ArcGlobe 文档（*.3dd）来说，性能取决于多方面的，与加载的数据量、数据类型、符号化设置，地图文档设置、机器性能等有关。

以下介绍 ArcGlobe 的优化方法。

一、场景优化

（一）调整内存缓存

内存缓存是分配一定数量物理内存（RAM）供 ArcGlobe 使用。为获得最佳性能，可以设置为每个使用的数据类型分配的内存量。根据地图文档中的数据量不同，需要做出相应的调整。例如：地图文档中的三维模型比较多时，可以增加 3D 对象（3D Object）的大小，以获得最佳性能。

在菜单自定义（Customize）→ArcGlobe 选项（ArcGlobe Options）→显示缓存（Display Cache）选项卡，如图 8-60 所示。

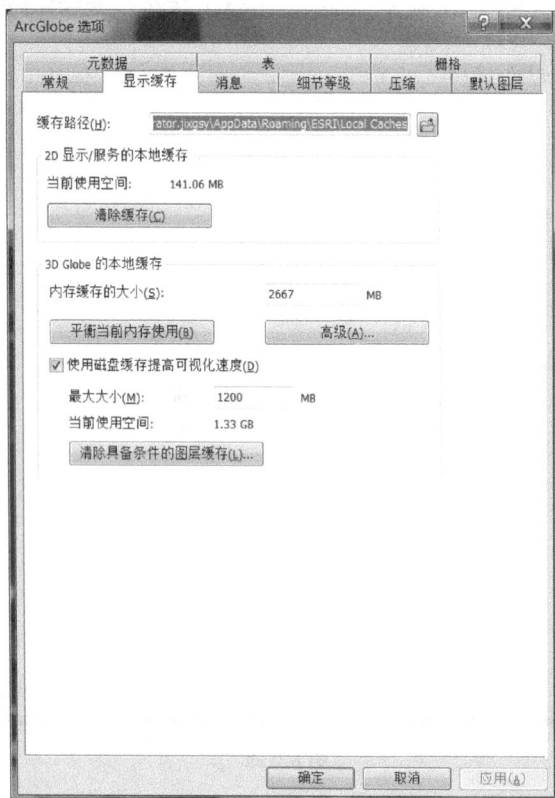

图 8-60

点击高级（Advanced）按钮弹出，内存缓存高级设置窗口。可以根据地图文档中的实际数据情况做出修改，如图 8-61 所示。

使用中栅格数据和三维模型数据消耗内存比较多，具体设置可以根据浏览数据时，依据实际占用的内存缓存做出调整。另外，ArcGIS10 中内存缓存会记录在地图文档中，如图 8-62 所示。

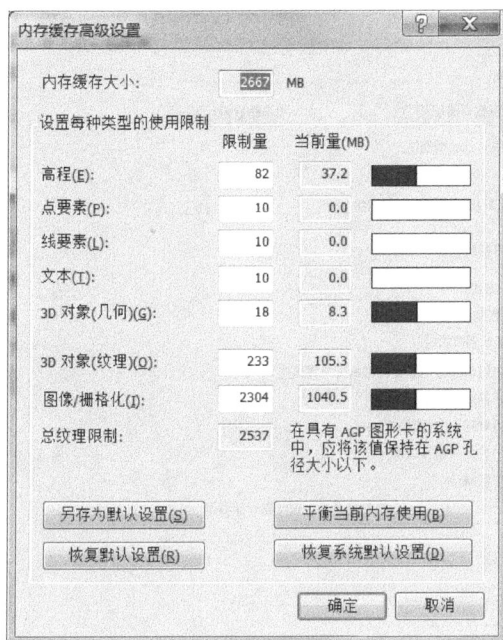

图 8-61

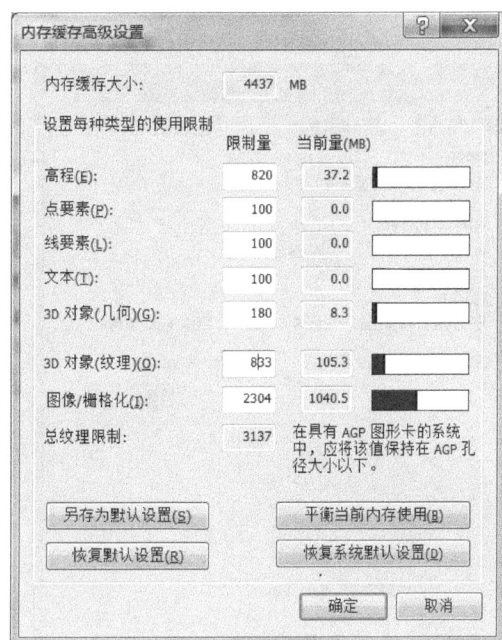

图 8-62

（二）增加虚拟内存

如果计算机缺少运行程序或操作所需的随机存取内存（RAM），则 Windows 使用虚拟内存（Virtual Memory）进行补偿。虚拟内存将计算机的 RAM 和硬盘上的临时空间组合在一起。当 RAM 运行速度缓慢时，虚拟内存将数据从 RAM 移动到称为"分页文件"的空间中。一般而言，计算机的 RAM 越多，程序运行得越快。如果计算机的速度由于缺少 RAM 而降低，则可以尝试增加虚拟内存来进行补偿。

ArcGlobe 可能需要消耗这个虚拟内存，需要为它的使用分配足够的空间。虚拟内存大小理论上应至少两倍于物理内存大。例如，如果您有 512MB 的物理内存（RAM）的，你应该拨出至少 1024 MB 的虚拟内存。可以通过我的电脑→属性→高级设置虚拟内存的大小，如图 8-63 所示。

（三）导航时挂起获取瓦片线程

ArcGlobe 有两个并发的线程，一个用于渲染，另一个用于硬盘缓存数据的检索、计算。当挂起获取瓦片线程选项被启用时，内存中的瓦片可以继续在显示。当停止导航时，获取瓦片的线程重新启，这时将开始下载瓦片当前细节水平的数据。挂起获取瓦片片线程将所有的资源分配给渲染线程，从而提供一个顺畅的导航体验。

通过菜单自定义（Customize）→ArcGlobe 选项（ArcGlobe Options）→细节等级（Level

of Detail）选项卡，可以选中导航时暂停分块提取（Suspend tile fetching when navigating），如图 8 - 64 所示。

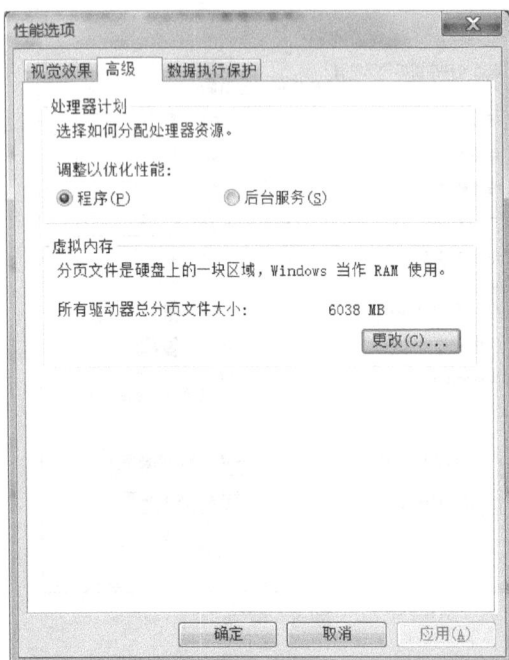

图 8 - 63

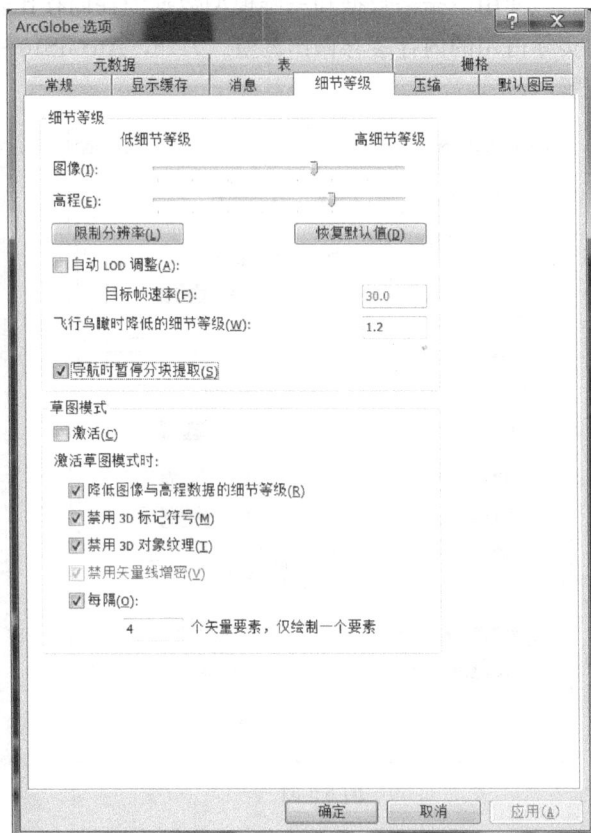

图 8 - 64

二、数据优化

（一）硬盘缓存

硬盘缓存是每个在 ArcGlobe 图层生成的一些缓存瓦片文件，可以帮助您提高数据显示和浏览的效率。

1. 设置磁盘缓存的默认位置

每一个 ArcGlobe 图层都生成为一个对应的硬盘缓存，其缓存文件的名字一般由图层的名字和全球唯一标识组成（如 dem _ img _ FF5D3DC1 - 3B47 - 4F42 - 87E0 - B1489D33EC45）。硬盘缓存存储于 ArcGlobe 的缓存目录下，通过菜单 Customized→Arc-Globe Options 中 Display Cache 设置用于保存这些缓存的文件位置和硬盘缓存存储空间，如图 8 - 65 所示。

注：

（1）ArcGlobe 将在文件位置后面自动添加一个 \ GlobeCache 后缀，缓存文件主要存储于此目录下面。

（2）修改缓存目录后，添加到 ArcGlobe 的所有新图层都会将其磁盘缓存保存在此目录下；更改默认位置后，现有的缓存数据不会移动。此外，如果对图层进行简单的更改（如更改符号系统），则缓存将在其原始位置进行再生。但是，如果刷新图层因而生成新的图层标识符，图层的缓存将会保存到新的默认位置。

（3）一般建立 Globe 文档时，首先应设置好，缓存目录的位置。并且数据量比较大时，应该增加 Maximum size 大小。

2. 硬盘缓存类型

硬盘缓存根据缓存生成的方式分为：按需缓存、部分缓存和全部缓存三种类型。

按需缓存是当您首次浏览在 ArcGlobe 层时，按照缩放到的位置和距离生成的当前尺度下的磁盘缓存。下次重复访问这些地区时访问时间更快了，这是因为硬盘缓存已经在首次访问时被缓存下来了。

如果创建高性能的导航效果，手动创建硬盘缓存是十分必要的。右键单击需要创建硬盘缓存的图层，单击生成数据缓存（Generate Data Cache），如图 8-66 所示。

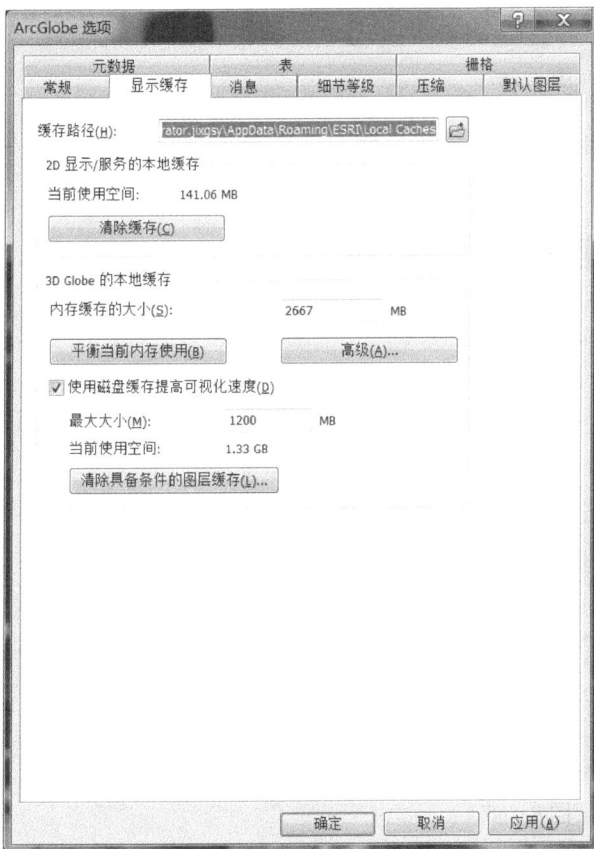

图 8-65

图 8-66

在弹出的生成缓存（Generate Cache）对话框上，设置生成缓存设置详细程度（LOD）范围。滑尺上的每个刻度都表示将要计算的单独详细程度。要创建全部缓存，可将从 LOD 从 LOD 滑块设置为最大比例（即"远"），将至 LOD 至 LOD 滑块设置为最小比例（即"近"），如图 8-67 所示。

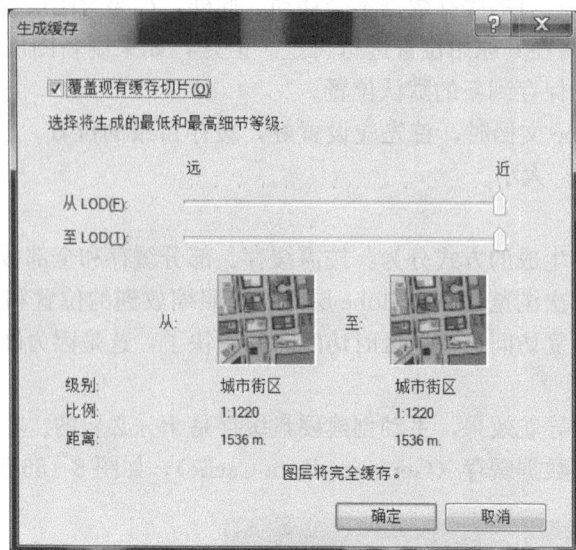

图 8 - 67

如果详细程度未处于最大比例，则将构建数据的局部缓存，剩余等级将按需缓存，如图 8 - 68 所示。

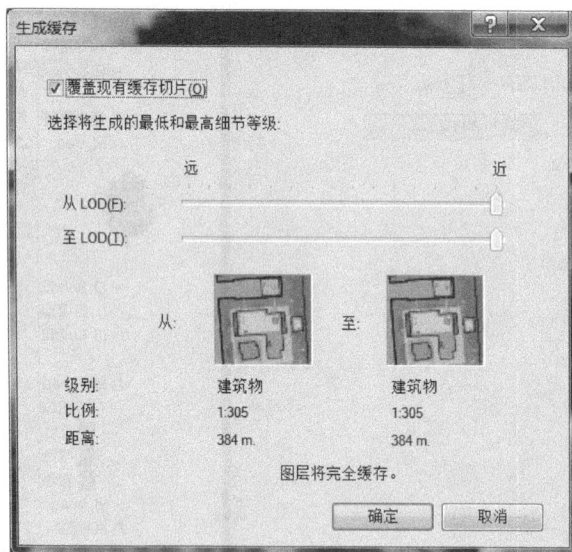

图 8 - 68

注：

（1）对于影像数据、高程数据建议建立全部缓存，其中高程数据在利用 ArcGIS Server 发布 Globe Service 时一定要建立全部缓存。

（2）对于矢量（Draped）建议依据实际需求建立局部缓存。另外，可以在矢量属性对话框中常规（General）选项卡中，点击要素属性（Feature Properties）设置合理的比例，如图 8 - 69 和图 8 - 70 所示。

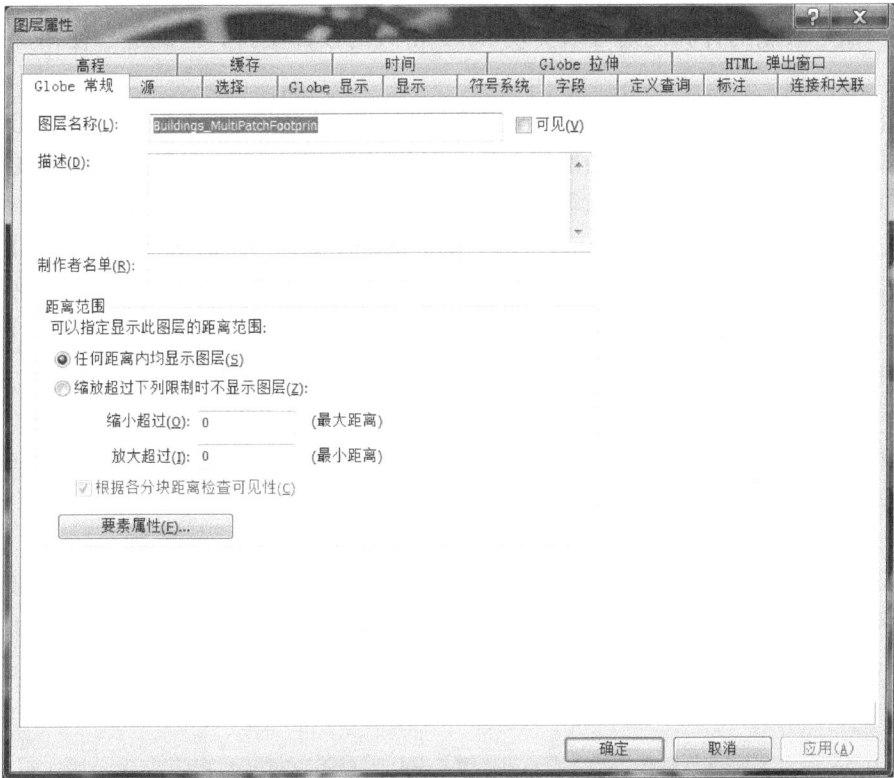

图 8-69

根据实际的数据确定合理的比例尺，然后建立全部缓存。

（3）矢量（3DVector）、注记（Annotation）、多面体（Multipatch）依据数据情况选择合适的比例尺，然后在此比例尺下建立全部缓存。

3. 硬盘缓存格式

ArcGlobe 支 持 两 种 磁 盘 缓 存 格 式：JPEG 和 DXT。对 ArcGlobe 缓存中的数据进行压缩可以减小占用的磁盘空间。所采用的默认压缩格式为 JPEG（16 位色彩格式）。DXT 则是图形卡硬件支持的一种替代格式。在配有较新版图形卡的计算机上，DXT 缓存

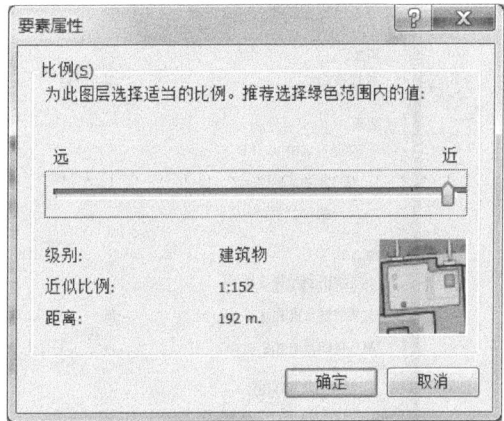

图 8-70

不必在渲染前解压缩。但 JPEG 缓存却需要在渲染前解压缩，因此将存在性能开销。具有16 位色彩格式的 JPEG 缓存数据要求每像素占 2 个字节内存，而 DXT 缓存数据则要求每像素仅占 1 个字节内存。这意味着，DXT 数据所占用的图形内存只占 JPEG16 位色彩数据所占用图形内存的一半。但 DXT 缓存所占用的磁盘空间通常比 JPEG 缓存大 8～12 倍。如果计算机所使用图形卡版本较低，则可能本身并不支持 DXT 格式。在此类情况下，ArcGlobe

将使用仿真软件代替硬件，以便计算机支持 DXT 缓存，但使用 DXT 磁盘缓存选项并不会提高性能。版本较新的计算机则可以实现 DXT 格式的硬件支持，因此适合使用 DXT 缓存选项。

如果注重应用程序的性能，则建议使用该格式。决定 JPEG 和 DXT 缓存性能差异的一个关键性因素是数据范围。对于局部域范围内的图像数据，DXT 缓存的渲染速度比 JPEG 缓存最多可快 40%（以每秒的帧数衡量）。但是，如果数据位于全局范围内，则两种格式之间几乎没有差异。无论数据范围如何，DXT 磁盘缓存格式与 JPEG 磁盘缓存格式的缓存生成时间相同。决定选择哪种格式的另一个关键性因素是计算机的物理内存大小。使用 DXT 缓存而非 JPEG 缓存时，ArcGlobe 将节省 10%～30% 的整体内存，从而在渲染大型数据集而计算机内存（RAM 和图形卡纹理内存）却有限的情况下可以提高性能。第三个也是最后一个值得考虑的因素是磁盘空间。尽管 DXT 缓存的交互性能通常比 JPEG 缓存要好，但是它所占据的磁盘存储空间却会多出很多。根据数据的不同，DXT 缓存所占用的磁盘空间比 JPEG 缓存大 8～12 倍。因此，应考虑是需要更好的性能还是更大的磁盘空间。

注：

（1）选择建议：影像、矢量选择 JPG 格式，MultiPatch、3DVector 选择 DXT 格式。

（2）对于 Multipatch 和 3DVector 数据，可以在图层数据属性页的 Globe 显示（Globe Display）选项卡中选中启用压缩纹理渲染（Eanble rendering with compressed textures），如图 8-71 所示。

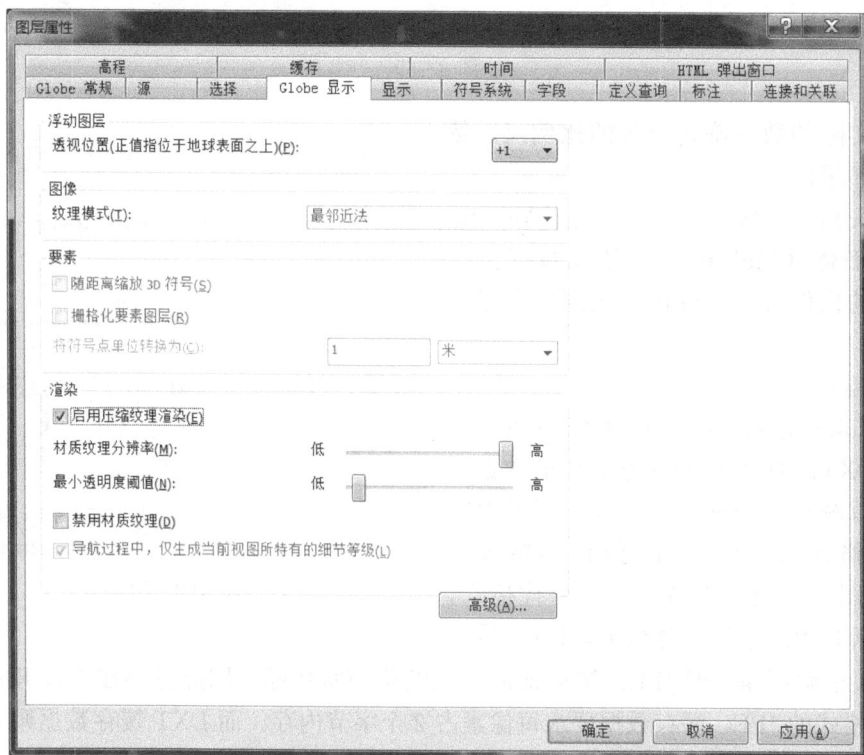

图 8-71

（3）ArcGIS10 增加了 Multipatch 数据的自动纹理管理机制，即根据距离降级调整纹理。可以点击 Advanced 按钮修改自动纹理设置，如图 8-72 所示。

4. 缓存失效

缓存失效是指修改了数据的属性，导致原先产生的缓存没法重新使用，需要重新生成新的缓存。比如：修改了栅格的采样方式，栅格化要素大小，矢量的符号化，矢量栅格化单位，改变缓存格式，修改 Cache 路径后刷新等，设置数据重新显示方式和效果的参数，都会导致缓存失效。

注：创建数据缓存之前应该首先设定渲染显示参数，然后再创建缓存。

5. 更新局部缓存

如果数据的某一部分已进行更新并且此

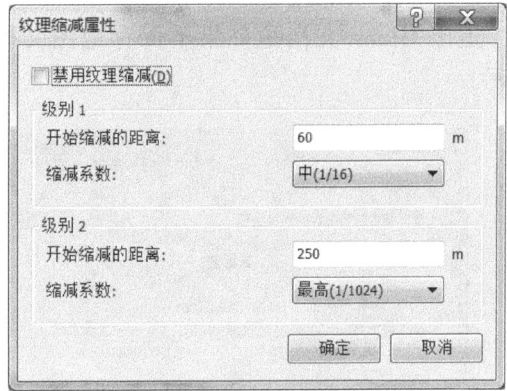

图 8-72

数据具有此图层的完全缓存或局部缓存。更新数据时，该图层的磁盘缓存也需要更新。通过仅让受影响的区域失效，可使大部分缓存不受影响并且可根据需要重新生成已更新的部分。图层属性窗口缓存（Cache）选项卡中，点击高级（Advanced）按钮，打开高级缓存管理（Adwanced Cache Management）窗口，点击将缓存设置为无效（Invalidate Cache），可以删除当前范围的缓存，如图 8-73 和图 8-74 所示。

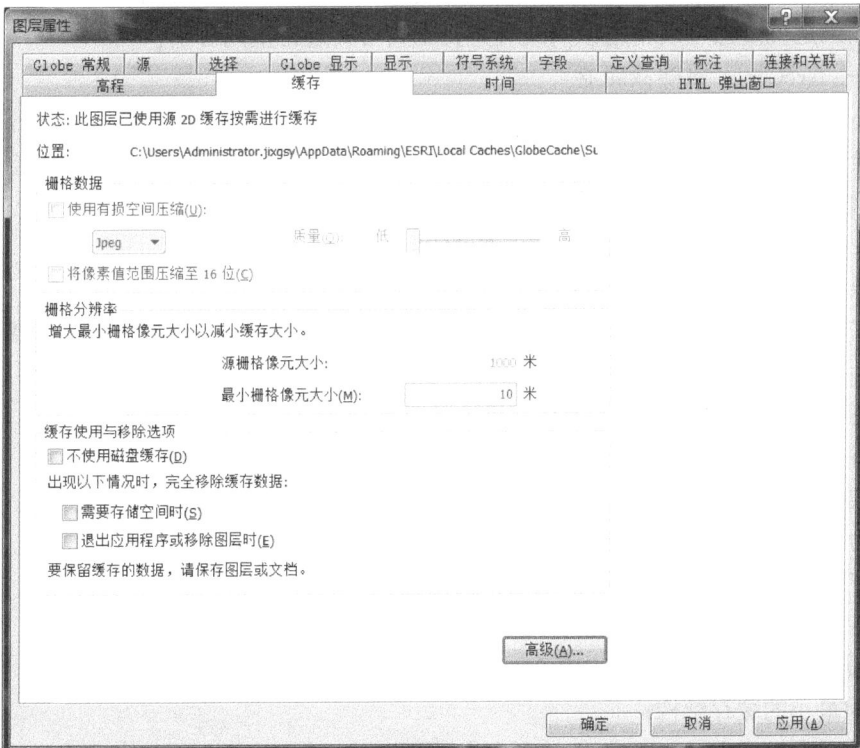

图 8-73

此选项可用于仅删除指定范围的图层数据缓存。将采用按需缓存方式重新填充已删除的缓存切片。也就是说，仅当在 ArcGlobe 中重新访问该区域时，才会对其进行计算。

6. 保持缓存的连接

退出 Globe 文档是如果不保存地图文档，将导致建立好的的缓存丢失，如图 8－75 所示。

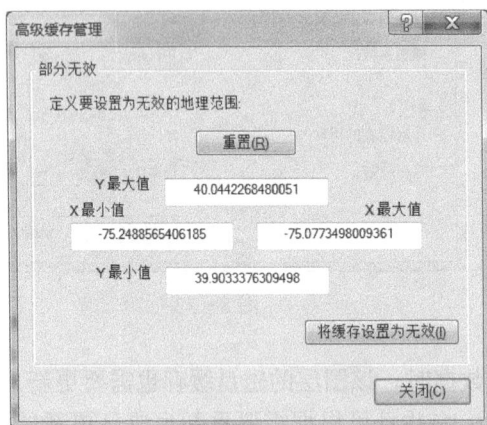

图 8－74

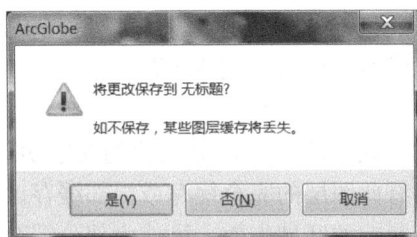

图 8－75

只要保存 ArcGlobe 文档或者图层文件就不会自动删除局部或完整缓存，这样便保留与缓存的连接。再次打开地图文档或者添加图层文件时，便可以直接使用原先创建的缓存进行可视化，如果是矢量也可以利用识别或者查找工具对其进行空间分析。

7. 退出 ArcGlobe 时删除缓存

ArcGlobe 退出应用程序时删除图层的磁盘缓存。针对频繁变化的数据或服务，这样会确保后续会话呈现新显示瓦片，且有助于最大程度地减小计算机上所使用的磁盘空间。图层属性窗口缓存（Cache）选项卡中，选中退出应用程序或移除图层时（Exiting the application or removing the layer），如图 8－76 所示。

8. ArcGlobe 部署

通过"ArcGlobe 部署向导"可以轻松地将 3D 文档和缓存移动到新位置。部署向导的适用情况：

（1）将 ArcGlobe 缓存换到本地计算机上的其他位置。

（2）将成熟的 ArcGlobe 文档复制到其他计算机。

（3）准备使用 ArcGIS Server Globe 服务将 ArcGlobe 文档发布到 Web。

（4）为现有的 Globe 服务 3D 视图使用新的缓存位置。

（5）将现有的 ArcGlobe 文档及其缓存数据存档。

（6）将 3D 文档重新连接到使用 Windows 工具移动的缓存。

即使缓存未被复制而只是指向了某个新位置，该向导也会确保为 ArcGlobe 文档中的所有图层创建最小的缓存结构。

通过菜单自定义（Customize）→自定义模式（Customize Mode）中命令（Command）选项卡选择文件（File）→部署文档（Deploy Document）拖拽到工具条上，此命令即被添加

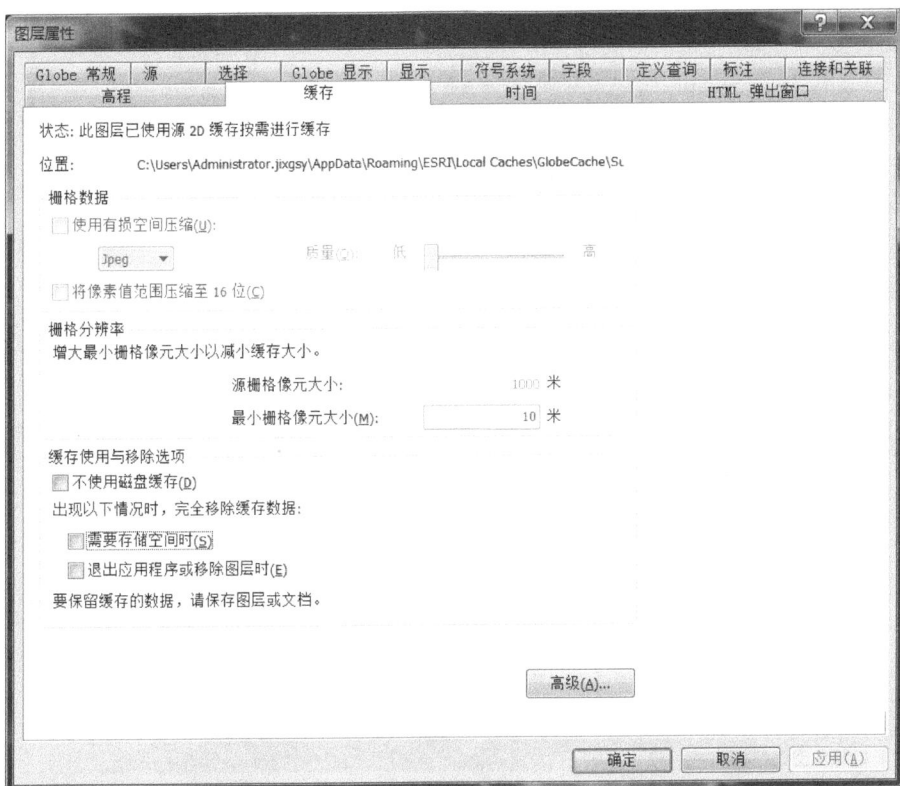

图 8 - 76

到用户界面，如图 8 - 77 所示。

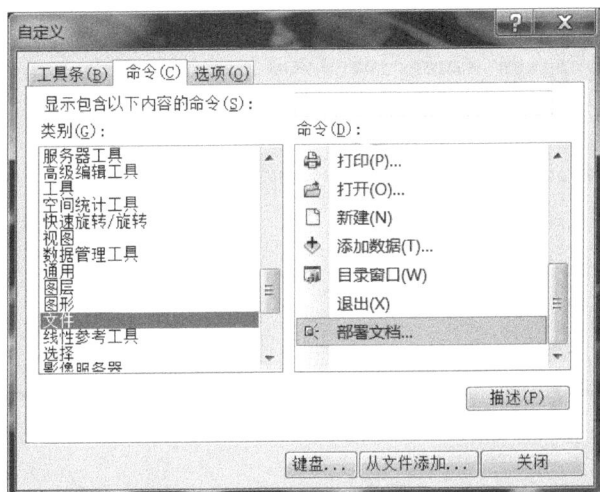

图 8 - 77

单击部署文档工具，弹出地图文档部署向导，如图 8 - 78 所示。

根据需求选择，单击下一步，可以设置缓存的位置如图。根据不同的选择可以完成地图文档及其缓存的移动和部署，如图 8 - 79 和图 8 - 80 所示。

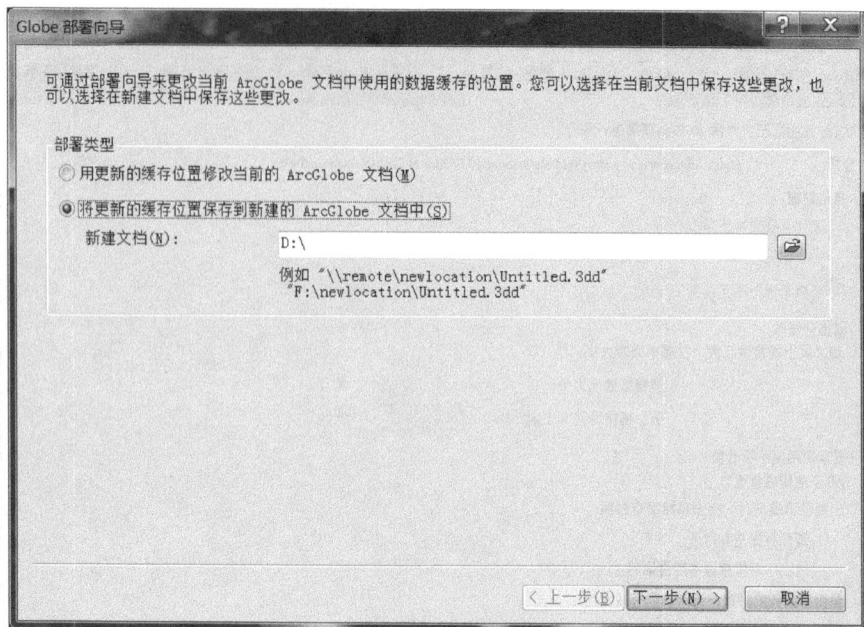

图 8 - 78

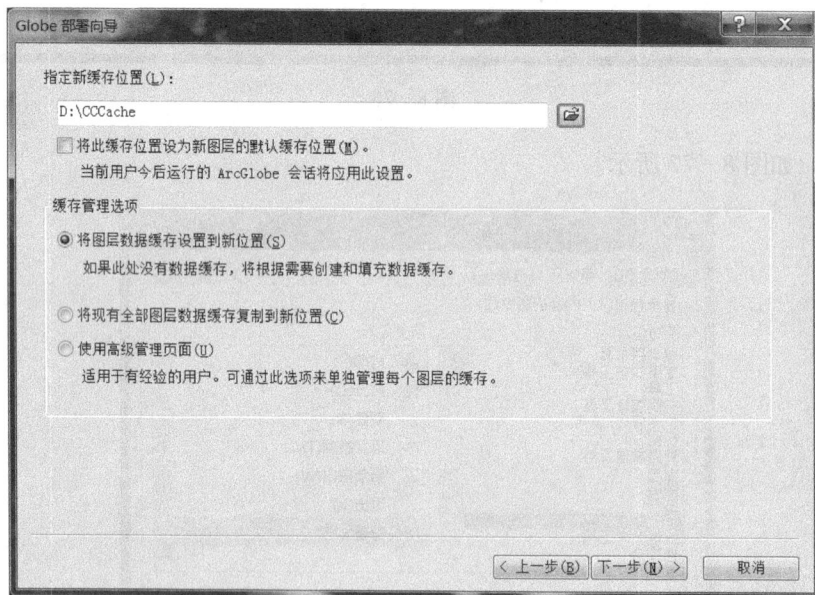

图 8 - 79

9. 使用硬盘缓存作为 ArcGlobe 图层

如果正在显示的数据仅用于显示目的而无需返回要素属性等 GIS 信息，则可生成完整的图层缓存并将其用作断开连接的图层。单击添加数据按钮＋，定位到缓存目录下面，添加缓存文件下面的图层文件，即可使用硬盘缓存作为 ArcGlobe 图层，如图 8 - 81 所示。

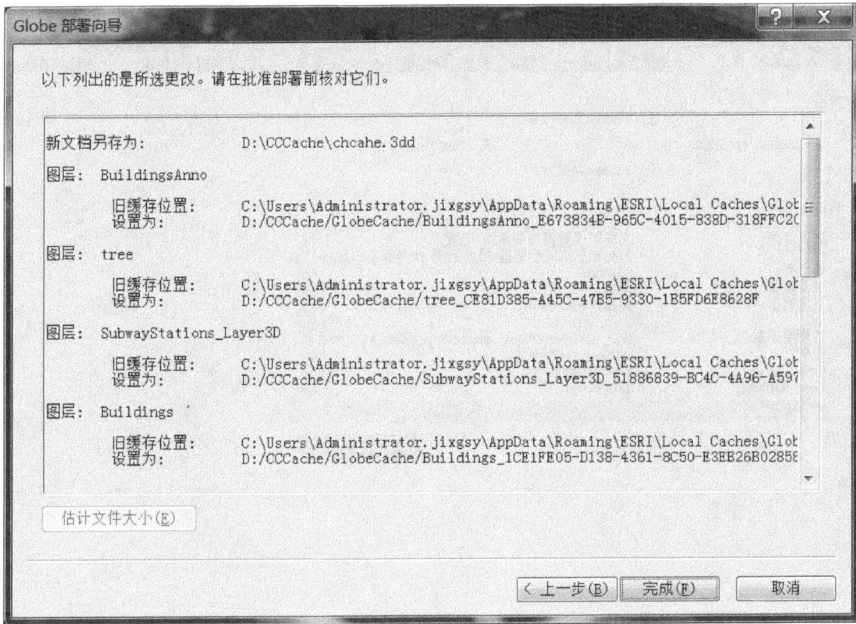

图 8-80

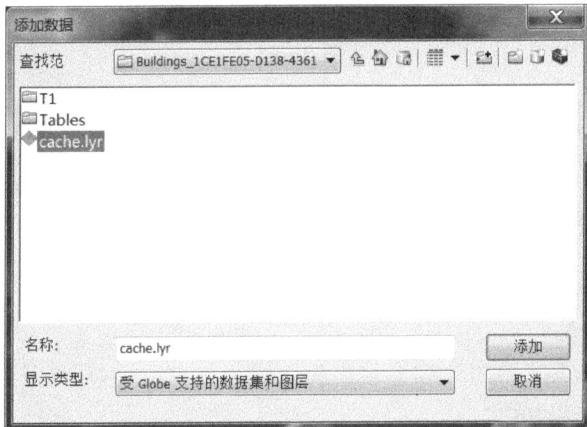

图 8-81

　　如果缓存图层能够连接的数据源则可以支持识别（Identify）和查找（find），不支持选择（Select）。可以在缓存图层属性页中源（Source）中设置数据源（Set Data Source）重新指定数据源，如图 8-82 所示。

　　（二）可视距离

　　可视距离可使数据在一定的距离范围出现时才显示出来。这是一种常见的和有效的方式来优化性能的 ArcGlobe 文件方法，应该经常使用。例如，可以为图层设置小幅度的距离范围，当你放大到设定的可见范围时才能看到他们。通过图层的属性（Properties）对话框中 Globe 常规（Globe General）选卡中的距离范围（Distance Range）设置可视距离，如图 8-83 所示。

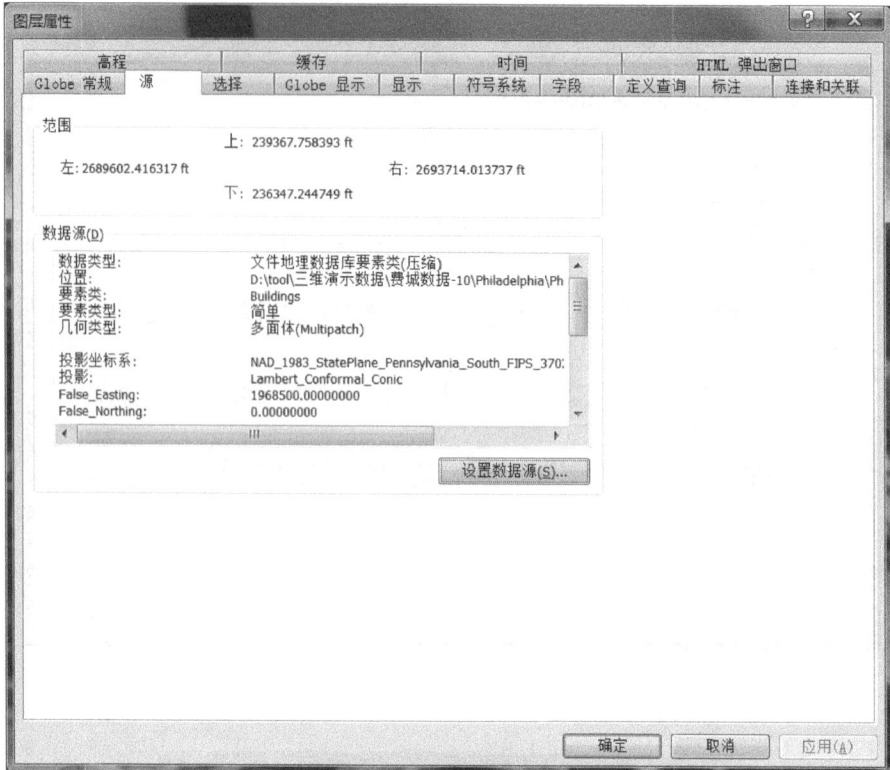

图 8 - 82

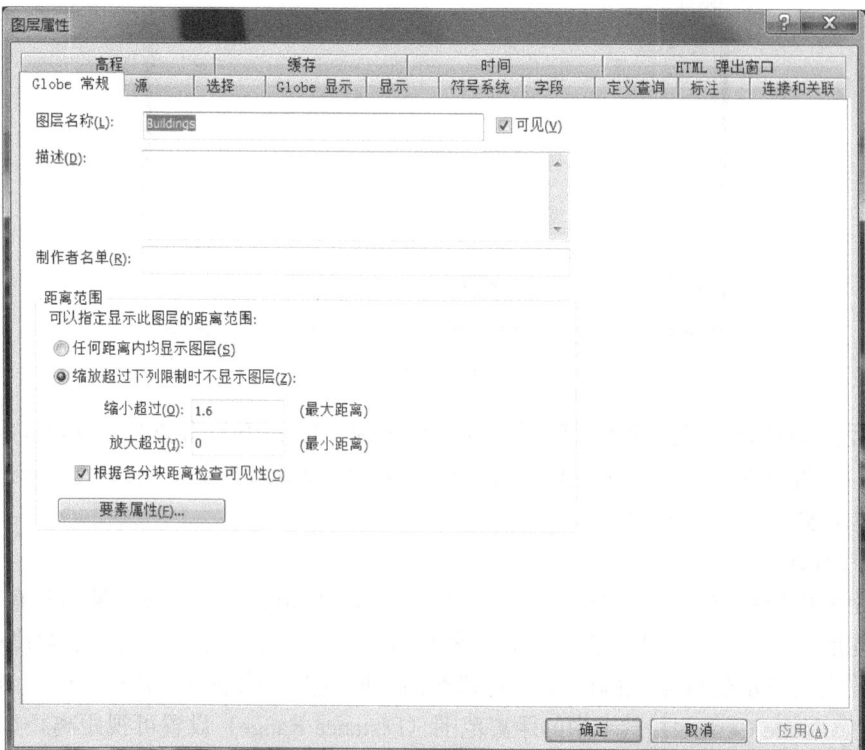

图 8 - 83

其中根据各分块距离检查可见性（check visbility based on each the distance）依据可视距离对每个瓦片进行可视化检查对于注记和 Multipatch 优化来说非常重要。选中后在倾斜视角的时候，窗口中仅仅显示可视距离范围内的对象，达到速度优化的效果。

（三）其他设置

（1）影像数据和 DEM 要建立金字塔。

（2）矢量数据以 Geodatabase 方式存储，数据量大时建立索引。

（3）数据尽量转化为 WGS84 坐标。

三、硬件优化

（一）改善内存

最有效的硬件的改善是增加物理内存（RAM）。

（二）升级显卡

另一个有效改善硬件的方法升级您的显卡：

（1）支持支持 OpenGL 2.0 或更高版本。

（2）纹理内存对于 ArcGlobe 来说特别重要的，纹理内存和 32MB 是作为最低限度的建议。

（3）启用 Geometry setup 选项，如果可用。

（4）启用 Geometry acceleration 选项。

（5）Zbuffer 设为 24bit。

（6）更新显卡驱动，可以在官方网站上下载 ESRI 公司认证的驱动程序：

NVIDIA：

http：//www. nvidia. com/page/partner＿certified＿drivers. html

AMD：

http：//support. amd. com/us/gpudownload/fire/certified/Pages/certified － applications. aspx

（7）针对不同的显卡，进行 3D 显卡性能优化（软显卡属性优化、主板设置、超频）。

（8）进入网址 http：//cyri. systemrequirementslab. com/1186/10913 点击 CAN YOU RUN IT? 测试是否适合运行 ArcGlobe 软件。

第九章 三 维 应 用

第一节 三 维 应 用 概 述

随着三维 GIS 技术的发展，三维 GIS 应用不再仅仅局限"看"的层面，高级三维空间分析正大行其道，ArcGlobe 作为行业领先的三维 GIS 产品，拥有众多实用的三维分析工具，可以帮助用户快速完成三维分析。在地学分析中，用于自动提取各种地形因子，制作地形剖面图和划分地表形态类型；在工程设计中，可用于各种线路的自动选线、水库大坝的选址，以及土方、库容和淹没损失的自动估算等。

使用 ArcGlobe，我们可以轻松地完成如下工作：

（1）提供交互式全球海量空间数据可视化，包括矢量数据、卫星影像、航片、DEM、三维模型等。

（2）一体化管理和浏览 TB 级二维和三维空间数据，而无需做预处理。

（3）多角度、全方位三维飞行模拟。

（4）提供多种空间分析方法：通视分析、对比分析、剖面分析、坡度坡向、淹没分析、填挖方分析、天际线分析、三维相交分析、日照分析、三维路径分析等。

第二节 三 维 基 本 应 用

一、空间量测

空间量测是 ArcGlobe 中的基础功能之一，可实现 3D 直线长度测量、地形起伏线长度测量、高度测量、面积测量、要素对象测量。

点击 tools 工具条的测距图标，如图 9-1 所示。

图 9-1

弹出如下测量窗口，通过点击具体的测量图标，交互式的完成测量工作，如图 9-2 所示。

（一）地形起伏线长度测量

操作步骤：点击测量窗口的测量地面距离（Measure Length on Ground）图标，在三维场景中，点击鼠标绘制测量路径，双击鼠标结束绘制，测出的距离是沿地形起伏的实际距离，如图 9-3 和图 9-4 所示。

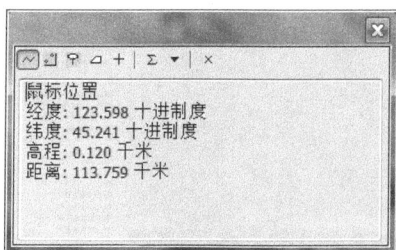

图 9-2

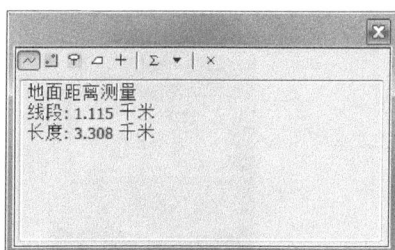

图 9-3

图 9-4

（二）3D 直线长度测量

操作步骤：点击测量窗口的测量 3D 直线（Measure Direct 3D Line）图标 ，在三维场景中，点击鼠标绘制测量路径，双击鼠标结束绘制，具体的长度信息，会显示在测量窗口面板上，如图 9-5 和图 9-6 所示。

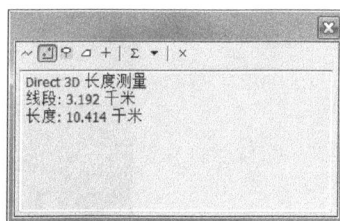

图 9-5

（三）高度测量

操作步骤：点击测量窗口的高度测量（Measure Height）图标，在三维场景中，不点击鼠标而是鼠标在地图三维场景中移动，那么获取的是鼠标位置信息，包括精度、维度、高程和距离；点击鼠标确定起始点，移动鼠标，系统实时提示测量高程信息，如图 9-7～图 9-9 所示。

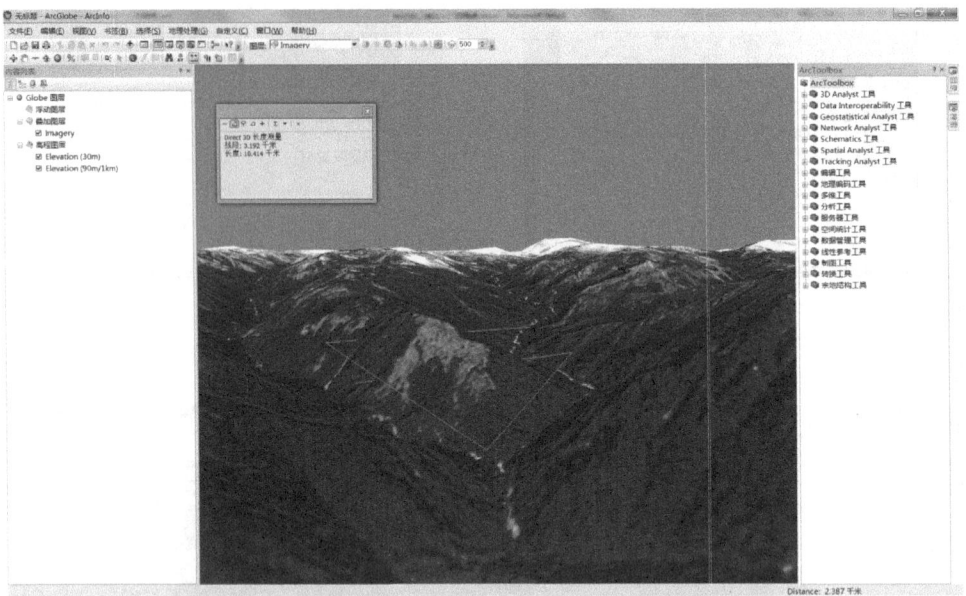

图 9-6

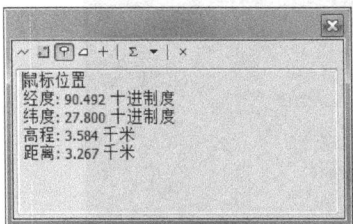

图 9-7

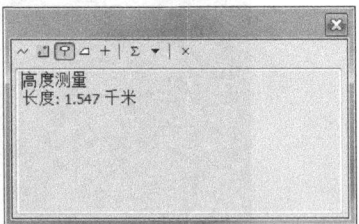

图 9-8

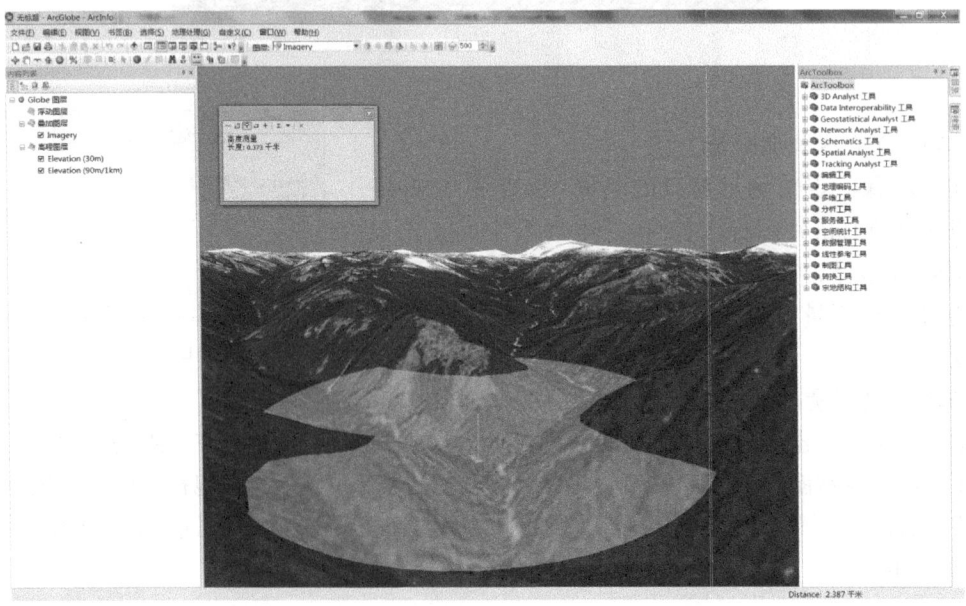

图 9-9

（四）面积测量

操作步骤：点击测量窗口的面积测量（Measure An Area）图标 ⬜，在三维场景中，点击鼠标绘制测量面，面积信息显示在测量窗口面板上，如图 9－10 和图 9－11 所示。

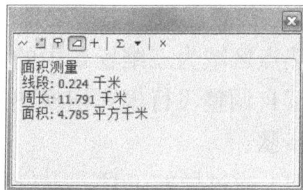

图 9－10

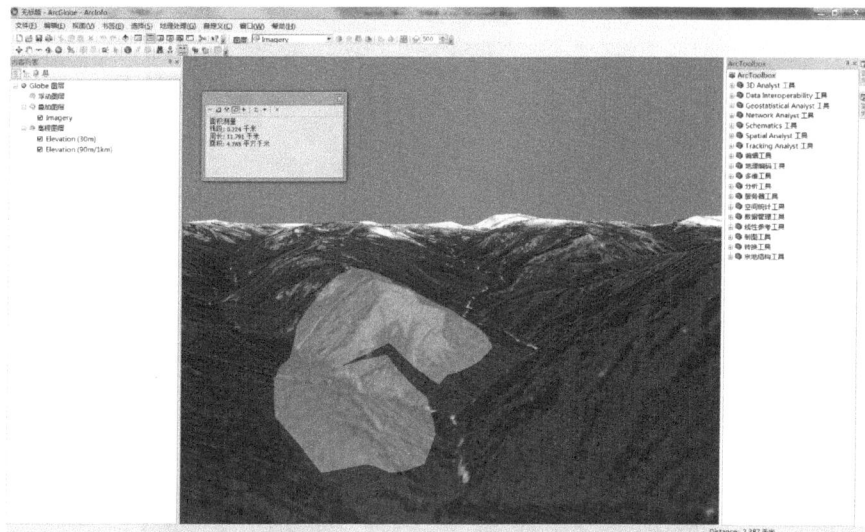

图 9－11

（五）要素对象测量

操作步骤：点击测量窗口的要素对象测量（Measure A Feature）图标 ＋，在三维场景中，点击要测量的要素实体，该要素的高程信息显示在测量窗口面板上，如图 9－12 和图 9－13 所示。

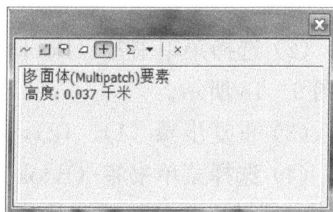

图 9－12

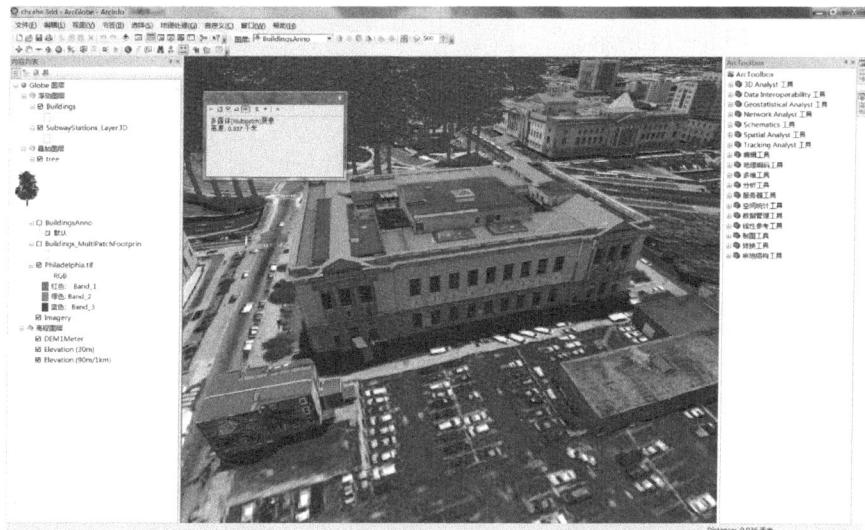

图 9－13

二、热点区域（书签功能）

热点区域为三维场景中的用户感兴趣区域，ArcGlobe 中可以方便的设置热点区域，采用连续自调整飞行模式切换热点区域，为用户提供更好的浏览体验。

步骤：

（1）通过导航工具，定位到场景中感兴趣区域，调整好观察视角，如图 9 - 14 所示。

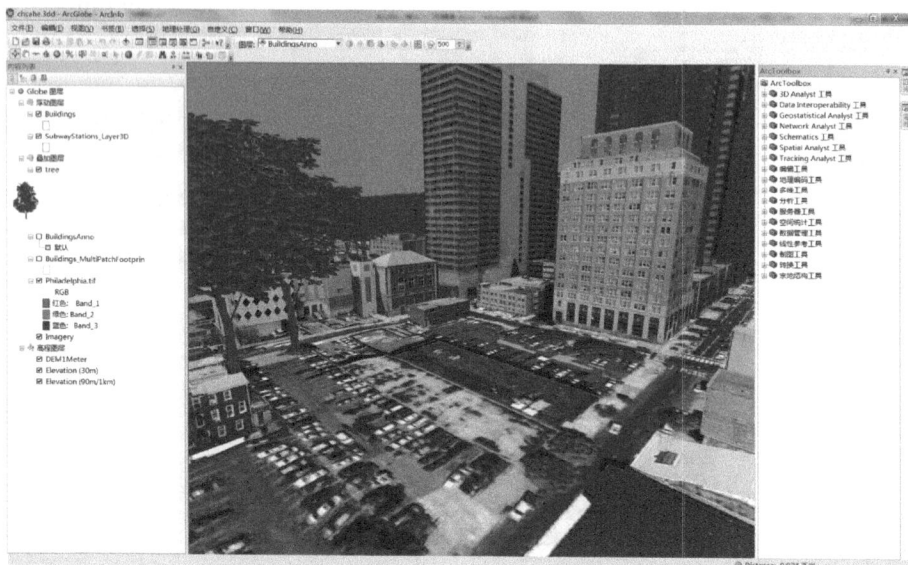

图 9 - 14

（2）选择菜单书签（Bookmarks）创建（Create），在弹出的窗口中，为热点区域命名，如图 9 - 15 所示。

（3）重复步骤（1）、（2），制作更多热点区域。

（4）选择菜单书签（Bookmarks）管理（Manage），在弹出的窗口中，可以对已经创建的热点区域进行位置的调整、删除热点区域、创建新的热点区域，同时可以把已经创建的热点区域保存为"Arcgis Place File"＊.dat 文件，也可以加载之前保存的"Arcgis Place File"文件，如图 9 - 16～图 9 - 19 所示。

图 9 - 15

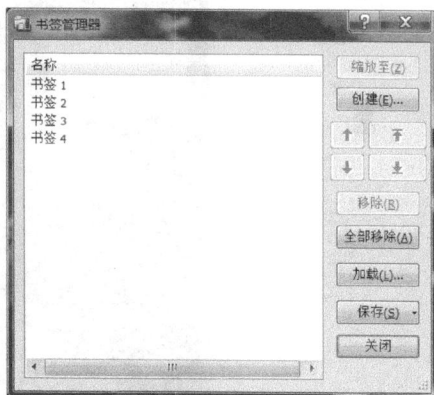

图 9 - 16

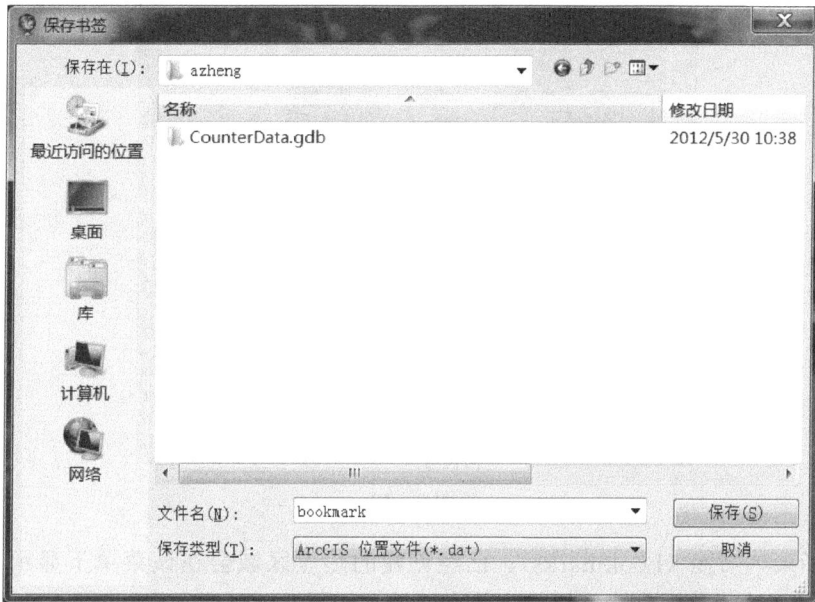

图 9 - 17

图 9 - 18

图 9 - 19

（5）选择菜单书签（Bookmarks），已经创建的热点区域会在该菜单下显示，通过点击已创建的热点区域菜单项，快速切换到热点区域，如图 9 - 20 所示。

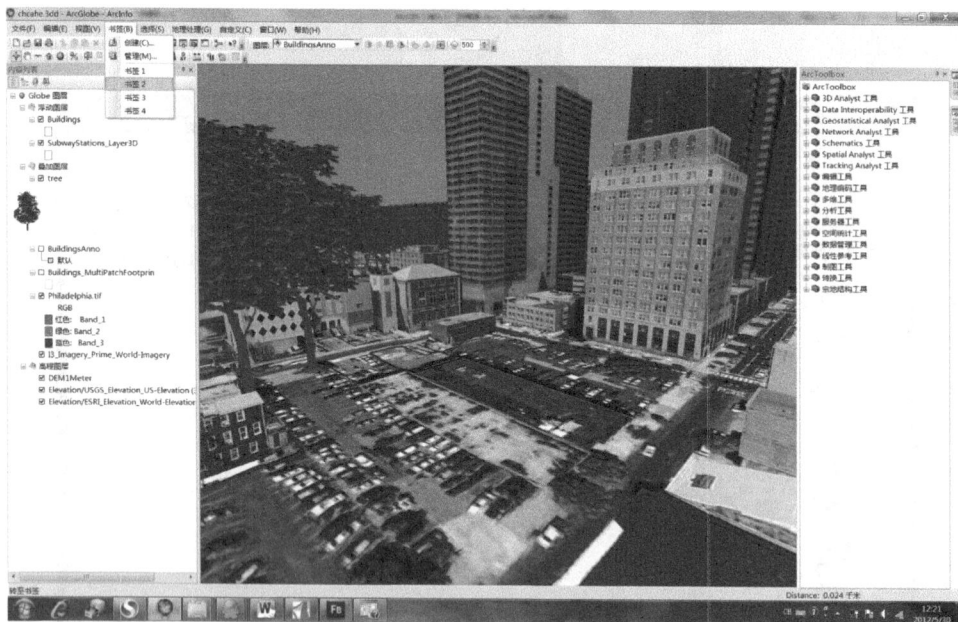

图 9 - 20

三、对比分析

对比分析功能可以方便实现：通过同一区域的多期影像，查找变化的区域；通过矢量规划数据与现状影像的对比，快速发现需要调整改造的区域；通过矢量现状数据和现状影像的比较，快速利用影像对矢量数据进行更新。可以应用在土地利用类型对比，地震受灾分析等应用场景中，如图 9 - 21 所示。

图 9 - 21

步骤：

激活 3D 效果（3D Effects）工具条，如图 9 - 22 所示。从图层（Layer）下拉列表框中，选择要进行对比的图层，点击卷帘图层（Swip layer）按钮，鼠标指针变成▼，按住鼠标左键，上下或左右方向拖动鼠标，实现影像对比，如图 9 - 23 所示。

图 9 - 22

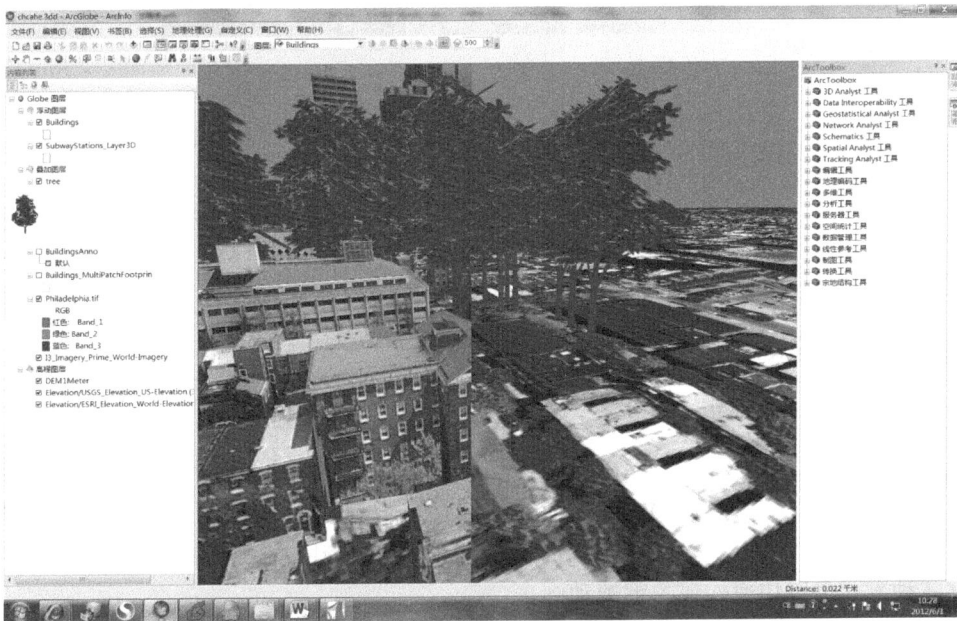

图 9 - 23

四、创建动画

ArcGlobe 提供创建三维动画的功能，使我们可以沿设定的轨迹飞行，俯瞰整个三维场景；通过动画我们可以更加直观的方式的查看事物在属性方面的变化、地理上的移动和时间上的变化，如土地利用类型变化、台风移动轨迹反演、应急预案演练等多种场景下，如图 9 - 24 所示。

提供四种动画创建的方式：

（1）关键帧动画。

（2）图层组动画。

（3）时间序列动画。

（4）飞行轨迹动画。

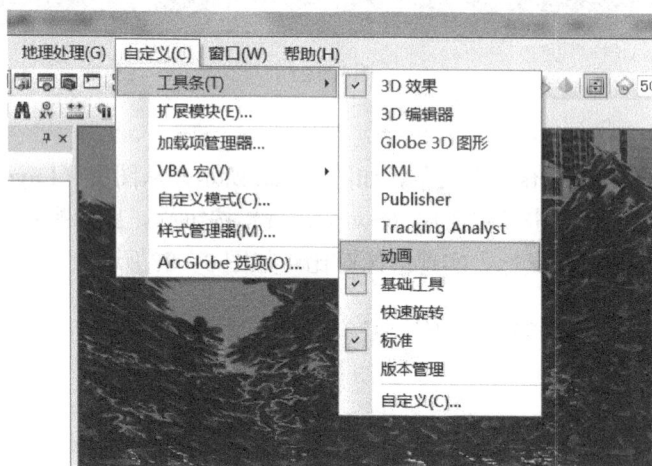

图 9 - 24

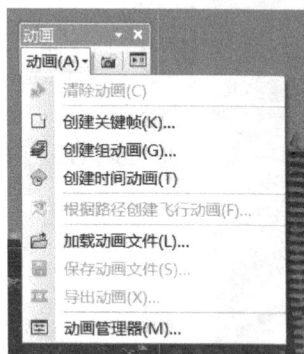

图 9 - 25

首先通过自定义（Customize）工具条（Toolbars）动画（Anmination）调出动画工具条，如图 9 - 25 所示。

动画（Animation）工具条上有用于操作动画的所有工具。使用这些工具，可以记录浏览，捕获透视图，保存和输出轨迹，创建视频文件，创建动画组，从路径创建轨迹以及管理和预览动画等。

下面详细阐述各类动画制作的方法与应用场景。

（一）关键帧动画

关键帧是动画的最基本的元素，关键帧是对象属性的快照，这里所指的属性可以是场景或球体属性或摄影属性，如三维视图的背景颜色、图层透明度、摄影位置。

有三种方式可以快速构建关键帧动画。

1. 第一种方式

（1）动画（Animation）工具条（Create Keyframe…"）弹出创建关键帧动画的窗口，如图 9 - 26 所示。

类型（Type）：选择 Globe 照相机（Globe Camera）。如果选中从书签导入（Import from bookmark）复选框时，直接点击创建（Create）按钮，可以从我们之前创建的热点生成关键帧；如果不选中从书签导入（Import from bookmark）复选框时，需要交互式的改变场景来创建关键帧。

源对象（Source object）：指定需要从哪个窗口捕捉关键帧。

目标轨迹（Destination track）：指定将捕捉的关键帧关联到哪个轨迹上。

关键帧名称（Keyframe name）：指定关键帧的名称。

（2）动画（Animation）工具条动画时间管理器（Animation Manager）查看已经创建的关键帧，如图 9-27 和图 9-28 所示。

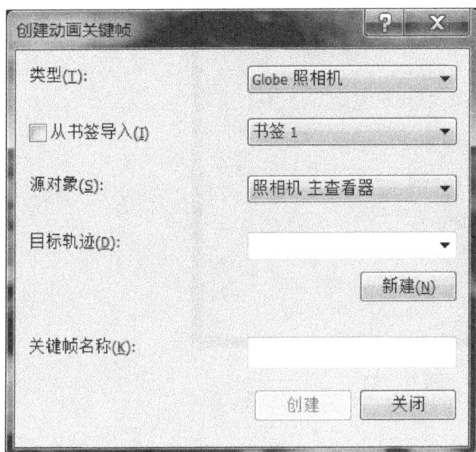

图 9-26

图 9-27

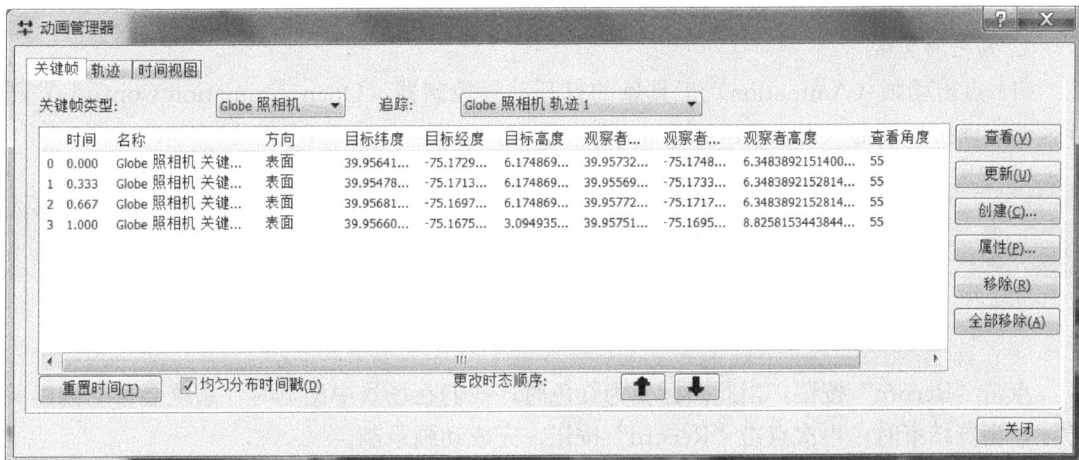

图 9-28

（3）打开动画控制器（Animation Controls）窗口，点击"play"按钮，开始动画播放，如图 9-29～图 9-31 所示。

图 9 - 29

图 9 - 30

图 9 - 31

2. 第二种方式

（1）点击动画（Animation）工具条的捕获视图（Capture View）图标，可以捕捉当前场景，作为关键帧，如图 9 - 32 所示。

（2）调整不同场景，重复以上步骤，制作更多的关键帧。

3. 第三种方式

（1）点击动画（Animation）工具条的打开动画控制器（Open Animation Controls）图标，调出动画控制器（Animation Controls）窗口，如图 9 - 33 和图 9 - 34 所示。

图 9 - 32

图 9 - 33

图 9 - 34

点击"Record"按钮，当此图标变为红色时，我们在场景中浏览时，系统会自动创建关键帧，浏览结束时，再次点击"Record"按钮，完成动画录制。

（2）点击动画（Animation）工具条的"Play"按钮，进行动画浏览。

（二）图层组动画

图层组动画是将场景中已经存在的图层组或单个的图层来创建动画，动画将根据在图层列表中的顺序创建连续打开或关闭每一个图层的轨迹。

步骤：

（1）加载要创建动画的图层或图层组。

（2）点击动画（Animation）工具条的创建组动画（Create Group Animation），弹出创建组动画（Create Group Animation）窗口，如图 9-35 和图 9-36 所示。

图 9-35

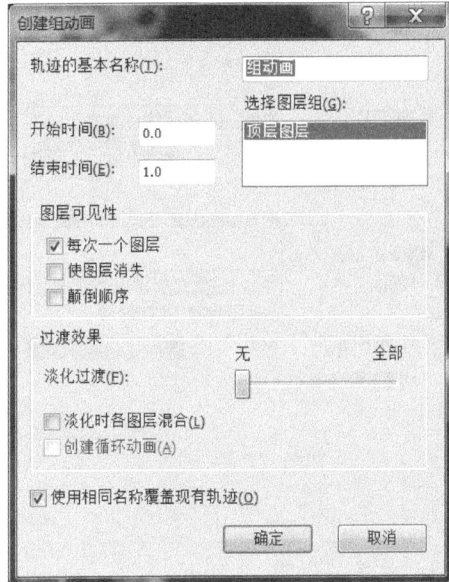

图 9-36

在选择图层组（Select a group layer）选择列表中，如果已经创建图层组，选择需要创建动画的图层组，点击确定（ok）就可以完成图层组动画的创建；如果没有创建图层组，选择顶层图层（Top-level layers）选项，这样就可以把图层列表中的所有图层，制作成图层组动画。

（三）时间序列动画

时间序列动画，是将具有时间属性的图层，按照设定的时间间隔，切换图层，形成时间序列动画。

步骤：

（1）加载具有时间属性的图层。

（2）在加载的图层中，右键属性（properties），在弹出的图层属性对话框中，定位到时间（Time）标签，如图 9-37 所示。

（3）勾选在此图层启用时间（Enable time on this layer）。

（4）在图层时间（Layer time）下拉框中，根据图层中是否包含单个时间字段或是包含起始时间和结束时间，选择对应的选项。

（5）在时间字段（Time Field）中选择图层中对应的时间字段。

（6）在字段格式（Field Format）中选择时间字段的属性。

（7）在时间步长间隔（Time Step Interval）中，设置时间步长。

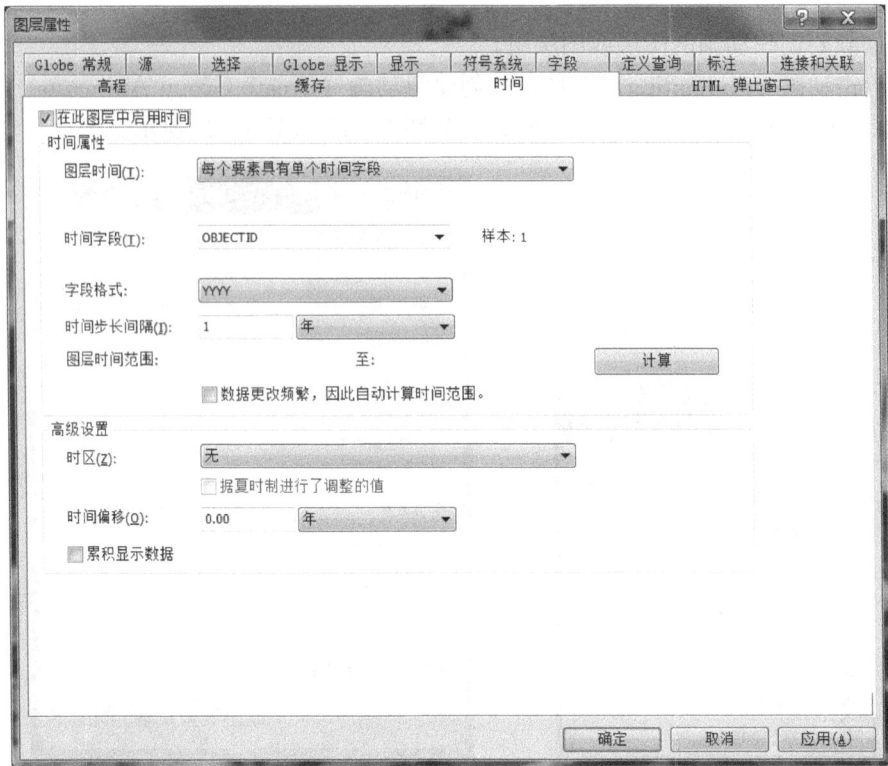

图 9-37

（8）在图层时间范围（Layer Time Extent），点击计算（Calculate）可以根据图层的时间字段，计算出起始时间和结束时间。

（9）点击"确定"，完成动画制作前期设置。

（10）在动画工具条上点击动画，在下拉菜单中点击创建时间动画，完成时间动画创建，如图 9-38 和图 9-39 所示。

图 9-38

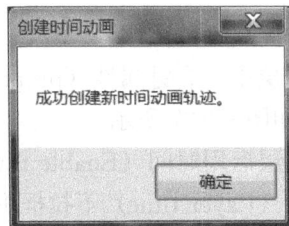

图 9-39

（四）路径动画

路径动画是按照系统预设路径生成场景播放动画，其中路径用来创建摄影机轨迹和图层轨迹，路径一般由选择的线要素或图形来定义。

步骤：

（1）打开需要作为路径的线图层，会出现如下图所示的窗口，选择将要素显示为叠加图像（Display features as a draped image）选项，剩余步骤按默认选项，如图9-40所示。

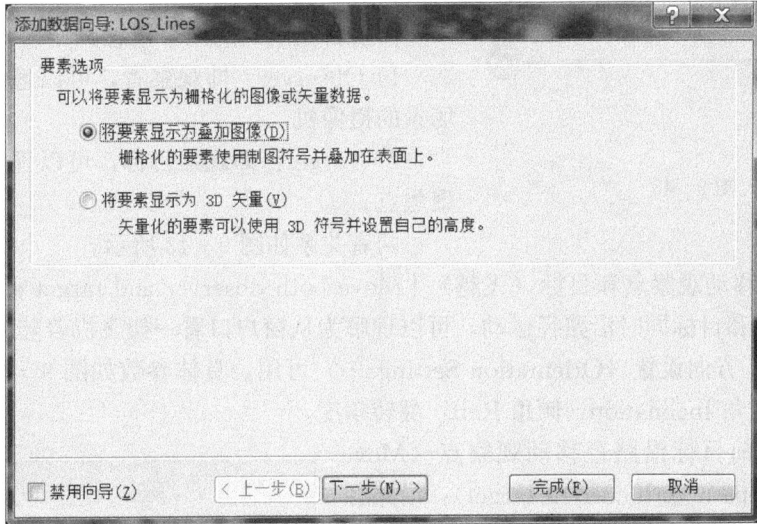

图9-40

（2）用选择工具，选择刚加载的线图层。

（3）点击动画（Animation）工具条的根据路径创建飞行动画（Create Fly by from path…），注意：如果线图层未被选中，根据路径创建飞行动画（Create Fly by from path…）将不可用，如图9-41所示。

（4）弹出如下设置对话框，如图9-42所示。

图9-41

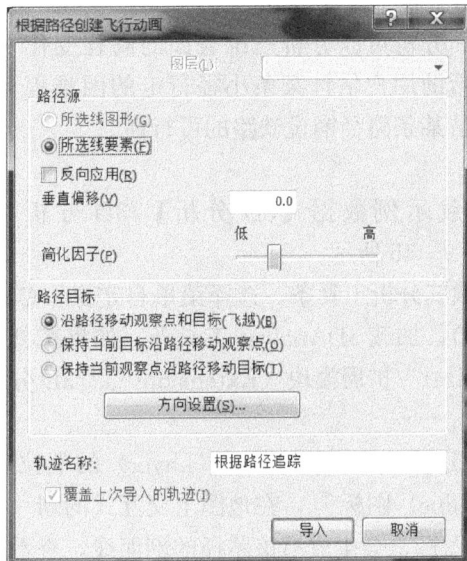

图9-42

路径源（Path source）部分重点参数说明：

1）垂直偏移（Vertical offset）：路径在垂直高度的偏移量。

2）简化因子（Simplification factor）：设置对路径的简化程度。

路径目标（Path destination）部分重点参数说明：

图 9-43

需要首先明确的两个概念：

1）Observer：即观察者，可以理解为观察三维场景的摄像机。

2）Target：即观察目标，可以理解为摄像机的聚焦点。

两者关系如图 9-43 所示。

1）沿路径移动观察点和目标（飞越）［Move both observer and target along path（fly by）］：摄像机和目标同时沿路径运动，可以理解为从窗户口看一架飞机着陆的过程。

此选项下，方向设置（Orientation Settings…）可用，具体参数如图 9-44 所示，其中 Azimuth：方位角 Inclination：倾角 Roll：翻转角度。

2）保持当前目标沿路径移动观察点（Move observer along path with current target）：沿路径移动摄像机的位置，但是目标位置不变，可以理解为围着消防栓转的同时，一直盯着消防栓看。

3）保持当前观察点沿路径移动目标（Move target along path with current observer）：目标沿路径运动，但摄像机位置不变保持，可以理解为站立不动，转动头部来观察你所遥控的模型飞机的飞行。

五、剖面分析

通过剖面分析可以分析三维表面的高程变化情况，可以帮助用户估计某条小径行走的困难程度，或评估沿某条路径铺设铁路的可行性。

步骤：

（1）加载示例数据【3D 分析】/3D 分析.mxd，如图 9-45 所示。

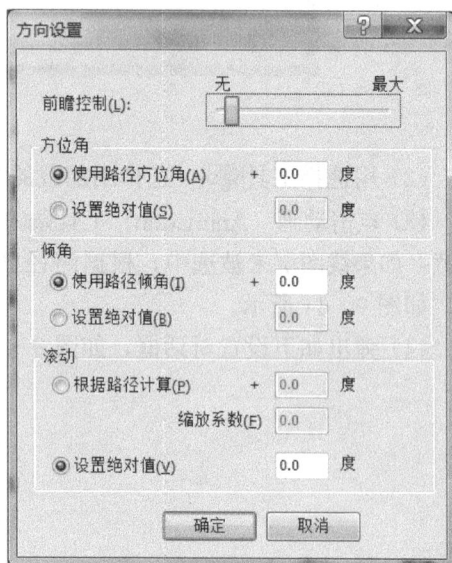

图 9-44

（2）加载三分析工具条，选择菜单自定义（Customize）/工具条（Toolbars）/3D 分析（3D Analyst），加载 3DAnalyst 工具条。如果扩展模块 3D Analyst 未加载，选用菜单自定义（Customize）/扩展模块（Extension…）/3D 分析（3DAnalyst）加载，如图 9-46 和图 9-47 所示。

（3）3D 分析工具条中的图层（Layer）的下拉列表选择"dem"图层，然后点击线差值（interpolate line）图标，在地图上交互式的划一条线，然后点击创建剖面图（create profile graph）图标，会生成沿该路径的剖面线，查看高程变化，如图 9-48 所示。

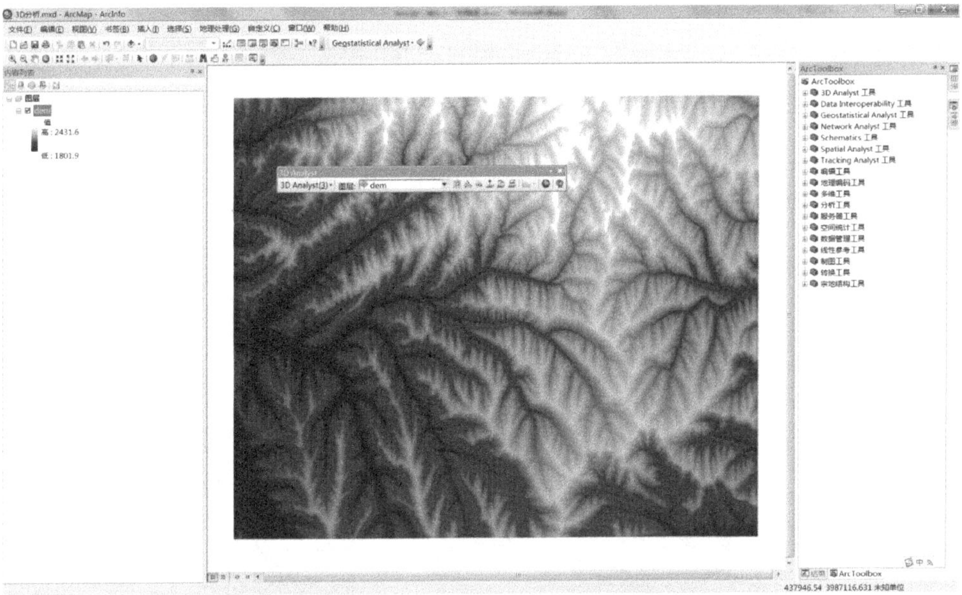

图 9 - 45

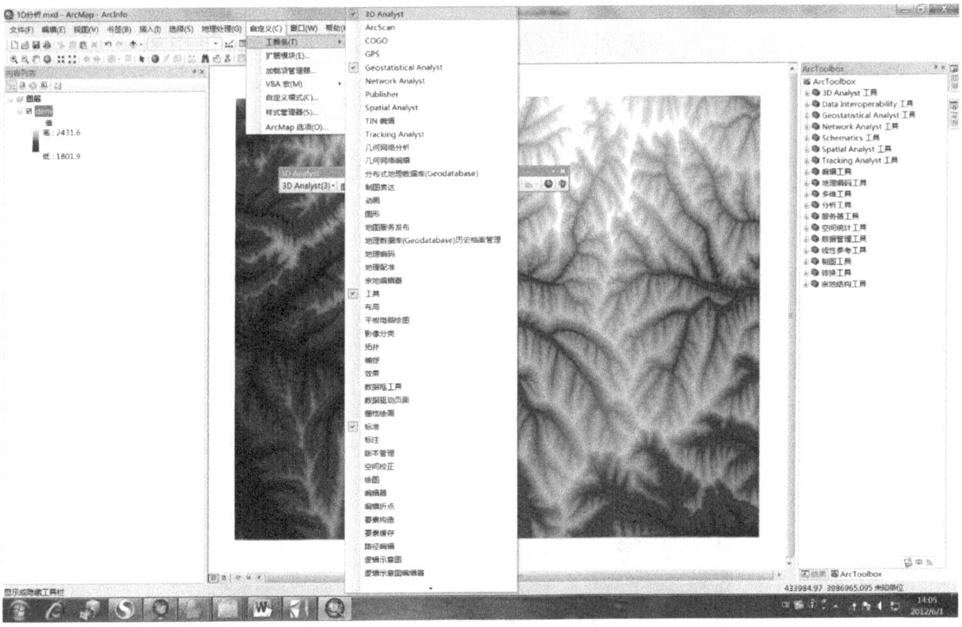

图 9 - 46

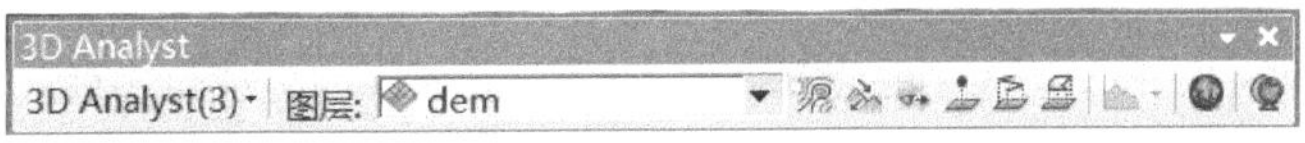

图 9 - 47

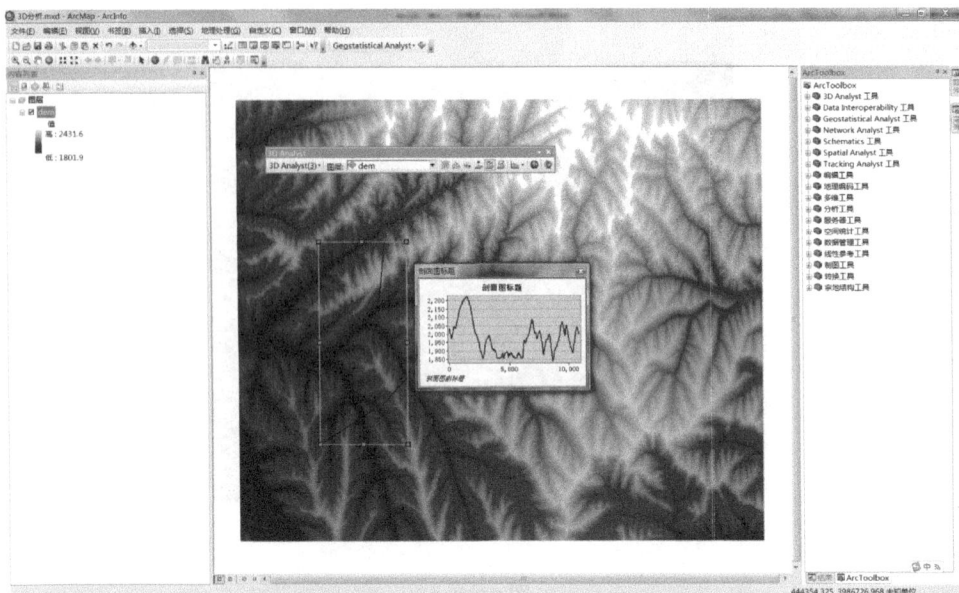

图 9 - 48

在剖面线窗口右键，选择高级属性（Advanced Properties…），可以对剖面图的属性进行设置，具体设置方法，不在此处详细阐述，如图 9 - 49 和图 9 - 50 所示。

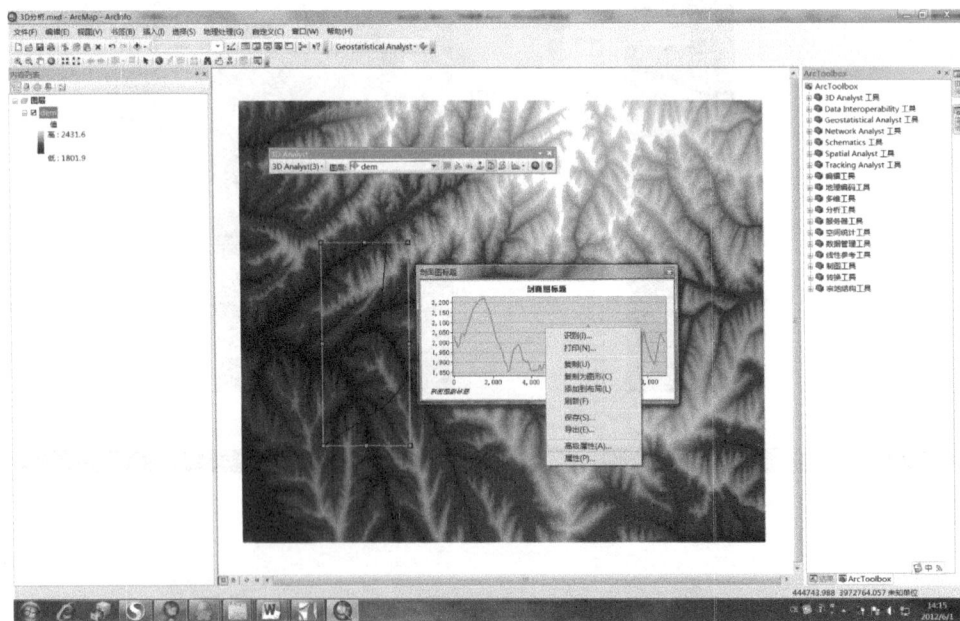

图 9 - 49

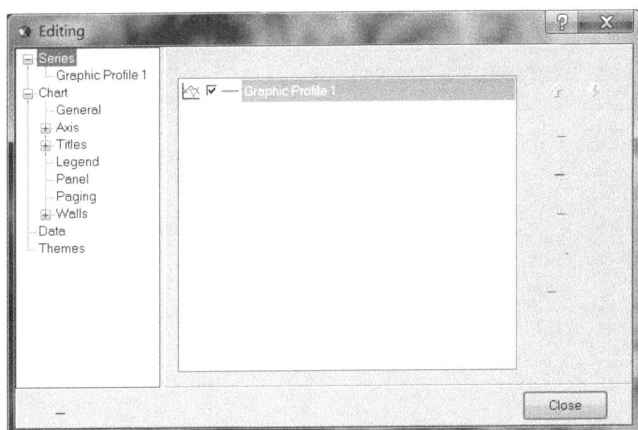

图 9 - 50

六、坡向分析

坡向是指坡面的朝向。它表示表面某处最陡的倾斜方向。它可以被认为是山体所面向的坡的方向或指南针的方向。在计算坡向的过程中，对 DEM 表面的每个三角面或栅格图像的每一个像元进行计算。

坡向以度为单位，按逆时针方向从 0°（从正北方向）到 360°，即绕完一圈以后的正北方向来度量。坡向图中的每个栅格单元的值表明此栅格单元所在坡的朝向。

水平的坡没有朝向，被赋值为−1，如图 9 - 51 所示。

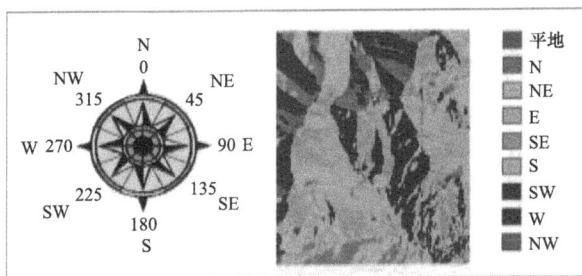

图 9 - 51

坡向分析经常用到如下的场景中：

（1）找出某个山区所有北向的山坡，用来寻找最适合滑雪的坡。

（2）计算某个地区各处的太阳照射情况，以研究各点的生命的多样性。

（3）找出某山区所有南向的坡，确定最先溶雪的地点，用于研究找出可能遭遇雪水袭击的居住地的地点。

（4）确定平坦地区，找出可以在紧急状况下供飞机降落的地点。

步骤：

（1）打开 ArcToolBox，定位到 3D 分析工具（3D Analyst Tools）栅格表面（Raster Surface）坡向（Aspect）工具，此工具是做坡向分析的 GP 工具。

（2）双击该 GP 工具，弹出如下窗口，在输入栅格（Input Raster）中，输入要做坡向分析的栅格数据，在输出栅格（Output Raster）中，输入坡向分析结果的存放位置，如图 9 – 52 所示。

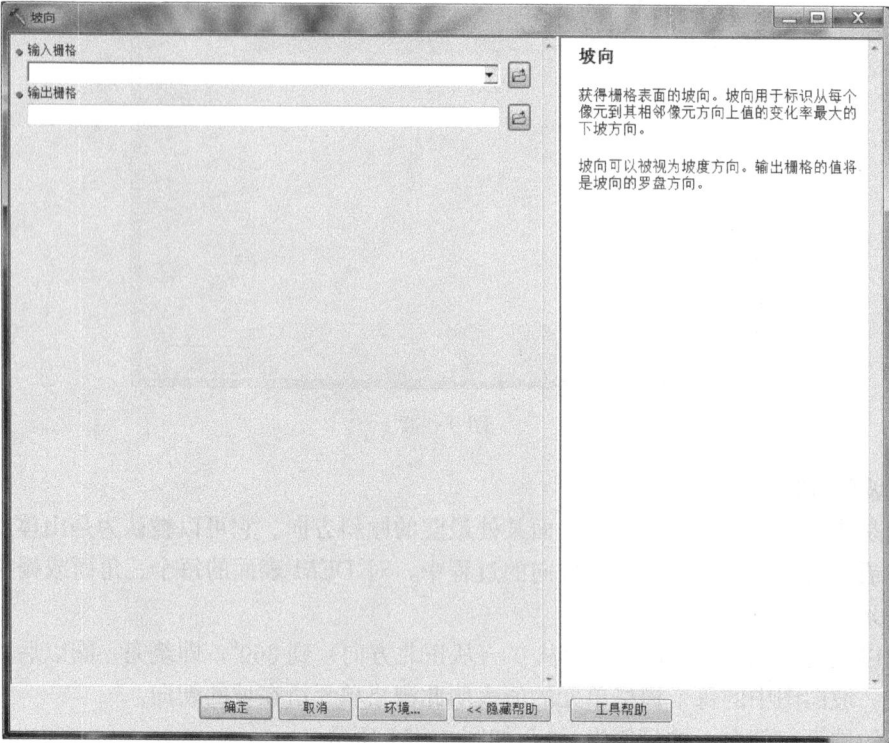

图 9 – 52

　　（3）下图为生成的坡向图，不同的颜色代表了不同的坡向；可以灵活调整各个坡向的颜色值，如图 9 – 53 所示。

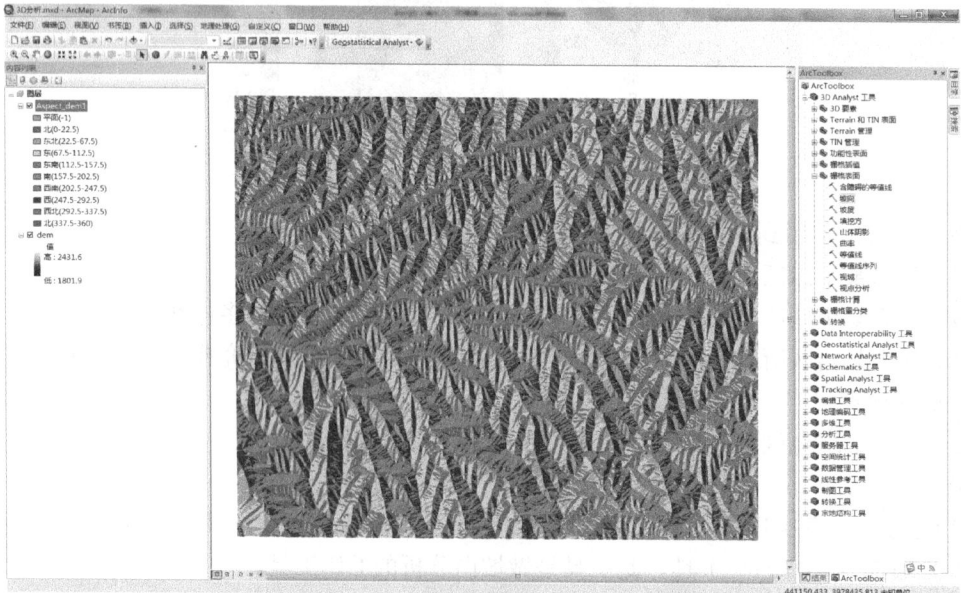

图 9 – 53

注：ArcGIS 10 版本中支持通过 Tin 数据完成坡向分析，Toolbox 中该工具的位置：

3D 分析工具（3D Analyst Tools）Terrain and Tin 表面（Terrain and Tin surface）表面坡向（SurfaceAspect）。

七、坡度分析

坡度表示表面上某个位置的最陡的倾斜度。计算坡度时，将对 DEM 中的每个三角面或栅格中的每个单元进行计算。对于 DEM 而言，坡度是各个三角面之间最大的高程变化率。

对于栅格而言，坡度是每个栅格单元与其相邻的 8 个栅格单元中最大的高程变化率。坡度分析时，对输入的栅格图进行计算，并生成一幅新的栅格图像，这幅新的图像中的每个栅格单元都包含计算得到的坡度值。坡度值越小，地形越平坦；坡度值越大，地形越陡峭。输出的坡度栅格可以计算为以百分数表示的坡度，也可以是以度表示的坡度。

明确两个概念：

（1）坡度的度数：坡度角，坡面与水平面的夹角。

（2）坡度的百分数：坡高/坡长，即 tan（坡度角），如图 9 - 54 所示。

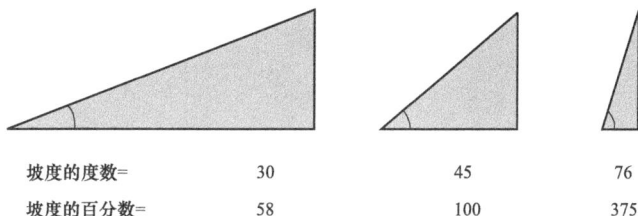

坡度的度数=	30	45	76
坡度的百分数=	58	100	375

图 9 - 54

坡度分析经常应用到如下的场景中：

（1）找出山区中坡度超过一定值，有可能引起滑坡泥石流的地区，对当地居民进行合理的安置。

（2）找出坡度较小，适合于引水渠修建的区域。

（3）找出坡度适合滑雪的山坡。

……

步骤：

（1）打开 ArcToolBox，定位到 3D 分析工具（3D Analyst Tools）表面分析（Raster Surface）坡度（Slope）工具，此工具是做坡度分析的 GP 工具。

（2）双击该 GP 工具，弹出如下窗口，在输入栅格（Input Raster）中，输入要做坡度分析的栅格数据，在输出栅格（Output Raster）中，输入坡向分析结果的存放位置，输出测量单位（output measurement）设置输出结果采用坡度角还是坡度百分数作为单位，Z 因子（Z factor）采用默认值 1，不对 Z 方向进行放大，如图 9 - 55 所示。

（3）下图为生成的坡度图，浅色代表坡度大的区域，深色代表坡度小的区域；可以灵活调整各个坡向的颜色值，如图 9 - 56 所示。

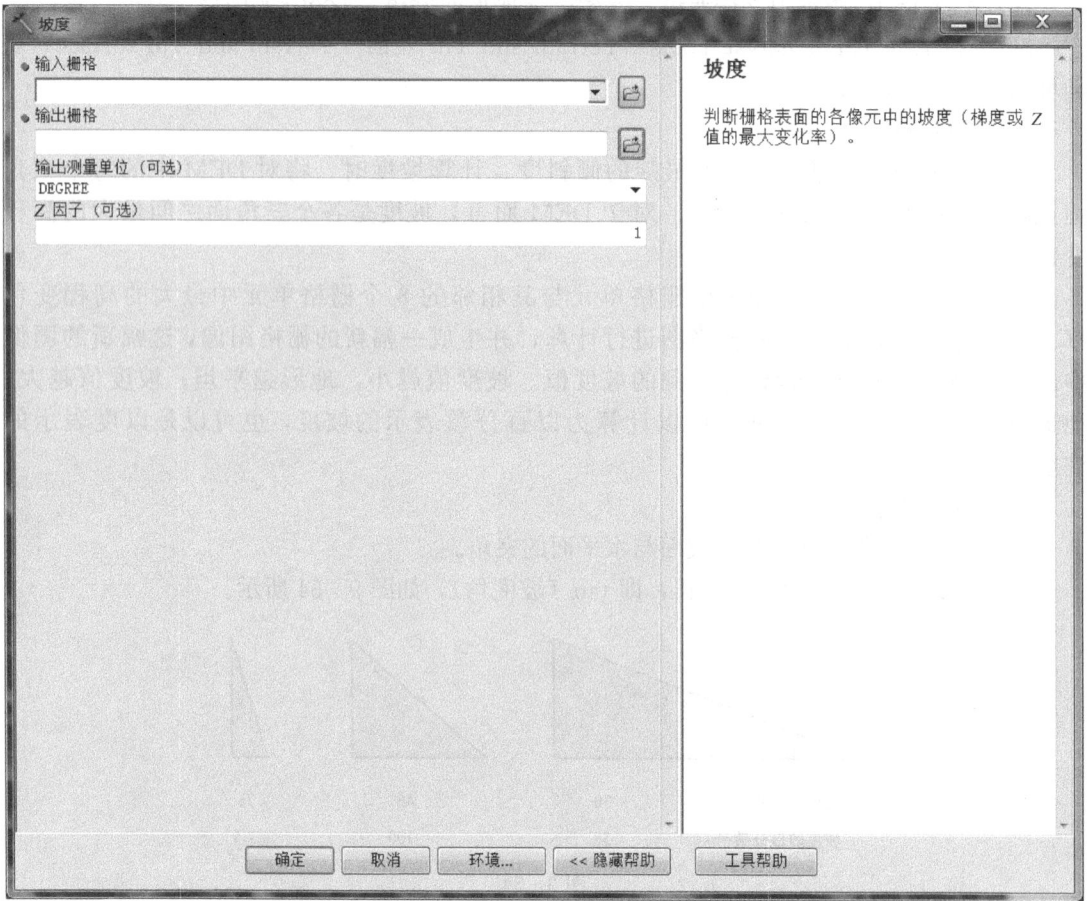

图 9-55

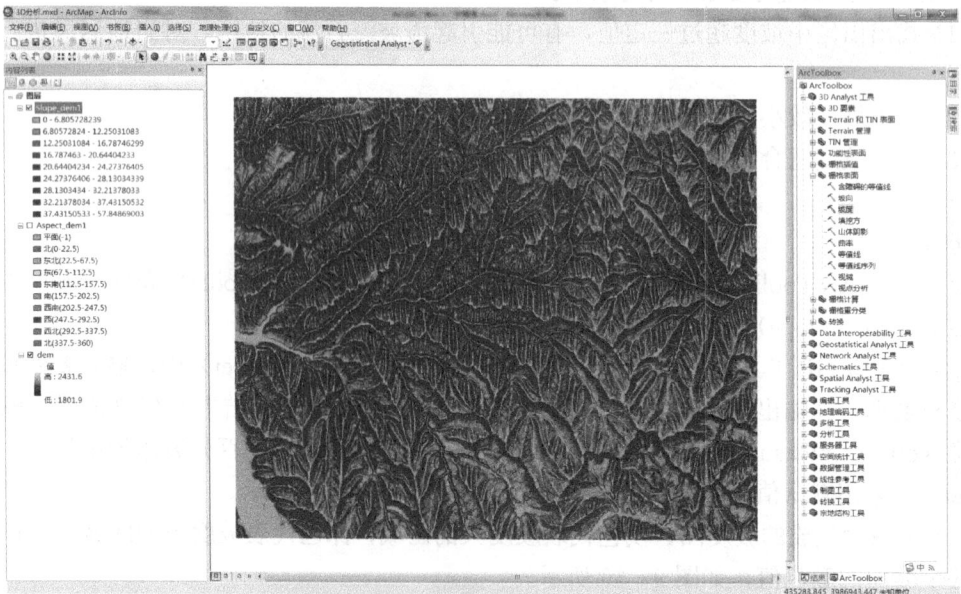

图 9-56

注：ArcGIS 10 版本中支持通过 Tin 数据完成坡度分析，Toolbox 中该工具的位置：
3D 分析工具（3D Analyst Tools）Terrain and Tin 表面（Terrain and Tin surface）表面坡向（Surface Slope）。

八、填挖方分析

填挖方分析与计算是预算工程建设的工作量与投资的重要依据，准确快速地计算填挖方量具有重要的实用价值。ArcGIS 提供了专门的 GP 工具"cutfill"完成填挖方分析，其原理如图 9－57 所示。

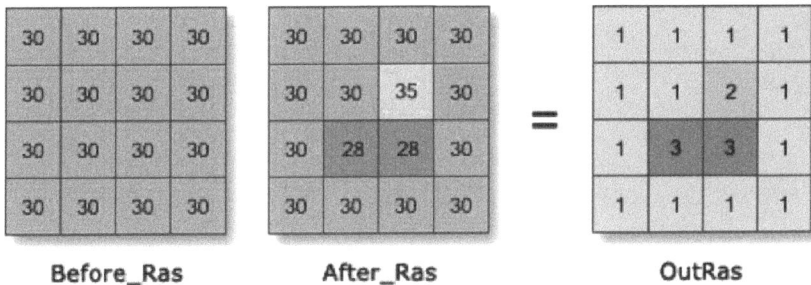

图 9－57

"Before_Ras"：基础地形数据。

"After_Ras"：规划地形数据。

"OutRas"：分析后的结果，其中 1 代表没有发生变化的区域，2 代表是增加的区域，3 代表是减少的区域，如图 9－58 所示。

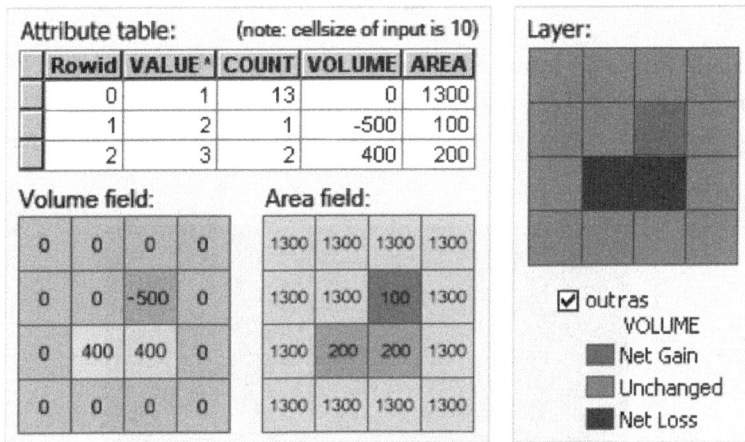

图 9－58

"Volume"：代表需要的填挖方体积，负数代表需要填的体积，正数代表需要挖的体积。

步骤：

（1）打开 ArcToolBox，定位到 3D 分析工具（3D Analyst Tools）栅格表面（Raster Surface）填挖方（Cut/Fill）工具，此工具是做填挖方分析的 GP 工具，如图 9－59 所示。

（2）输入填挖方之前的栅格表面（Input before raster surface）中输入基础地形数据，

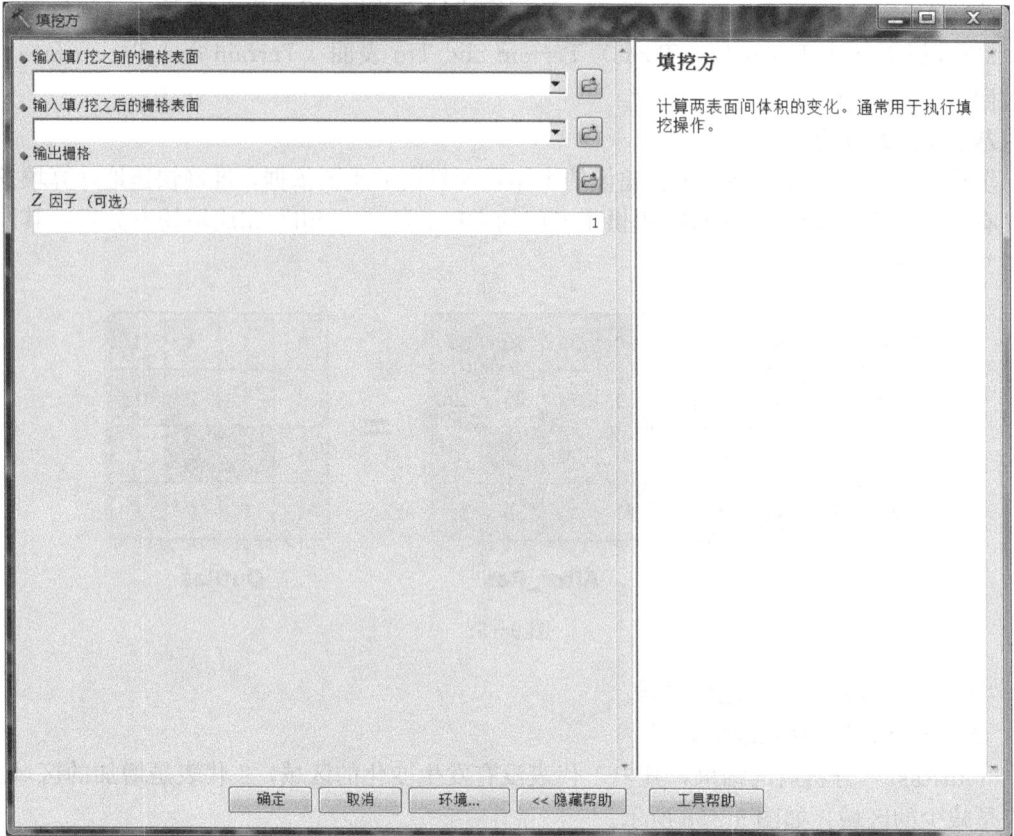

图 9－59

输入填挖方之后的栅格表面（Input after raster surface）中输入规划地形数据。输出栅格（Output raster）是填挖方结果图，如图 9－60 所示。

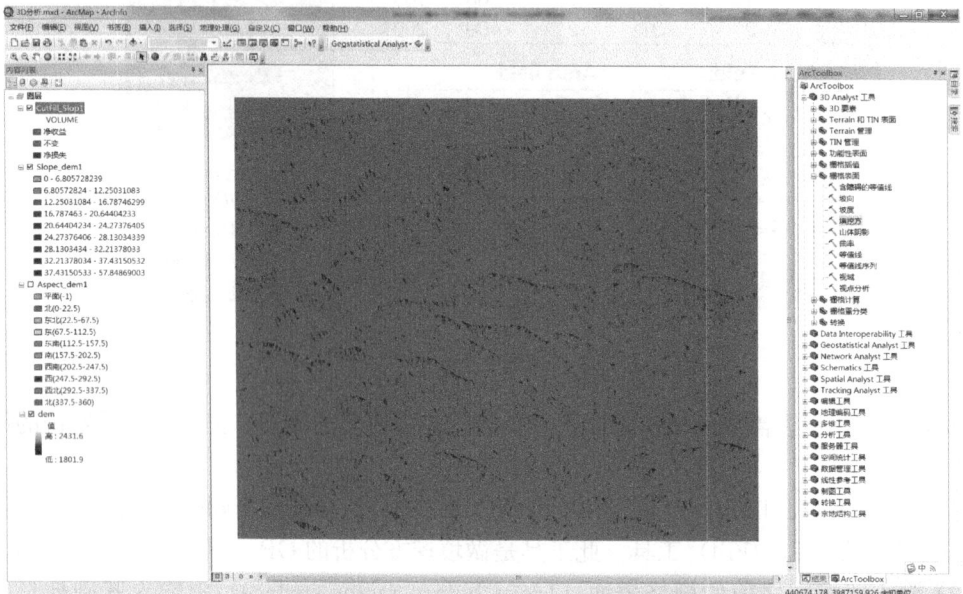

图 9－60

（3）填挖方结果是一幅栅格图，其中有"Volumn"字段代表需要填挖方的栅格单元，如图9-61所示。

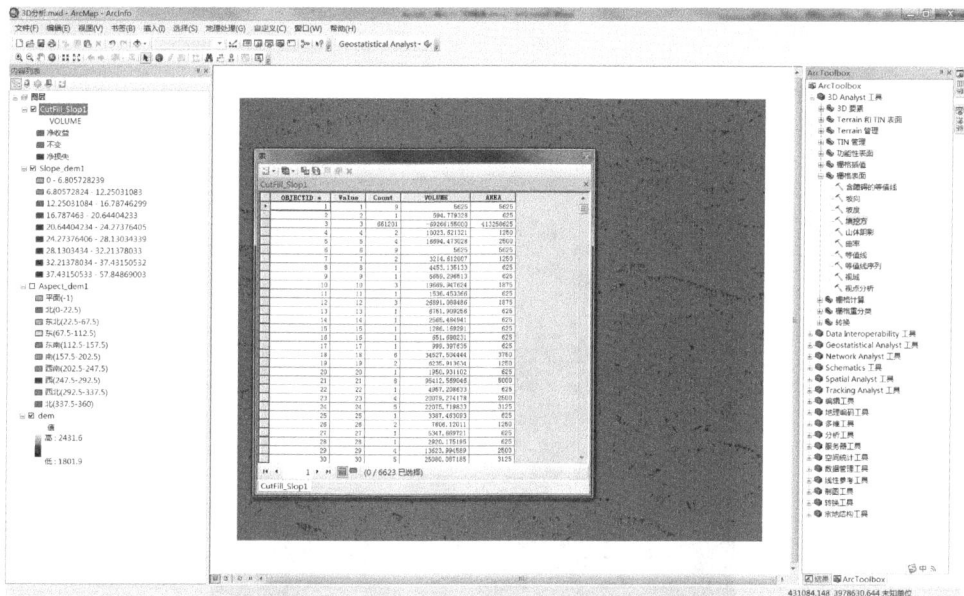

图 9 - 61

九、可视性分析

可视性分析提供表面上沿视觉瞄准线的点与点之间的可视性分析，或整个表面上的视线范围内的表面可视情况分析。当某人站在某个指定点时，地形表面的形状对其所能看到的表面范围有着很大的影响。某点所能见到的范围对决定其房地产价值是一个很重要的因素，对通信塔位置或军队的布置有着重要的影响。

可视性分析包含两个大的方面，一是通视线分析，二是可视域分析。

（一）通视线分析

通视线是表面上两点之间的一条线，它表示观察者观察表面时，沿着这条线的表面是可见的还是隐藏的。创建通视线可以判断某点相对于另外一点而言可见与否。如果地形隐藏了目标点，用户可以看到障碍物的位置，以及通视线上可视的或隐藏的区域。可视的线段以绿色显示，隐藏的线段以红色显示，如图9-62所示。

图 9 - 62

步骤：

（1）在 ArcMap 中，在 3D 分析（3D Analyst）工具条上，单击创建通视线（Line of Sight）按钮 [图标]，弹出窗口，如图9-63所示。

"Observer offset"：输入观测者偏移量。

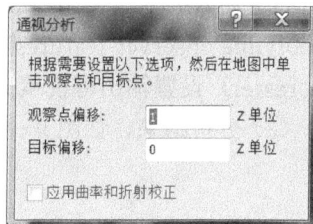

图 9 - 63

"Target offset"：输入目标偏移量。

（2）在表面上单击观察者位置，然后单击目标位置，系统会生成上图所示的通视线，如图9－64所示。

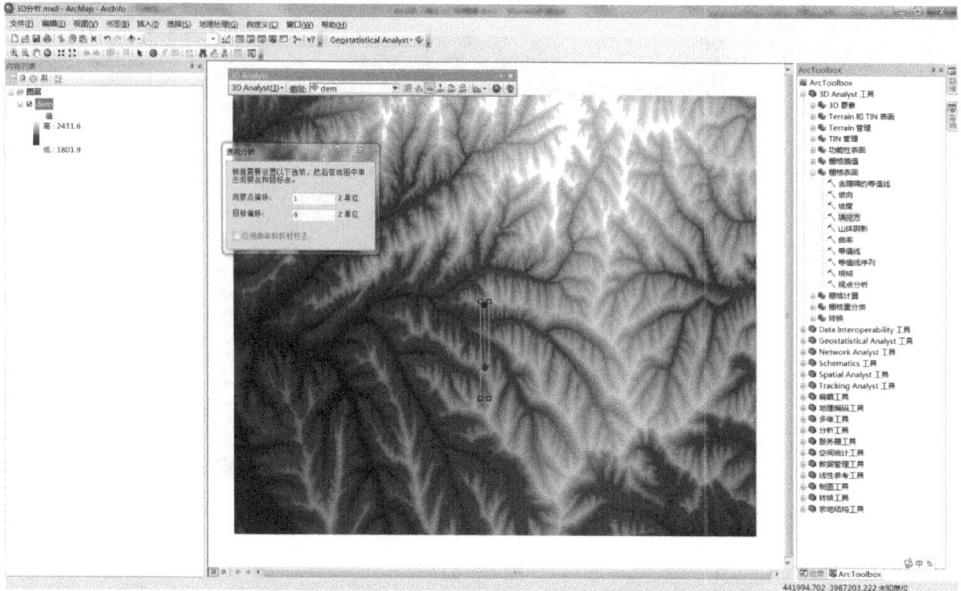

图9－64

（二）可视域分析

可视域用来指可以被一个多或多个观测点看到的输入栅格图像的栅格单元。输出图像的每个栅格单元具有一个值，用来表示该栅格单元位置可以被多少个观测点看到。如果只有一个观测点，那么该观测点所能看到的栅格单元均被赋值为1。所有不能被该观测点看到的栅格单元均被赋值为0。

当用户想知道对象的可见情况时，视域是很有用的。比如，用户可能想知道"景点中哪些位置可以看到垃圾填埋场？""从这条公路上可以看到什么？"或者"这是不是一个建通信塔的合适的位置？"之类的问题。

步骤：

（1）打开ArcToolBox，定位到3D分析工具（3D Analyst Tools）表面分析（Raster Surface）视域（Viewshed）工具，此工具是做可视域分析的GP工具，如图9－65所示。

（2）输入栅格（Input raster）选择地形数据，输入观察点或观察折线要素（Input point or polyline observer features）选择视点数据（可以是点数据或是线数据），输出栅格（Output raster）设置输出可视域分析的结果。

（3）分析结果，如图9－66所示，其中矩形为可视点，绿色区域为可视区域。

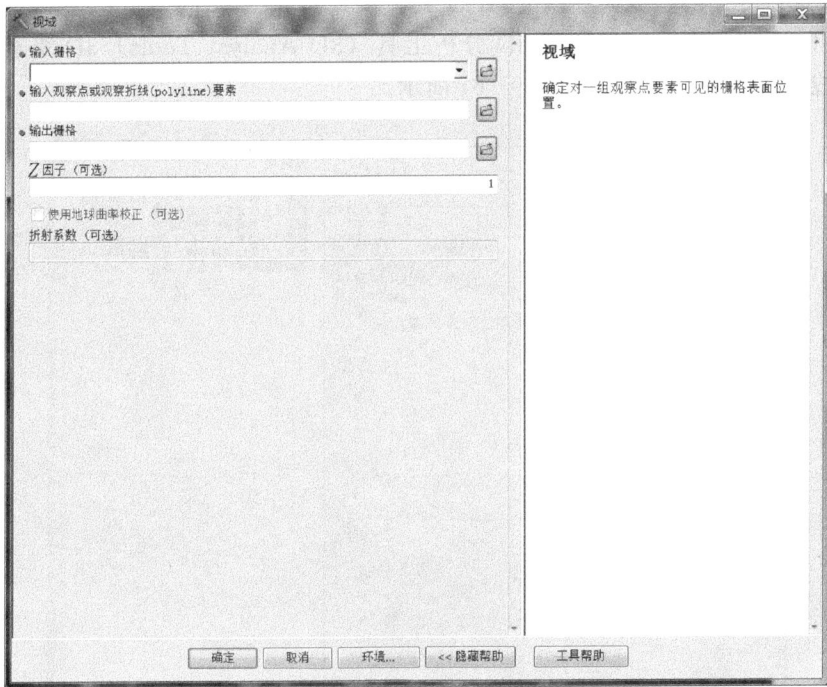

图 9 - 65

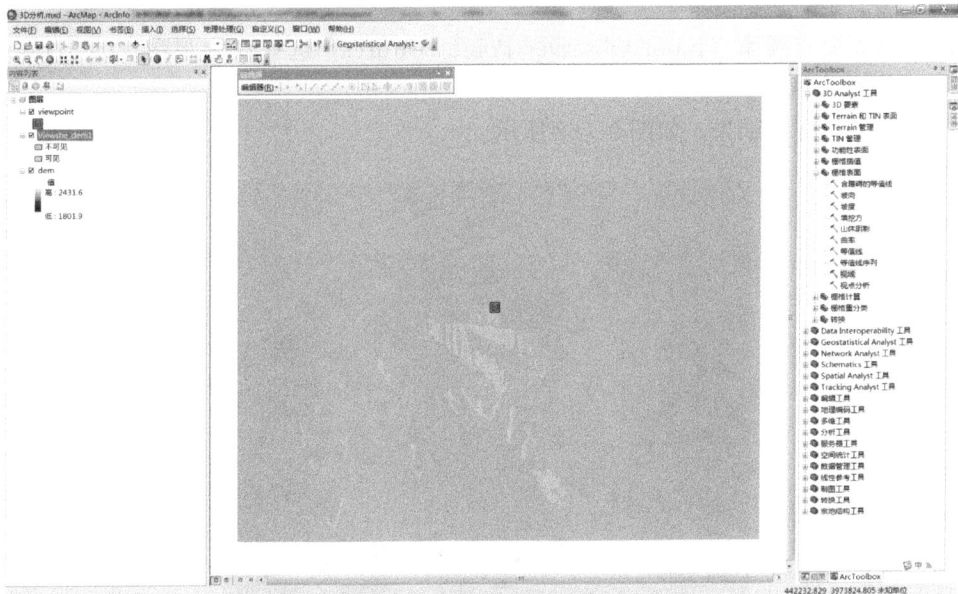

图 9 - 66

十、天际线

天际线，又称城市轮廓或全景，通俗说，天际线就是你站在城市中一个地方，向四周环顾，天地相交的那一条轮廓线就是天际线。天际线亦被作为城市整体结构的色彩、规模和标志性建筑。

ArcGIS 提供专门的生成天际线的 GP 工具。步骤如下：

（1）打开 ArcToolBox，定位到 3D 分析工具（3D Analyst Tools）3D 要素（3D Feature）天际线（Skyline）工具，如图 9 - 67 所示。

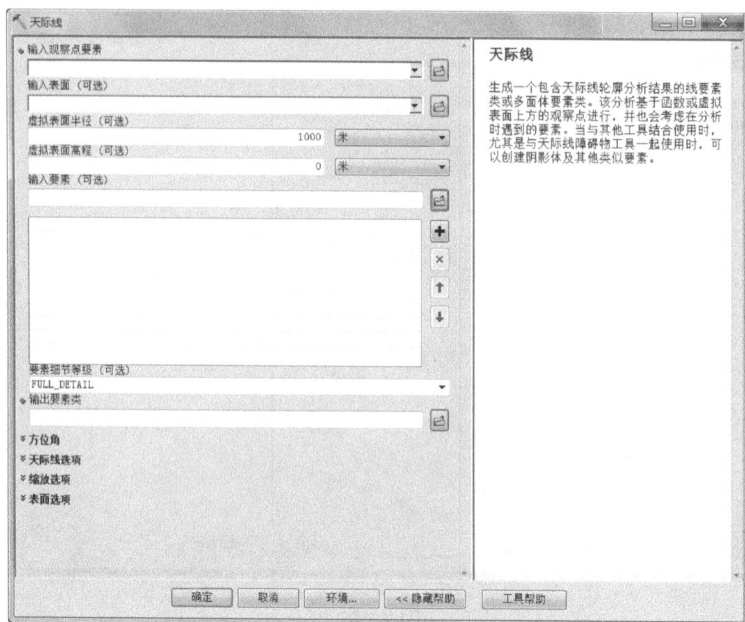

图 9 - 67

（2）输入观察点要素（Input Observer Point Features）选择作为观察点的 3D 点数据。其他参数采用默认值。

（3）生成的天际线结果，如图 9 - 68 所示。

图 9 - 68

十一、相交分析

三维相交分析是计算两个 multipatch 类型的几何实体的相交部分。经常应用于爆管分析、飞行路线设计等应用场景。

步骤：

（1）打开 ArcToolBox，定位到 3D 分析工具（3D Analyst Tools）3D 要素（3D Feature）3D 相交（Intersect3D）工具。

（2）输入多面体要素（Input Multipatch Features）选择做相交分析的 multipatch，输出要素类（Output Feature Class）存放相交分析的结果，如图 9 - 69 所示。

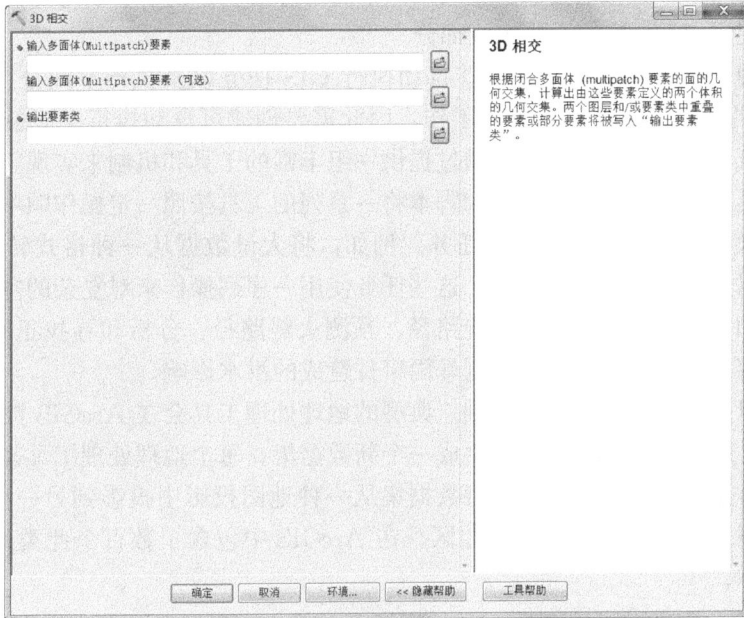

图 9 - 69

（3）相交分析的结果如图 9 - 70 所示，橘红色部分为相交分析的结果。

图 9 - 70

第十章　ArcGIS 地理处理

地理处理适用于各类使用 ArcGIS 的用户。无论您是一位初学者或是专家，地理处理都将成为您日常使用 ArcGIS 的重要组成部分。

地理处理的主要目的在于使您能够自动执行 GIS 任务以及执行空间分析和建模任务。几乎所有 GIS 的使用都会涉及重复的工作，因此需要创建可自动执行、记录及共享多步骤过程（即工作流）的方法。地理处理通过提供一组丰富的工具和机制来实现工作流的自动化操作，这些工具和机制能够使用模型和脚本将一系列的工具按照一定操作顺序结合在一起。

执行自动操作的任务可以是普通任务。例如，将大量数据从一种格式转换为另一种格式。或者也可以是很有创造性的任务，这些任务使用一序列操作来对复杂的空间关系进行建模和分析。例如，通过交通网计算最佳路径、预测火势路径、分析和寻找犯罪地点的模式、预测哪些地区容易发生山体滑坡或预测暴雨事件造成的洪水影响。

地理处理以数据变换的框架为基础。典型的地理处理工具会在 ArcGIS 数据集（如要素类、栅格或表）中执行操作，并最终生成一个新数据集。每个地理处理工具都用于对地理数据执行一种非常重要的小操作，例如将数据集从一种地图投影中投影到另一种地图投影中、向表中添加字段或在要素周围创建缓冲区。在 ArcGIS 中包含了数百个此类地理处理工具，如图 10－1 所示。

输入数据集　→　地理处理工具　→　新数据集

图 10－1

通过地理处理，您可将一系列工具按顺序串联在一起，将其中一个工具的输出作为另一个工具的输入。利用这种功能，您可将无数个地理处理工具（工具序列）组合在一起，从而帮助您自动执行任务和解决一些复杂的问题。

第一节　地理处理快速浏览

一、工具和工具箱

地理处理工具用于对地理数据执行一些非常重要的小操作，例如提取和叠加数据、更改地图投影、向表中添加列、计算属性值、面叠加和最优路径等等。不仅提供了数百种工具供您选用，您还可通过模型构建器（可视化编程语言）或脚本（文本编程语言）创建您自己的工具。

工具都储存在工具箱中。ArcGIS 提供了数百种工具，并将它们进行了分类并放到了十余个工具箱中，这些工具功能丰富、涉及领域广泛。

要执行某个工具，需要先找到该工具。有四种查找工具的方法：

（1）少数常用工具位于标准工具栏中的地理处理菜单中。您可使用自定义 ＞ 自定义模式来自定义此工具列表。

（2）使用搜索功能，在搜索窗口中查找工具。搜索功能根据输入的关键字或描述工具功能的短语来查找工具。

（3）使用浏览功能，在目录窗口中查找工具。浏览功能要求您了解所需工具位于哪个工具箱中。

（4）浏览 ArcToolbox 窗口来查找工具。与目录窗口一样，在 ArcToolbox 窗口中，也将以树视图的形式来显示工具和工具箱。您可以向 ArcToolbox 窗口中添加自定义的工具箱，如图 10-2 和图 10-3 所示。

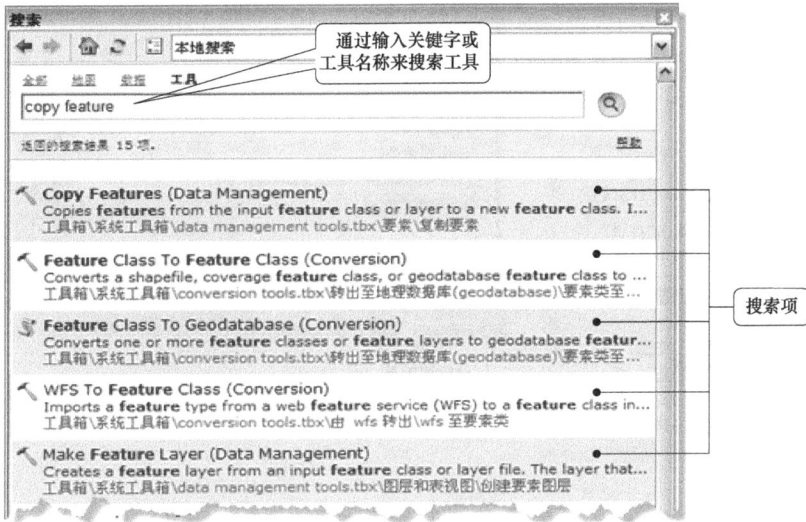

图 10-2

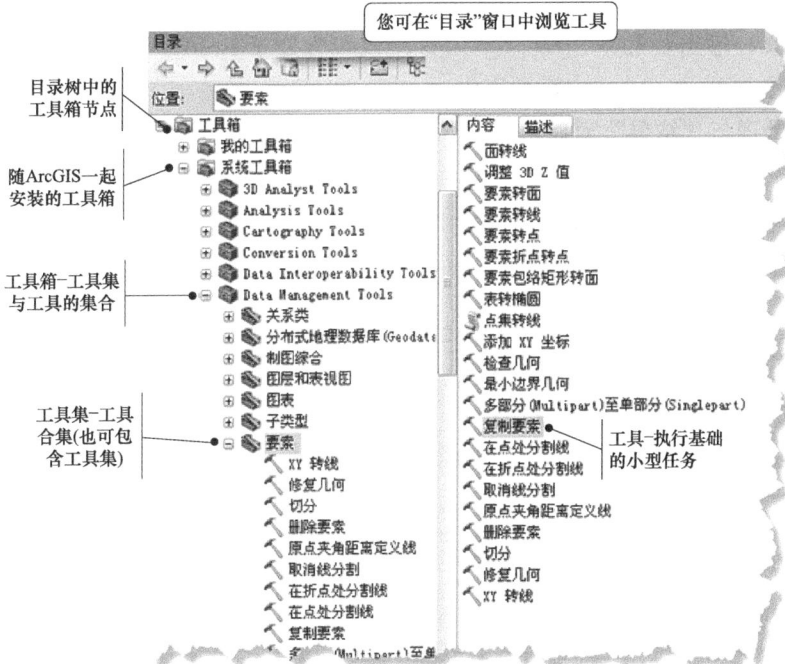

图 10-3

二、工具对话框

要从搜索窗口中打开某个工具的对话框，请单击该工具的名称。要从目录窗口中打开某个工具的对话框，请双击该工具，或右键单击该工具然后单击打开，如图 10 - 4 所示。

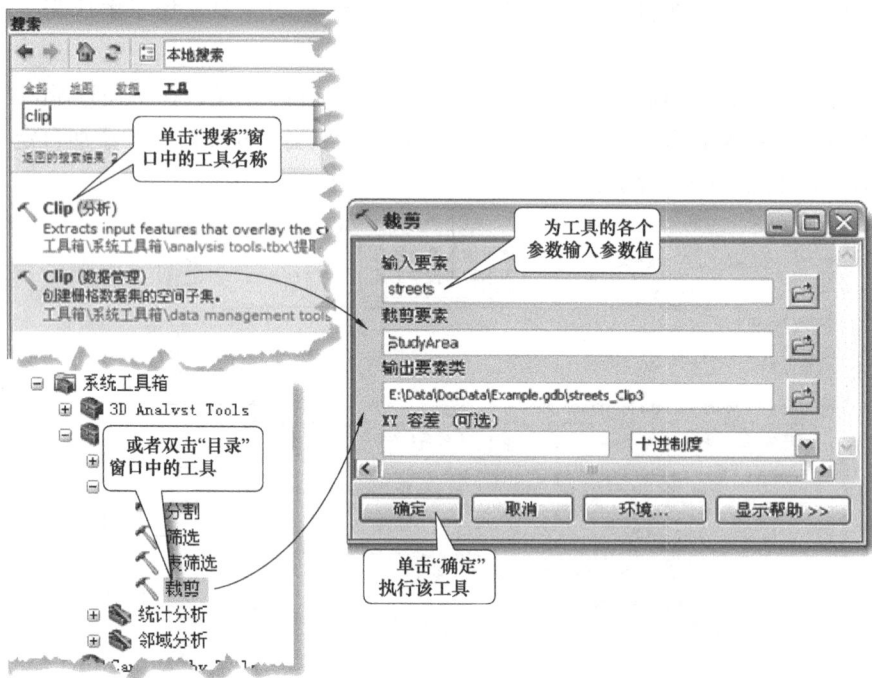

图 10 - 4

在对话框中输入工具的参数后，单击确定可执行工具。在本例中，裁剪工具用于从街道图层中裁剪要素。输出要素类 Streets _ Clip3 中仅包含处于 StudyArea 面内部的要素。输出要素类会自动添加到 ArcMap 内容列表中。

三、后台处理与"结果"窗口

工具在后台运行，也就是说，当工具运行时，您仍可以继续使用 ArcMap（或其他应用程序，例如 ArcGlobe）。文档底部将出现一个进度条显示当前所执行工具的名称。工具执行完毕后，系统托盘中将显示一个弹出通知，如图 10 - 5 所示。

图 10 - 5

您可以在结果窗口中跟踪工具执行情况。要打开结果窗口，请单击地理处理→结果。您可以使用结果窗口查阅关于工具执行的全部信息，如图 10 - 6 所示。

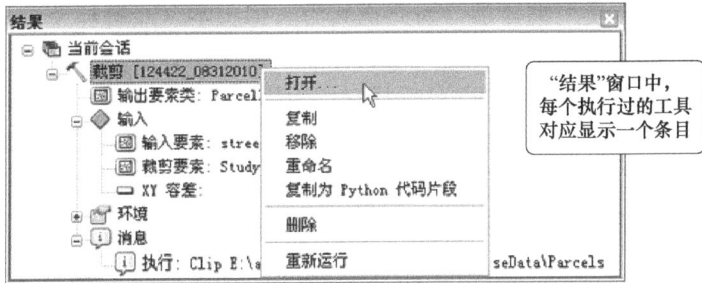

图 10 - 6

四、模型和模型构建器

通过地理处理，可将一系列工具串联在一起，将其中一个工具的输出作为另一个工具的输入。您可通过地理处理模型将多个工具串联在一起，模型构建器展示了模型的创建方法，如图 10 - 7 所示。

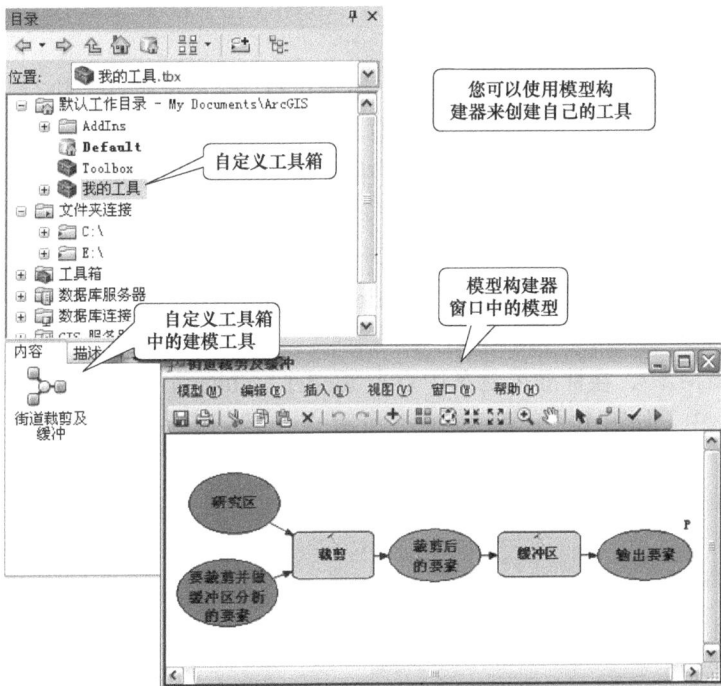

图 10 - 7

要打开模型构建器窗口：使用"启动模型构建器"按钮，或单击地理处理→模型构建器。上面模型的构建方法如下：先新创建一个空模型，再从搜索或目录窗口将工具拖放到模型构建器窗口中。

这里最需要注意的是：模型是工具。它们的行为与其他地理处理工具完全相同。您可在对话框中或使用脚本来执行它们。由于模型是工具，因此模型可以嵌套使用。

五、Python 和脚本

Python 是一种不受局限、跨平台的开源编程语言，它处理速度快、功能强大且简单易学。由于 Python 不需要使用编译器，因此视其为一种脚本（或解释型）语言。用 Python 编写的程序称为脚本。除了 Python 之外，还有许多其他的脚本语言，不过，由于 Python 功能强大且具有广泛的认可度，ESRI 已选择它作为脚本语言。

当您安装 ArcGIS 时，系统将自动安装 Python。ArcPy 站点包提供了所有地理处理工具以及用于查询 GIS 数据的多种有用函数。站点包是 Python 术语，表示用于将附加函数添加到 Python 中的库，而 ArcPy 站点包用于将 GIS 函数添加到 Python 中的库。ArcPy 站点包随 ArcGIS 一起安装。使用 Python 和 ArcPy 站点包，可以开发出数量不限的可用于处理地理数据的实用程序。

在 ArcGIS 中，有三种基本方法可用于运行 Python 代码：

（1）您可以在 Python 窗口中以交互方式运行 Python 代码，另外要打开 Python 窗口，单击▣按钮或单击地理处理→Python。Python 窗口是一个交互式窗口，可在其中输入 Python 代码、立即执行这些代码以及在活动地图中查看结果。

（2）您可在操作系统提示符下执行一个 Python 脚本（扩展名为 .py 的文件）。由于是在操作系统提示符下执行脚本，因此将不必运行 ArcGIS 应用程序（如 ArcMap）。在操作系统提示符下执行的脚本称为独立脚本。

（3）您可以创造您自己的地理处理工具，用于执行 Python 脚本。执行脚本的工具称为脚本工具，同其他地理处理工具一样，脚本工具也可以嵌套到模型中或在其他脚本中使用。脚本工具不仅局限于 Python 脚本——您也可生成执行其他语言的脚本工具，如 JavaScript、AML、bat 或 .exe。

第二节　利用 model builder 创建简单地理处理过程

（1）打开 ArcMAP，在标准工具条中点击 model builder 工具，打开后将 buffer 工具拖进 model builder 中，如图 10 - 8 和图 10 - 9 所示。

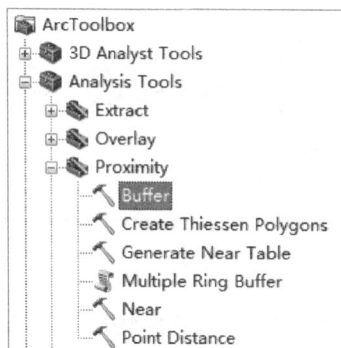

图 10 - 8

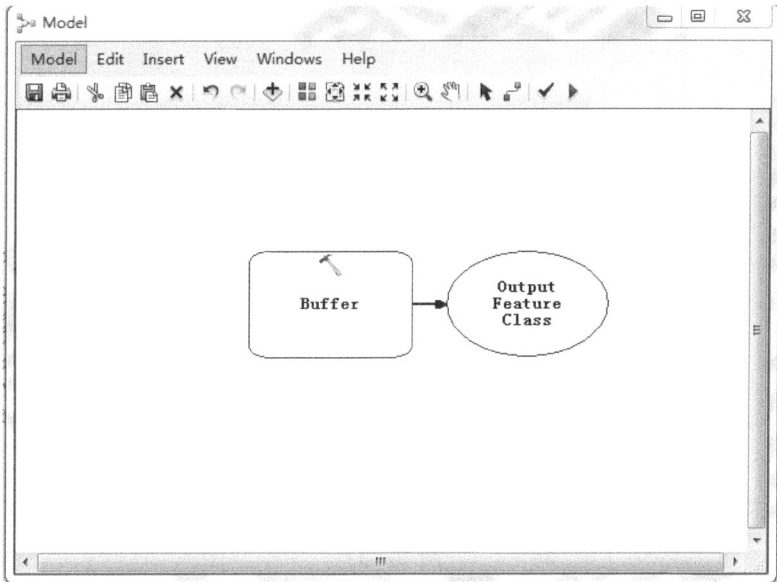

图 10 - 9

（2）在 model builder 中右键点击 buffer 工具将模型的参数实列出来，如图 10 - 10 所示。

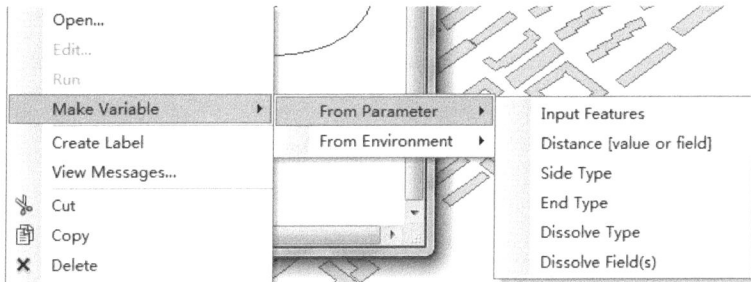

图 10 - 10

（3）参数设计好后，整体模型呈现可运行的彩色状态，此时需要在两个主要参数上右键设置为参数。整个模型的制作就完成了，如图 10 - 11 所示。

（4）接下来就需要开始对模型进行调用。保存上面制作好的模型，就可以在保存的路径下找到对应的工具使用了，如图 10 - 12 所示。

此时双击该模型就可以运行工具了，如图 10 - 13 所示。

如果该工具需要经常使用，则可以将这个工具添加到 toolbox 中，方法为在 toolbox 上右键点击 add toolbox，如图 10 - 14 所示。

浏览到存放模型的位置，添加进来就可以方便地在 toolbox 中使用了，如图 10 - 15 所示。

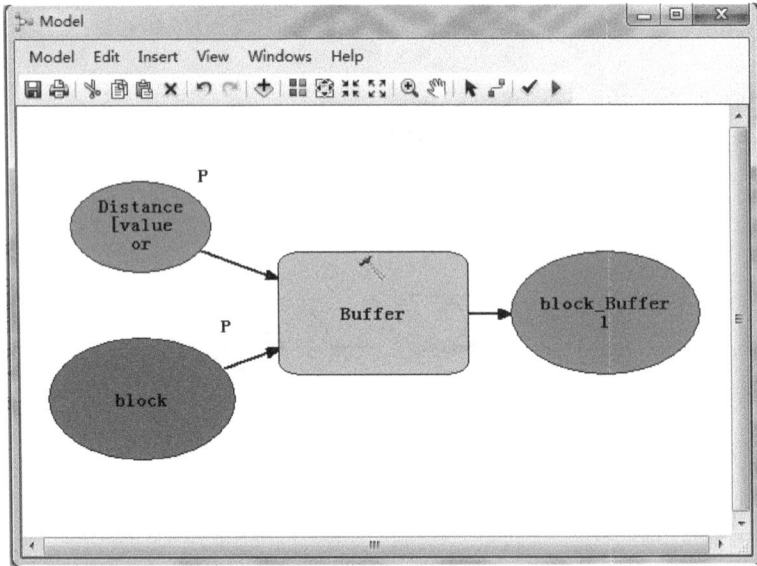

图 10 - 11

图 10 - 12

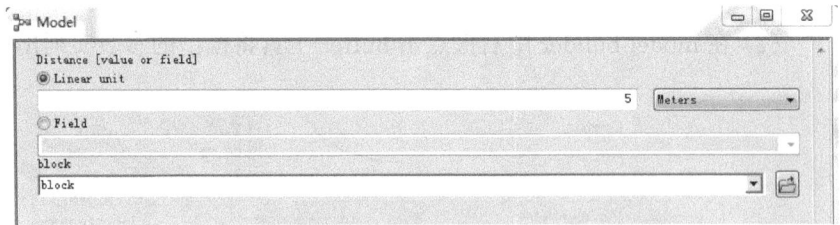

图 10 - 13

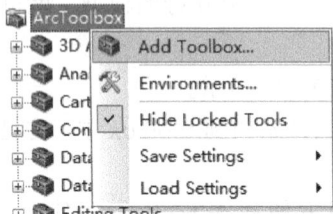

图 10 - 14

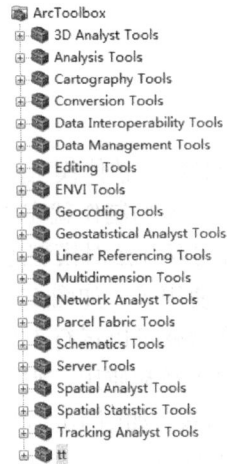

图 10 - 15

但是，关闭 ArcMAP 后这个工具不会再出现在 toolbox 中，如果需要默认在 toolbox 里出现，则需将模型添加进来后在 toolbox 上邮件点保存为默认，如图 10 - 16 所示。

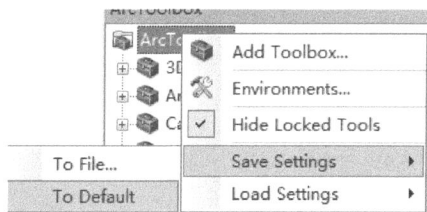

图 10 - 16

第三节　根据点数据绘制等值面

等值面图是在 GIS 应用当中比较常见的应用，比如降雨量图等需要监测站点数据生成大面积等值面的应用类型，就是等值面应用的案例。该模型的构建和前一节介绍的方法一样，需要的工具为 IDW 插值、重分类、栅格转面、裁剪和消除工具。

模型整体设计，如图 10 - 17 所示。

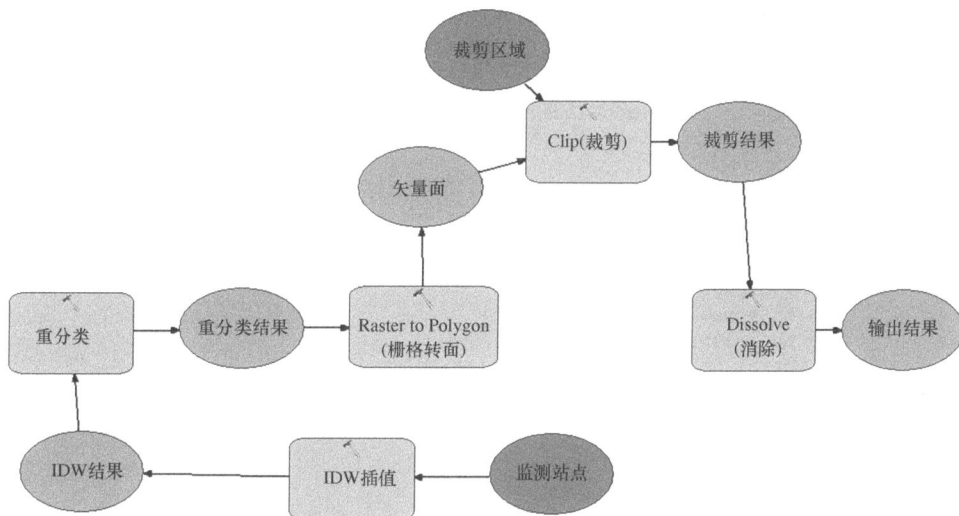

图 10 - 17

第四节　使用 arcpy 对数据做批处理

arcpy 逐渐代替了 VBA 在 ArcGIS 中的脚本地位，在 10.1 版本之后就不再至此后 VBA 的扩展。使用 arcpy 做简单要素查询，如图 10 - 18 所示。

使用 arcpy 编辑要素，如图 10 - 19 所示。

arcpy 异常处理机制，如图 10 - 20 所示。

使用 arcpy 创建新要素，如图 10 - 21 所示。

```
# -*- coding: cp936 -*-
import arcpy
from arcpy import env
env.workspace=r"E:\services\行政图\行政区 划图mdb.mdb"

#cur=arcpy.SearchCursor("地级市",'name = \'松原市\'')
cur=arcpy.SearchCursor("地级市")

for row in cur:
    geo=row.shape
    aa=row.getValue("name")
    print geo.crosses(geo)
    print geo.pointCount

    print geo.type
    print str(geo.area)+"平方米"
    X= geo.extent.XMax
    x= geo.extent.XMin
    Y= geo.extent.YMax
    y= geo.extent.YMin
    print "Feature Extent   XMax:%f,XMin:%f,YMax:%f,YMin:

raw_input()
```

图 10 - 18

```
import arcpy
from arcpy import env
env.workspace=r"C:\Users\yao\Documents\ArcGIS\Default.gdb"
print "修改之前："
Cur=arcpy.SearchCursor("地级市",'回族=10')

for row in Cur:
    aa = row.getValue("name")
    bb = str(row.getValue("回族"))
    print "%s,population:%s"%(aa,bb)
print "修改之后："
Cur=arcpy.UpdateCursor("地级市",'回族=10')

for row1 in Cur:
    row1.setValue("回族","1")
    #Cur.updateRow(row)
    aa = row1.getValue("name")
    bb = str(row1.getValue("回族"))
    print "%s,population:%s"%(aa,bb)
```

图 10 - 19

```
# -*- coding: cp936 -*-
import arcpy
myinput=r"C:\Users\yao\Documents\ArcGIS\Default.gdb\地级市"
try:
    arcpy.CopyFeatures_management(myinput, myinput)
except arcpy.ExecuteError:
    print arcpy.GetMessages()

# -*- coding: cp936 -*-
try:
    arcpy.SetSeverityLevel(1)

    arcpy.DeleteFeatures_management("C:\Users\yao\Documents\ArcGIS\Default.gdb\地级市")

except arcpy.ExecuteWarning:
    print arcpy.GetMessages()
```

图 10 - 20

```
# -*- coding: cp936 -*-
import arcpy
from arcpy import env
env.workspace=r"c:\temp.gdb"
env.overwriteOutput =True
coordinateL = ["-117.196717216;34.046944853","-117.186226483;34.046498438",
               "-117.179530271;34.038016569","-117.187454122;34.039132605",
               "-117.177744614;34.056765964","-117.156205131;34.064466609",
               "-117.145491191;34.068261129","-117.170825195;34.073618099",
               "-117.186784501;34.068149525","-117.158325598;34.03489167"]
try:

    fc=arcpy.CreateFeatureclass_management(r"c:\temp.gdb","test","POINT")
    print "create featureclass success"
    cur=arcpy.InsertCursor(fc)
    #pointarray=arcpy.Array()
    pnt=arcpy.Point()
    for coord in coordinateL:
        x,y=coord.split(':')

        pnt.ID=coordinateL.index(coord)+1
        pnt.X=x
        pnt.y=y
        newf=cur.newRow()
        newf.shape=pnt
        cur.insertRow(newf)

        #pointarray.add(pnt)
        print "已经插入第%i个点"%(pnt.ID)
    print "完成"
except arcpy.ExecuteError:
    print arcpy.GetMessages()
```

图 10 - 21

使用 arcpy 批量裁剪工作空间内的所有要素，在这里调用了 GP 工具，如图 10 - 22
所示。

```
# ---------------------------------------------------------------
# clip.py
# Created on: 2012-04-20 14:40:40.00000
#    (generated by ArcGIS/ModelBuilder)
# Description:
# ---------------------------------------------------------------
# -*- coding: cp936 -*-
# Import arcpy module
import arcpy
from arcpy import env
env.workspace  =r"C:\Users\yao\Desktop\2.gdb"
fclist=arcpy.ListFeatureClasses()
# Local variables:
#城市一级道路1 = "Polyline\\城市一级道路1"

clip = r"C:\Users\yao\Documents\ArcGIS\Default.gdb\clip"
outws = r"C:\Users\yao\Desktop\POI.gdb"

# Process: Clip
#arcpy.Clip_analysis(城市一级道路1, clip__2_, 城市一级道路1_Clip, "")

for fc in fclist:
    arcpy.Clip_analysis(fc,clip,outws+"\\"+fc,"")
    print fc+"clip complete"
print "done"
```

图 10 - 22

参 考 文 献

[1] 汤国安，杨昕．地理信息系统空间分析实验教程．2 版．北京：科学出版社，2012.

[2] 余明，艾廷华，等．地理信息系统导论．北京：清华大学出版社，2009.

[3] 黄梯云．管理信息系统．3 版．北京：高等教育出版社，2005.

[4] 龚健雅．地理信息系统基础．北京：科学出版社，2001.

[5] 蔡孟裔，等．新编地图学教程．北京：高等教育出版社，2000.

[6] 彭望琭．遥感概论．北京：高等教育出版社，2002.

[7] 梅安新，等．遥感导论．北京：高等教育出版社，2001.

[8] 朱述龙，张占睦．遥感图像获取与分析．北京：科学出版社，2000.

[9] 马莉，宋庆．"3S"集成技术研究现状和综述．资源环境与发展，2009（2）：32–49.

[10] 刘南，等．地理信息系统．北京：高等教育出版社，2002.

[11] 陈述彭．地理信息系统导论．北京：科学出版社，2000.

[12] 黄杏元．地理信息系统概论（修订版）．北京：高等教育出版社，2005.

[13] 刘方鑫．数据库原理与技术．北京：电子工业出版社，2002.

[14] 罗超理，李万红．管理信息系统原理与应用．北京：清华大学出版社，2002.

[15] 郝力，等．城市地理信息系统及应用．北京：电子工业出版社，2002.

[16] 边少锋，等．大地坐标系与大地基准．北京：国防工业出版社，2005.

[17] 修文群．数字化城市管理．北京：中国人民大学出版社，2010.

[18] 宁津生，陈军，定波晁．数字地球与测绘．北京：清华大学出版社，2001.

[19] 承继成，郭华东，薛勇．数字地球导论．北京：科学出版社，2000.

[20] 陈平．网格化城市管理新模式．北京：北京大学出版社，2007.

[21] 李国斌，汤永利．空间数据库技术．北京：电子工业出版社，2010.

[22] Michael Zeiler. Modeling Our World：The ESRI Guide to Geodatabase Concepts，ESRI Press，2000.